高等学校"十三五"规划教材

现代电化学工程

王利霞　闫　继　贾晓东　主编

U0258450

化学工业出版社

·北京·

《现代电化学工程》共分 10 章，涵盖了化学电源、氯碱工业、无机电合成、有机电合成、电化学冶金、电化学加工、电化学法合成纳米材料以及复合电沉积等电化学技术的理论、实际应用和发展前沿。本书从实际应用的电化学工程的角度出发，结合相关的电化学理论，全面翔实地介绍了目前电化学工程包括的内容及应用。

《现代电化学工程》可作为化学化工类专业、材料类专业、能源类专业学生的教材，也可作为相关行业人员的参考书。

图书在版编目（CIP）数据

现代电化学工程/王利霞，闫继，贾晓东主编. —北京：化学工业出版社，2019.8
高等学校"十三五"规划教材
ISBN 978-7-122-34710-7

Ⅰ.①现…　Ⅱ.①王…②闫…③贾…　Ⅲ.①电化学-化学工程-高等学校-教材　Ⅳ.①O646

中国版本图书馆 CIP 数据核字（2019）第 121862 号

责任编辑：李　琰　　　　　　　　　　文字编辑：向　东
责任校对：王素芹　　　　　　　　　　装帧设计：关　飞

出版发行：化学工业出版社（北京市东城区青年湖南街 13 号　邮政编码 100011）
印　　装：三河市延风印装有限公司
787mm×1092mm　1/16　印张 12　字数 301 千字　　2019 年 10 月北京第 1 版第 1 次印刷

购书咨询：010-64518888　　　　　　　售后服务：010-64518899
网　　址：http://www.cip.com.cn
凡购买本书，如有缺损质量问题，本社销售中心负责调换。

定　　价：38.00 元

前言

　　电化学是研究化学能与电能相互转化以及转化过程中有关现象和规律的科学。随着现代科学技术的发展，电化学的基本理论不断完善和深化，其应用领域也日益广泛。目前电化学不仅涉及民用、工农医、国防和尖端科学技术，还渗透到生物学、环境科学、金属工业等领域，形成了许多交叉学科。

　　本书主要从应用出发，全面介绍了现代电化学工程所包含的基本内容。在编写中力争以教学需要组织全书，同时根据现代电化学技术的发展，扩展传统电化学工程内容，以便于学生阅读和工程技术人员参考。本书一方面介绍了氯碱工业、无机电合成、有机电合成、电化学冶金、电化学加工等电解工程技术；另一方面介绍了化学电源发展及关键技术进展、电化学合成纳米材料以及复合电沉积等现代电化学的最新应用。每一部分内容均结合有关电化学原理和基本概念，讨论实际工业生产应用的影响因素，同时兼顾了其发展和展望。

　　参加本书编写工作的有郑州轻工业大学的王利霞（第 2 章、第 10 章）、闫继（第 4 章和第 8 章的 8.1～8.4 节）、贾晓东（第 3 章和第 6 章）、王恒（第 1 章、第 5 章和第 9 章）、李臻（第 7 章和第 8 章的 8.5 节）。

　　由于编者水平有限，书中难免存在不妥之处，恳请读者提出宝贵意见和建议。

编者
2019 年 3 月

目录

第1章 绪论 / 1

1.1 概述 ··· 1
1.1.1 电化学定义 ··· 1
1.1.2 电化学发展简史 ··· 1
1.1.3 电化学的特点 ··· 2
1.1.4 现代电化学的发展趋势 ·· 2
1.2 电化学工业应用领域简介 ·· 3

第2章 电化学工业体系 / 6

2.1 电化学工程基本单元 ··· 6
2.1.1 电极与电极材料 ··· 6
2.1.2 隔膜 ·· 8
2.1.3 电解质 ·· 10
2.2 电化学反应器及质量技术指标 ·· 11
2.2.1 电化学反应器 ·· 11
2.2.2 电解工艺的质量指标 ·· 12

第3章 化学电源发展与关键技术进展 / 15

3.1 化学电源发展概述 ··· 15
3.1.1 化学电源发展现状 ··· 15
3.1.2 化学电源的发展前景 ·· 16
3.2 锂离子电池关键技术进展 ··· 17
3.2.1 锂离子电池正极材料 ·· 17
3.2.2 锂离子电池负极材料 ·· 19

第4章 氯碱工业 / 23

4.1 概述 ·· 23
4.1.1 氯碱工业在国民经济中的地位 ······································ 23
4.1.2 氯碱工业的发展 ··· 24
4.1.3 氯碱工业生产技术及其发展 ··· 25

4.2　氯化钠溶液电解的理论基础 ························· 27
　　4.2.1　阳极过程 ·· 27
　　4.2.2　阴极过程 ·· 28
　　4.2.3　理论分解电压和槽电压 ························· 28
　　4.2.4　氯碱工业中溶液的次级反应 ·················· 30
4.3　金属阳极与选择性电催化现象 ····················· 31
　　4.3.1　金属阳极 ·· 31
　　4.3.2　DSA 电极的研制与发展 ······················· 31
　　4.3.3　DSA 电极的组成、结构、制备工艺与性能 ····· 32
　　4.3.4　阴极材料 ·· 33
4.4　氯碱工业电解方法 ·································· 34
　　4.4.1　隔膜电解法 ·· 34
　　4.4.2　离子膜电解法 ······································ 39
　　4.4.3　水银电解法 ·· 42

第5章　无机电合成　/ 45

5.1　概述 ··· 45
　　5.1.1　无机电合成电极过程 ··························· 45
　　5.1.2　无机电合成特点 ··································· 46
5.2　电解二氧化锰 ·· 47
　　5.2.1　电解二氧化锰的性质与用途 ···················· 47
　　5.2.2　电解二氧化锰的制备方法 ······················· 49
5.3　电解制备氯酸盐 ······································ 50
　　5.3.1　电解法制备氯酸钠 ································· 50
　　5.3.2　电解制备次氯酸钠 ································· 53
5.4　氯化法处理含氰废水 ································· 55
　　5.4.1　有效氯的概念 ····································· 55
　　5.4.2　碱性氯化法 ·· 56
　　5.4.3　电解法 ··· 57

第6章　有机电合成　/ 59

6.1　有机电合成的发展 ···································· 59
　　6.1.1　概述 ··· 59
　　6.1.2　有机电合成的特点 ································· 60
　　6.1.3　有机电合成反应机理 ····························· 61
　　6.1.4　有机电合成的若干发展方向 ····················· 62
6.2　电化学催化 ·· 65
　　6.2.1　概述 ··· 65
　　6.2.2　影响电催化剂电催化性能的因素 ················· 66
　　6.2.3　评价电催化性能的方法 ··························· 68

   6.2.4 电催化反应案例介绍 ·· 70

 6.3 **有机电合成的反应类型** ·· 74

   6.3.1 电化学氧化 ·· 74

   6.3.2 电化学还原 ·· 76

   6.3.3 电化学氟化 ·· 78

 6.4 **有机电合成技术** ·· 79

   6.4.1 恒电流电解法 ·· 79

   6.4.2 恒电位法 ·· 79

   6.4.3 恒电流法和恒电位法比较 ·· 80

   6.4.4 影响有机电合成的因素 ·· 80

 6.5 **电化学有机合成工业化实例** ·· 81

   6.5.1 己二腈的电合成 ·· 81

   6.5.2 四乙基铅的电合成 ·· 83

   6.5.3 有机氟化物的电合成 ·· 84

   6.5.4 癸二酸的电合成 ·· 86

第7章 电化学冶金 / 87

 7.1 **概述** ·· 87

   7.1.1 金属的分类 ·· 87

   7.1.2 金属的存在 ·· 87

   7.1.3 金属的性质 ·· 88

 7.2 **金属材料的制备——冶金** ·· 90

   7.2.1 冶金工艺概述 ·· 90

   7.2.2 火法冶金 ·· 90

   7.2.3 湿法冶金 ·· 93

   7.2.4 电化学冶金 ·· 93

 7.3 **电解水溶液提取金属** ·· 94

   7.3.1 电解水溶液提取金属的基本原理 ·· 94

   7.3.2 锌的电解提取 ·· 95

 7.4 **电解熔融盐提取金属** ·· 99

   7.4.1 熔融盐电解理论 ·· 100

   7.4.2 铝的电解提取 ·· 103

 7.5 **金属的电解精炼** ·· 107

   7.5.1 概述 ·· 107

   7.5.2 铜的电解精炼 ·· 108

   7.5.3 铝的电解精炼 ·· 109

第8章 电化学加工 / 110

 8.1 **概述** ·· 110

   8.1.1 电化学加工分类 ·· 110

8.1.2　电化学加工的特点 ··· 111

8.2　电解加工 ·· 111
8.2.1　概述 ··· 111
8.2.2　电解加工的电极电位 ······································· 113
8.2.3　电解液 ··· 116
8.2.4　电解加工的基本工艺规律 ······························ 118
8.2.5　电解加工的应用 ··· 120

8.3　电解磨削 ·· 123
8.3.1　电解磨削基本原理 ·· 123
8.3.2　电解磨削的特点 ··· 124
8.3.3　电解磨削的主要设备 ·· 124
8.3.4　电解磨削的应用 ··· 126

8.4　电铸 ··· 126
8.4.1　电铸原理 ··· 126
8.4.2　电铸特点 ··· 127
8.4.3　电铸加工的设备和工艺 ···································· 127
8.4.4　电铸应用 ··· 128

8.5　电刷镀 ·· 128
8.5.1　电刷镀的原理 ·· 128
8.5.2　电刷镀特点 ··· 128
8.5.3　电刷镀设备及镀液 ·· 129
8.5.4　电刷镀的应用 ··· 129

第9章　电化学法合成纳米材料　/ 131

9.1　纳米材料概述 ··· 131
9.1.1　纳米材料概念 ·· 131
9.1.2　纳米材料组成 ·· 131
9.1.3　纳米材料特征 ·· 132
9.1.4　纳米材料的制备方法 ··· 134

9.2　纳米材料电化学合成 ··· 134
9.2.1　电化学方法制备纳米材料的优点 ······················· 134
9.2.2　电化学方法的原理与制备方法 ·························· 135
9.2.3　电化学方法合成纳米材料的影响因素 ················· 136

9.3　纳米材料电化学合成工艺及特性 ··· 137
9.3.1　电化学法制备纳米镍 ··· 137
9.3.2　电化学法制备纳米钴 ··· 140
9.3.3　电化学法制备纳米铜 ··· 142
9.3.4　电化学法制备纳米银 ··· 143
9.3.5　电化学法制备 Cu-Ni 合金 ································· 144
9.3.6　电化学法制备 Co-Ni 合金 ································· 145

9.4　模板电化学法制备纳米材料 ··· 147

第10章 复合电沉积 / 150

10.1 复合电沉积概述 ·· 150
　10.1.1 复合电沉积基本概念 ·· 150
　10.1.2 复合电沉积的特点 ·· 151
　10.1.3 复合电沉积与普通电镀的区别 ································ 152
　10.1.4 复合镀层的分类及应用 ······································ 153
　10.1.5 复合镀层及其中微粒含量的表示方法 ·························· 154
　10.1.6 复合电沉积的历史及发展趋势 ································ 155
10.2 复合电沉积工艺及机理 ·· 155
　10.2.1 固体微粒的特性 ·· 155
　10.2.2 镀液的搅拌方式 ·· 156
　10.2.3 复合电沉积的影响因素 ······································ 156
　10.2.4 复合电沉积机理 ·· 160
10.3 镍基复合镀层 ·· 162
　10.3.1 镍复合镀镀液组成及工艺条件 ································ 163
　10.3.2 镍复合镀工艺参数的影响 ···································· 163
　10.3.3 镍复合镀镀层的性能 ·· 166
10.4 复合化学镀镀层 ·· 167
　10.4.1 复合化学镀镀液的稳定性 ···································· 168
　10.4.2 复合化学镀机理 ·· 168
　10.4.3 复合化学镀溶液组成 ·· 168
　10.4.4 镀液中各成分的作用 ·· 168
　10.4.5 化学复合镀层的影响因素 ···································· 170
　10.4.6 化学复合镀层的特性及应用 ·································· 173
10.5 几种复合电沉积新工艺 ·· 174
　10.5.1 纳米复合电沉积 ·· 174
　10.5.2 梯度复合电沉积 ·· 178
　10.5.3 脉冲复合电沉积 ·· 180
　10.5.4 电刷复合镀 ·· 180
　10.5.5 流镀复合镀 ·· 181

参考文献 / 182

第1章

绪 论

1.1 概 述

1.1.1 电化学定义

电化学是研究化学能与电能的相互转化以及转化过程中有关现象和规律的科学。现代电化学建立在科学实验和生产实践基础上，从化学学科派生出来，曾是物理化学的一个重要组成部分。随着电化学理论的逐步完善和科学技术的进步，目前电化学已逐步发展成为一门独立的学科。

1.1.2 电化学发展简史

电化学诞生于 18 世纪末。最早关于电化学实验的记载是 1791 年，意大利的解剖学家伽伐尼（Luigi Galvani）在解剖青蛙时发现蛙腿肌肉接触金属刀片时会发生痉挛。于是他提出在生物形态下存在"神经电流物质"，在化学反应与电流之间架起了一座桥梁。这个观点的提出标志着电化学和电生理学的诞生。随后，1799 年意大利物理学家伏打（Alessandro Count Volta）在伽伐尼研究的基础上，发明了第一个化学电源，即伏打（Volta）电堆。

1800 年英国化学家尼克尔森（William Nicholson）等成功将水电解为氢气和氧气。随后，德国化学家里特（Johann Ritter）发现了电镀现象，并观察到电沉积过程中产生的氧气与沉积的金属的量取决于电极之间的距离。1807 年英国化学家戴维（Humphry Davy）得出电解反应是化学能和电能之间的相互转化的结论，进而通过电解的方法发现并得到了一些金属单质，如钠、钾、铝等。物理学的发展加速了电化学的发展，在欧姆定律提出和发电机发明后，法拉第（Michael Faraday）于 1834 年提出了著名的法拉第定律，即电极界面上发生化学变化物质的质量与通入的电量成正比。法拉第电解定律的发现，奠定了电化学定量基础。19 世纪下半叶，经过赫姆霍兹（Helmholtz）和吉布斯（Josiah Willard Gibbs）的工作，赋予电池的"起电力"（今称"电动势"）以明确的热力学含义；1889 年能斯特（Walther Hermann Nernst）用热力学导出了参与电极反应的物质浓度与电极电势的关系，即著名的能斯特公式，逐步完善了电化学热力学理论。

1902年美国电化学学会成立。1905年塔菲尔（Julius Tafel）在研究氢电极过程时发现了电极的极化现象，提出了著名的塔菲尔（Tafel）公式，开创了电化学动力学研究的新局面。1923年德拜和休克尔提出了人们普遍接受的强电解质稀溶液静电理论，大大促进了电化学在理论探讨和实验方法方面的发展。

20世纪40年代以后，随着电化学暂态技术的应用和发展、电化学方法与光学和表面技术的联用，人们可以研究快速和复杂的电极反应，可提供电极界面上分子的信息。电化学的发展与催化、固体物理、生命科学等学科的发展相互促进、相互渗透。

1.1.3　电化学的特点

电化学反应总是发生在固相及液相的交界面处，即电化学反应是一个多相反应或非均相反应。

发生电化学反应时，在界面处不仅有物质的转移，而且有电子的转移。

电化学反应是共轭反应，即氧化反应和还原反应是同时发生、互相依存和影响的反应。

1.1.4　现代电化学的发展趋势

现代电化学发展还同时具有以下三个特点。

① 研究的体系从传统的汞、碳电极以及固体金属等扩展到诸多新材料，例如，氧化物、有机聚合物导体、半导体、生物材料、固相嵌入型材料等。研究介质从水溶液扩大到非水介质，例如，有机溶剂、熔融盐、固体电解质等。温度从常温常压扩大到高温高压以及超临界状态等极端条件。

② 实验技术水平迅速提高。高检测灵敏度、适应各种极端条件及各种新的数学处理，替代以电信号为激励和检测手段的传统电化学研究方法。与此同时，多种分子水平研究电化学体系的原位谱学电化学技术，在突破电极-溶液界面的特殊困难之后，迅速地创立和发展。非原位表面物理技术得以充分应用，并朝着力求如实地表征电化学体系的方向发展。计算机数字模拟技术和微机实时控制技术在电化学中的应用也正在迅速、广泛地开展。

③ 处理方法和理论模型开始深入到分子水平。

由于能源、信息、材料、生命、环境对电化学技术的要求，21世纪电化学新体系和新材料的研究将有较大的发展。目前可预见的应用领域有：

纳米材料的电化学合成；

电动汽车的化学电源和信息产业的配套电源；

氢能源的电解制备；

太阳能利用实用化中的固态光电化学电池和光催化合成；

消除环境污染的光催化技术和电化学技术；

纳米电子学中元器件、集成电路板、纳米电池、纳米光源的电化学制备；

微系统、芯片实验室的电化学加工以及界面电动现象在驱动微液流中的应用；

玻璃、陶瓷、织物等的自洁，杀菌技术中的光催化和光诱导表面能技术；

生物大分子、活性小分子、药物分子的电化学研究；

微型电化学传感器的研制。

1.2 电化学工业应用领域简介

现代电化学内容非常广泛，随着电化学科学的不断发展和完善，电化学已广泛用于现代科学技术和工业领域的方方面面。

（1）化学电源

能源是人类社会发展的重要物质基础，随着社会的发展、生产水平的提高，对能源的要求急剧增高。当前能源的主要来源如：煤炭、石油、天然气等属于一次能源，受到资源的限制，越来越少。因此，需要开发新的能源形式及再生性的新能源。化学电源是能源的重要组成部分，它是一种把化学能转变成低压直流电能的装置，即电池。与其他能源形式相比，化学电源具有以下独特的优点：便于携带、使用简单；工作参数可在相当大的范围内人为地改变；工作范围广、对环境适应性强；不仅可以释放能量，还可以储存能量并且能量转换效率高；工作时无噪声；环境污染小或无污染。这些特点使得化学电源成为其他能源形式所不能取代的能量来源和储存方式。目前化学电源在国民经济、科学技术及军事等方面获得广泛应用。

（2）表面工程

表面是金属构件发生失效和破坏的第一道防线。据统计70％的机电产品失效和破坏是由腐蚀和磨损造成的，因而给国民经济造成了极大的损失。降低材料成本，节约贵金属及其合金，是机械工业和相关部门永恒的主题。表面技术也称为"表面工程""表面处理"或"表面改性"，是应用物理、化学、机械等方法改变固体材料表面成分或组织结构，获得所需性能的表面，以提高产品的可靠性或延长其使用寿命的各种技术的总称。表面工程的目的如下所述。

① 提高材料抵御环境作用的能力。

② 赋予材料表面某种功能特性，包括光、电磁、热、声、吸附、分离等各种物理和化学性能。

③ 实施特定的表面加工来制造构件、零部件和元器件等。

（3）氯碱工业

氯碱工业是以电解食盐水的方法制取氯气、烧碱（NaOH），并进一步制备其他含氯、含氢的化合物的工业。氯碱工业是电化学工业中规模最大的工业部门之一（另一个是铝电解工业），耗电量占总发电量的2％，也是目前较大的化学工业部门。氯气、烧碱是基本化工原料，在国民经济中有重要地位。氢气又称为无污染的燃料，它是燃料电池的原料，在今后的能源发展中占有很重要的位置。

（4）无机物的电化学合成

利用阳极过程的强氧化作用合成一些常规的化学方法无法制备的无机物，比如次氯酸钠、氯酸盐、高氯酸盐、过氧化氢、过二硫酸盐、高锰酸钾等本身就是强氧化剂的无机物。另外，采用电化学合成制的 MnO_2 也称电解 MnO_2，主要用于一次电池中的碱锰电池。

（5）有机电合成

已有30多种电化学合成方法、70余种产品在有机化学工业中得到应用。一般有机合成需要高温、高压和特殊的催化剂，与传统的有机合成相比，电化学合成属于温和条件下的合成，常温、常压、设备简单，更有利于环境的治理和保护。

有机电合成的特点是规模较小，产量不大，产值较高，有机合成比较困难，而采用电化学方法合成则比较简单。

例如己二腈的电合成，是目前产量最大的电合成产品。由1965年美国孟山都公司（贝泽教授）首先实现了工业化，建成了年产15000吨的己二腈车间，1978年该公司又在美国、英国建成了10万吨/年的生产工厂。

20世纪70年代铬雾抑制剂F53由上海有机化学研究所研制成功，属全氟磺酸盐，将H—C替换成F—C键。其原理是：有机物溶于无水的氟化氢中形成导电溶液，在镍阳极上发生电解氟化，在镍表面形成镍的高价氟化物NiF_3、NiF_4，它们可起氟化试剂的作用。全氟表面活性剂具有良好的热稳定性、化学稳定性和高的表面活性。

（6）电化学冶金

电化学冶金，即采用电解的方法从矿物中分离、提取有价值的金属和进行金属的精炼方法。它是目前冶金工业中大规模提取金属的主要方式之一。电化学冶金的优点如下所述：

① 具有高的选择性，能综合回收金属；

② 可得到高纯度金属，可达99.99%；

③ 适用于低品位、多金属共生矿；

④ 对环境污染小，易于治理。

元素周期表中几乎所有的元素都可以采用电化学方法制取。如电解提取Zn、Cd、Cu、Mn、Co、Cr、Ni、Sb、Hg等；电解精炼Cu、Ag、Au、Ni、Pb、Sn、Co等。以电解提取Zn为例，基本工艺为：

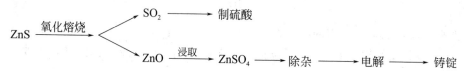

熔融盐电解可以改变电化学电位窗口，拓宽电解提取的范围。熔融盐电解可用于制备Al、Mg、Li、Na、K及F。其中电解铝的产量仅次于钢铁，居世界金属产量第二位，铝电解工业与氯碱工业并称为电化学中的两个规模最大的生产部门。

（7）电解加工

电解加工的基础是阳极溶解，发生在阳极和阴极的很小间隙中，而间隙中电流密度很大，电解液流速很高。

与机械加工相比，电解加工具有以下特点：

① 不受所加工金属材料硬度和强度的限制，适用于硬质合金、不锈钢等高强度、高韧性导电材料的加工；

② 以简单的进给运动，一次加工出形状复杂的型腔或型面，加工中无切削力和切削热，加工表面无残余应力等；

③ 生产效率高；

④ 专用电加工机床。

电化学加工应用范围广泛，例如，电化学去毛刺加工。

（8）电铸

电铸是通过电解使金属沉积在铸模上制造或复制金属制品（能将铸模和金属沉积物分开）的过程。它是利用金属的电解沉积原理来精确复制某些复杂或特殊形状工件的特种加工方法，是电镀的特殊应用。

电铸具有以下特点：

① 能把机械加工较困难的零件内表面转化为母模材料（如石膏、蜡、树脂等），制造出特殊零件；

② 能准确地复制表面轮廓和微细纹路；

③ 能够得到尺寸精度高度一致的产品。

电铸主要用于精模具制作、装饰品复制、金属放电加工电极、录音录像记录盘、电子线路板、波纹管、箔带、网、各种复杂的滚子等的制作。

（9）电渗析技术

利用膜的选择性透过特点，阳膜只允许阳离子通过，阴膜只允许阴离子通过，在外电场作用下，阴、阳离子分别向阳、阴极移动，到达交换膜时被选择性透过，从而达到分离的目的。

电渗析技术工业应用如下所述。

① 海水的淡化与浓缩制盐　可选用小型家庭用电渗析器、工厂大型电渗析器、中东特大型电渗析器，海水浓缩可达到 $200g/L$。

② 纯水制备　用于制备初级纯水（锅炉或洗涤用）、高级纯水（脱盐的同时脱氟化物）、注射用水等。

③ 废水处理　例如，用于处理含 Ni 废水，回收硫酸和金属 Ni，一年可收回投资；处理宣纸黑液，从阴极回收碱，从阳极回收木质素。

（10）金属腐蚀与防护

金属或合金由于外部介质的化学或电化学作用产生的破坏称为腐蚀。金属腐蚀现象广泛存在，并且金属腐蚀问题遍及国民经济和国防建设各部门，造成重大的经济损失，全世界因腐蚀而损耗的金属约为年总产量的 30%。在各种腐蚀中最普遍的是电化学腐蚀。目前金属腐蚀与防护已发展成为一门独立的学科，其腐蚀原理和防护方法均与电化学有着必然的联系。

（11）电化学分析技术与电化学测量

电化学分析技术是应用电化学的基本原理和实验技术，依据物质的电化学性质来测定物质组成及含量的分析方法。其特点是速度快、灵敏度高，而且可在小体积的溶液或熔体中进行。

电化学测量技术和各种电化学技术的应用日益受到人们的重视。例如，化学电源为人们提供了轻便、可移动的能源方式，在交通运输、通信工程和微电子技术方面获得广泛应用；电解工业可实现工业的无机电合成、有机电合成、金属的提取与精炼等。

第2章

电化学工业体系

2.1 电化学工程基本单元

工业电化学体系包括电极、隔膜、电解质和电解槽等基本单元。

2.1.1 电极与电极材料

2.1.1.1 阳极

对于阳极，要考虑的因素包括导电性能、电催化性能、选择性、机械强度、寿命、成本等。阳极可分为可溶性阳极和不溶性阳极。

（1）可溶性阳极

可溶性阳极要求电极发生正常溶解，防止钝化。电镀、电解精炼、电铸等需要用到可溶性阳极，用于补充电解液中的金属离子。电解加工、电化学抛光、阳极氧化等需要将加工或处理的材料作为阳极，是可溶性阳极。另外电化学合成中也需要用到可溶性阳极，比如合成Pb的化合物时所用的阳极为Pb，是可溶性阳极；电化学合成四乙基铅，用的是可溶性阳极；活性Ni阳极、碱锰Zn阳极等均属于可溶性阳极。

（2）不溶性阳极

不溶性阳极，要求在电解液中稳定存在，不能发生溶解。常用的不溶性阳极如下所述。

① 碳阳极　碳是电化学工业中应用最广泛的非金属电极材料。它既可作为阳极材料及阴极材料，又可作为电催化剂载体、电极导电组分或骨架、集流体。

碳阳电极在电化学中的应用，主要由于它具有以下优点：

a. 导电及导热性能好；

b. 具有较好的耐蚀性；

c. 易加工为各种形态（板块、粉末、纤维）及不同形状；

d. 价廉、易得。

而其缺点为机械强度较低、易磨损，可在一定条件下氧化损耗。

碳石墨阳极的生产工艺：煅烧（石墨的原料皆为石油焦、沥青焦、无烟煤等）、配料、混匀、压型、煅烧、石墨化、浸渍等工序。由于材料科学的发展，一些新的碳材料，如具有不同特点的碳纤维、玻璃碳、热解石墨及采用各种表面修饰方法处理的碳电极的相继问世，使碳材料在电化学中的应用更为广泛。如：干电池的石墨碳棒、电镀中的不溶性阳极、Al熔盐中的不溶阳极。

② Fe 阳极、Ni 阳极　主要适用于碱性水溶液及熔融碱性介质。它们在这些介质中稳定、耐蚀，而且价格较低。

③ Pb-PbO$_2$ 阳极（半导体）　广泛用于硫酸及硫酸盐介质、中性介质和铬酸盐介质，是不溶性阳极。例如湿法冶金中电解制取 Zn，所用的阳极为 Pb-PbO$_2$ 阳极。

④ Ti 阳极　用于电位很高时的电化学氧化反应，常以 Ti 为基体采用电沉积方式制备，用于有机电合成。Ti 可承受较高的电化学窗口，用于精确求解沉积量。

⑤ 氧化物 DSA（金属阳极、形态阳极）阳极　用于氯碱工业。在 Ti 基体上涂以 TiO$_2$、RuO$_2$ 复合体，具有较高的导电性能、耐腐蚀性能和析 Cl$_2$ 的电催化性能。

⑥ 贵金属阳极　Pt 阳极可极化至很高的电位仍保持钝态；Pt 合金阳极（铱）提高耐蚀性能。

2.1.1.2　阴极

金属阴极材料一般不发生电化学腐蚀，选材较宽，主要考虑催化活性及选择性能。

（1）阴极材料与析氢过电位

析氢反应如电解水制 H$_2$、氯碱工业 H$_2$ 的阴极析出反应，应选过析氢电位低的材料，其他反应应选择析氢过电位高的材料。

（2）低碳钢阴极

低碳钢阴极（有的文献称为软钢阴极或简称铁阴极）是碱性介质中使用最普遍的阴极材料。其优点是析氢过电位较低、价廉、加工性能好、较稳定且耐蚀。

（3）活性氢阴极

所谓活性氢阴极，即对析氢反应的催化活性比铁阴极更高的一类新型阴极材料。从电催化理论可知，降低析氢过电位可从如下两方面努力。

① 增大电极的比表面，以减少电极的真实电流密度，降低析氢过电位。如：雷尼镍（Raney Ni）就是这一类活性阴极的代表，它是 Ni-Al（含 Ni 30%）或 Ni-Zn 合金。

② 提高电极的电催化活性，研制具有更大的交换电流密度的阴极材料。如：Pd-Ag 合金电极；Pt-Ru 合金电极；Ni-Co 合金电极；Ni-Mo 合金电极；Ni-Mo-Cd 三元合金电极；Ni-Zr 合金阴极；Ni-P-W 和 Co-P-W 电极等。

（4）氧阴极

氧阴极又称耗氧阴极或者去极化氧阴极（oxygen depolarized cathode，ODC），氧阴极主要由催化层、防水层和导电骨架三部分组成。通常用的憎水材料为聚乙烯和聚四氟乙烯等，防水层能保持空气和电解液之间使气体透过的防水界限，为氧进入并扩散到催化层提供一条通路。防水层之所以能透气而不漏液，主要靠毛细管内部的防水性，毛细孔与电解液接触形成了一个弯月面。氧阴极在结构上属于三相多孔电极（又称气体扩散电极），其电极反应发生在三相（气-液-固）界面上。多孔电极可提供很薄的扩散层，因而可获得很高的电流密度。三相多孔电极有足够的"气孔"使反应气体容易传递到电极内部各处，又有大量覆盖在催化剂表面的薄液膜，这些薄液膜还必须通过"液孔"与电极外侧的溶液连通，以利于反应粒子（及产物）的迁移。

在工业电解中若以氧还原反应代替氢析出的还原反应，可使阴极电位变正、槽电压明显降低，因此可节约能耗，具有重要的技术价值和经济意义。例如，氯碱工业根据这一原理，研究了所谓"氧阴极"。

槽电压组成	氢阴极槽/V	氧阴极槽/V
理论分解电压	2.25	1.08
槽电压	3.50~3.80	2.40~2.60

析氢：

$$2H_2O + 2e^- \longrightarrow H_2 + 2OH^- , \quad \varphi^{\ominus} = -0.828V$$

氧阴极：

$$O_2 + 2H_2O + 4e^- \longrightarrow 4OH^- , \quad \varphi^{\ominus} = 0.401V$$

显然二者的标准电极电位相差较大，即：

$$0.401V - (-0.828V) = 1.229V$$

氧阴极技术与传统的隔膜法电解技术或一般的离子膜和隔膜食盐电解技术的理论分解电压相比大幅下降，大大降低了电耗，粗略计算比传统电解技术节电约1/3。

2.1.2 隔膜

隔膜在电化学研究的大部分场合是电解槽必要的结构单元，其作用是分隔阳极和阴极区间，避免两极产物的混合，防止在电极表面或电解液中发生副反应和次级反应，以致影响产物收率、纯度和电流效率，甚至发生危及安全的事故，如某些气体混合引起的爆炸（含氯气中混合体积分数为5%以上的氢气时有爆炸危险）。

隔膜对于很多电化学反应器来说，是不可或缺的基本组成部分，它在一定程度上直接影响了电化学体系的反应进行情况和寿命，因此对隔膜有以下要求。

① 对电子是绝缘体，对离子导电电阻要小。即不允许电子透过，但离子通过的能力要强，并能防两极产物的透过。

② 具有稳定的化学性质，耐受电极上的氧化和还原反应，耐受电解质的化学腐蚀。

③ 具有一定的机械强度，可保持稳定的尺寸，能经受电化学体系中机械作用力。例如，铅酸电池在装配和使用时（如板栅的变形），对隔膜有一定的作用力。

④ 易于安装、维护、更换。

⑤ 材料来源丰富，价格低廉。

根据隔膜对离子的选择透过性不同，可将其分为无选择透过性的多孔性隔膜和有选择透过性的离子交换膜。

2.1.2.1 多孔膜

用于工业电解的多孔性隔膜包括以下几种。

（1）石棉

石棉包括石棉纸、石棉布、石棉纤维吸附膜。石棉是纤维状镁、铁、钙的硅酸盐矿物的总称，可用 $3MgO \cdot 2SiO_2 \cdot 2H_2O$ 表示，但也常含有 Al_2O_3、Fe_2O_3、CaO 等杂质。世界上所用的石棉95％左右为温石棉，其纤维可以分裂成极细的针状空心的原纤维。原纤维外径约30nm，内径约5nm，温石棉原纤维如图2-1所示。

图 2-1　温石棉原纤维

（2）陶瓷

陶瓷包括素烧陶瓷、刚玉、石英、氧化铝等。

（3）有机合成材料

有机合成材料包括有机塑料、橡胶、纤维等制成的各种多孔板状或管状隔膜。

粗孔隔膜由织物聚氯乙烯、氯纶、卡普隆、聚丙烯、聚四氯乙烯制备。无纺材料纺织工业中也得到应用，用来隔离气体、固体。

$100\mu m$ 以下的微孔隔膜，多采用加压后通过发孔剂制得，用来防止电解液对流。

2.1.2.2　离子交换膜

离子交换膜是一种含离子基团的、具有离子选择透过性能的高分子功能膜（或分离膜），所以也可称为离子选择性透过膜。它广泛用于化学电源如锂离子电池、燃料电池、电渗析及工业电解领域，如氯碱工业、水电解、有机电合成、水处理等。

（1）组成

离子交换膜的组成同离子交换树脂类似，都在高分子骨架上连接活性离子基团。离子交换膜的化学结构一般可表示为：

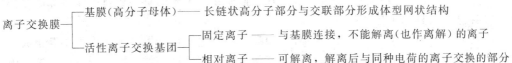

高分子母体是膜状高聚物（基膜），大都是由长链状高分子部分与交联部分形成体型网状结构。除此之外，若构成完整的离子交换膜，基膜还需引入活性离子交换基团。这些活性基团是由等电荷的阳离子和阴离子组成的，其中与基膜连接的离子称为固定离子，固定离子不能解离。与固定离子平衡的离子是相对离子（反离子），当离子交换膜置于电解质溶液中时，它将解离，与同种电荷的离子发生交换。

（2）分类

① 按膜体结构分类　按膜的宏观结构可把离子交换膜分为三大类。

a.非均相离子交换膜　由粉末状的离子交换树脂加黏合剂混炼、拉片、加网热压而成。树脂分散在黏合剂中，因而其化学结构是不均匀的。

b.均相离子交换膜　将活性基团引入惰性支持物中制成。它没有异相结构，本身是均匀的。其化学结构均匀，孔隙小，膜电阻小，不易渗漏，电化学性能优良，在生产中应用广泛。但制作复杂，机械强度较低。

c.半均相离子交换膜　也是将活性基团引入高分子支持物制成的，但两者不形成化学结合，其性能介于均相离子交换膜和非均相离子交换膜之间。

② 按交换基团分类

a. 阳离子交换膜 带有酸性离子交换基团的离子交换膜，按其解离度大小，又可分为：强酸性膜，如磺酸膜（R—SO$_3$H），解离度高，常用于燃料电池；弱酸性膜，如羧酸膜（R—COON），解离度小，易受 pH 影响，适用于碱性介质（如氯碱工业）。

b. 阴离子交换膜 带有碱性离子交换基团的离子交换膜，按其解离度大小，可分为：强碱性膜，如季铵型膜，解离度高，适用范围广；弱碱性膜，如仲胺型膜，解离度低，易受 pH 影响，适用于酸性介质。

阴离子交换膜是一类含有碱性活性基团、对阴离子具有选择透过性的高分子聚合物膜，也称离子选择透过性膜。阴离子交换膜由三部分构成：带固定基团的聚合物主链即高分子基体（也称基膜）、带正电的活性基团（即阳离子）以及活性基团上可以自由移动的阴离子。

一般以—NH$_3^+$、—NR$_2$H$^+$ 或者—PR$_3^+$ 等阳离子作为活性交换基团，并且在阴极产生 OH$^-$ 作为载流子，经过阴离子交换膜的选择透过性作用移动到阳极。

阴离子交换膜具有非常广泛的应用，它是分离装置、提纯装置以及电化学组件中的重要组成部分，在氯碱工业、水处理工业、重金属回收、湿法冶金以及电化学工业等领域都具有举足轻重的作用。近年来，随着新型化学电源的发展，阴离子交换膜作为电池隔膜在液流储能电池、碱性阴离子交换膜燃料电池、新型超级电容器等方面的应用也得到关注和研究。

③ 按用途分类 离子交换膜的用途甚多，如按用途可分为：电解用膜、电渗析用膜以及扩散渗透膜。

2.1.3 电解质

根据电荷载体的不同，可将导体分为第一类导体和第二类导体。凡是依靠自由电子来传导电流的导体叫第一类导体，也称电子导体，例如金属、石墨以及某些金属氧化物（如 PbO$_2$、Fe$_3$O$_4$）和碳化物（如 WC）等。凡是依靠带电离子的移动进行电流传导的导体称为第二类导体，也称离子导体。

电解质溶液属于第二类导体，由溶剂和高浓度的电解质盐以及电活性物质等组成，它是电化学体系中电极间电子传递的媒介，也可能含有其他物质，如缓冲剂和络合剂等。电解质溶液可以分为：电解质水溶液、熔融电解质和固体电解质三类。

2.1.3.1 电解质水溶液

离子导体中最常见的是电解质水溶液。从电离程度来看，过去曾把电解质分为强电解质和弱电解质两类。这种分类不能解释同一物质在不同溶剂中表现为强电解质或弱电解质的行为，因而不能作为物质属性的一种分类。现代观点主张把电解质分为非缔合式和缔合式两种。非缔合式是在水中形成阳离子和阴离子，不存在未解离的分子，也没有形成离子对，例如，碱金属卤化物、碱土金属卤化物、过氯酸盐和过渡金属卤化物等属于这一类电解质。缔合式是在溶液中存在以共价键形成的未解离的分子，包括全部的酸（如卤酸和过氯酸）。

2.1.3.2 熔融电解质

熔融电解质一般指熔融状态的盐。盐在常温下是晶体，当温度升至接近其熔点使其熔融时，该盐的结构仍然和晶体有类似之处。一般情况下大多数盐熔融后，体积相对膨胀较小，例如 KCl 为 17.3%，CaCl$_2$ 为 0.9%，KNO$_3$ 为 3.3%；并且熔融后盐的热容只比固体的热容稍大一些，例如 KCl 熔融态和固态的热容仅相差 0.8cal（1cal＝4.1868J，余同）。研究表明，熔融态的盐中粒子间的平均距离与固态盐中粒子间的平均距离接近，盐的熔化对各质点间的结合力削弱不大，也就是说熔融盐中离子的热运动性质仍保持着固态粒子热运动的性质。根据 XRD 分析，离结晶温度很近的熔融态的晶体结构的性质和固态的相近。虽然现在对熔融盐结构仍未弄清，但是一般认为熔融盐是完全解离的离子液体。处于熔融态的盐的电离度大，并且温度高，使离子运动速率增加，故其电导率一般比盐的水溶液的电导率大得多。

2.1.3.3　固体电解质

固体电解质是一种固态离子导体。1834 年法拉第首次由实验发现固体中离子的传输现象，法拉第加热固态 Ag_2S 和 PbF_2 时发现了明显的导电性，但是电导率较小。20 世纪 60 年代中期人们发现了快离子导体，如 $RbAg_4I_5$，固体电解质才得到较广泛的应用。在固态晶体材料中，离子运输通常依赖缺陷的浓度和分布，基于肖特基缺陷和弗伦克尔点缺陷的离子扩散机制，包括简单的空位机制和相对复杂的扩散机制，如双空位机制、间隙机制、空隙取代交换机制和集体机制。然而，一些特殊结构的材料可以在没有高浓度缺陷条件下实现高的离子电导率，这种结构通常由两个质子和由固定的离子和移动的晶格组合的一个晶体框架组成。为实现快速的离子导电，这种结构必须满足三个基本准则：移动离子占据可用等价位点的数量必须大于可移动离子数量；可用共价位点之间的迁移阻碍能应该低于离子在位点之间迁移的能量；这些可用位点一定要连接起来形成一个连续的扩散路径。

2.2　电化学反应器及质量技术指标

2.2.1　电化学反应器

实现电化学反应的设备或装置称为电化学反应器。在电化学工程的应用领域，如化学电源、氯碱工业、电镀中所用的电化学反应器，包括一次电池、二次电池、燃料电池、电解槽、电镀槽等。它们的大小与结构不同，功能和特点也各异，但是却存在着共同的基本特征，即所有的电化学反应器都是由两个电极（阴极和阳极）和电解质构成；所有电化学反应器中发生的主要反应是电化学反应，包括电荷、质量、热量和动量的四种传递过程，服从电化学热力学、电极动力学以及传递过程中的基本规律。

随着技术的进步，现代电化学工业所用的反应器产生的电流密度不断提高，容量在不断扩大，性能和结构也不断改进。但是单个电化学反应器的产能有限，因此实际生产中需要多台反应器同时进行。

（1）电解槽配置

根据电解槽内电极的连接方式可分为单极式电解槽和复极式电解槽。单极式电解槽结构如图 2-2 所示。单极式电解槽规模较大，通常需要连接 100 台甚至 100 台以上的电解槽。其特点为低压大电流，多台单极式电解槽的电连接宜在电源之间串联工作。

复极式电解槽的连接方式与单极式电解槽不同，仅有两端的电极与电源的两端连接，每一电极的两面均具有不同的极性，即一面是阳极，另一面是阴极，结构如图 2-3 所示。其特点是高压低电流、多台复极式电解槽的电连接宜在电源的正负极之间并联工作。

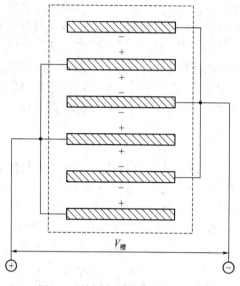

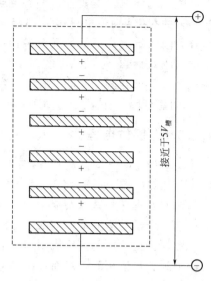

图 2-2　单极式电解槽中的电连接　　　　　图 2-3　复极式电解槽中的电连接

（2）电解槽的液路连接

电解槽在液路中可以两种方式连接，即并联和串联，如图 2-4 所示。

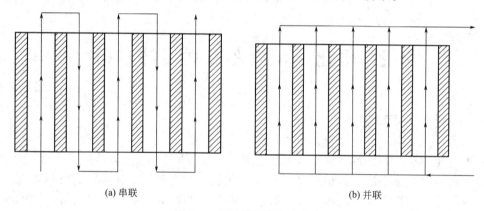

(a) 串联　　　　　　　　　　　　　(b) 并联

图 2-4　电解槽的液路连接

2.2.2　电解工艺的质量指标

通常用转化率、电流效率、电能消耗和空时产率等指标来评价一个电化学过程的实用价值的经济效益。

（1）转化率（θ）

$$\theta = \frac{\text{原料转化为产物的物质的量}}{\text{原料消耗的物质的量}} \times 100\%$$

又称产率或原料回收率，一般情况下，$\theta < 1$。为了提高生产效益，必须寻求降低原料消耗的办法，或者设法分离产物中所含的副产物。有时用选择性表示原料回收率：

$$\text{选择性} = \frac{\text{目标产物的物质的量}}{\text{所有产物的物质的量之和}} \times 100\%$$

（2）法拉第定律与电流效率（η）

由法拉第定律可知，电极上得到产物的物质的量与通过电极的电量成正比，即 1mol 产物所需电量为 nF，n 是电极反应的电子数，F 为 96487C 或 26.8A·h。因此电极上产物的量（理论产量）为：

$$产物的量 = \frac{ItM}{nF}$$

式中，I 为通过的电流强度；t 为通电时间；M 为产物的摩尔质量。M/nF 为常数，即通过单位电量得到的产物的质量，也就是电化当量。电解时通过电极的电流并不能全部用于产生目标产物，因此目标产物的量也低于理论产量。电流效率（η）：

$$\eta = \frac{理论消耗电量}{实际消耗电量} \times 100\% = \frac{产物的实际产量}{产物的理论产量} \times 100\%$$

由于电解槽阴极和阳极进行的反应不同，因此有不同的电流效率。根据阳极产物计算的电流效率称为阳极电流效率；根据阴极产物计算的电流效率称为阴极电流效率。通常电流效率小于 100%，但是如果存在副反应（例如析氢）、二次反应或金属阳极溶解可能使电流效率大于 100%。

（3）电能消耗（W）

电解产物的实际电能消耗 W，kW·h/kg：

$$W = \frac{n_F V_槽}{3.6 \times 10^3 \eta M} = \frac{k V_槽}{\eta}$$

式中　　n_F——每摩尔产物的理论耗电量；

M——产物的摩尔质量；

$V_槽$——电解槽电压，也称槽压、槽电压，$V_槽 = (\varphi_阳^{\ominus} + \varphi_阴^{\ominus}) + \eta_阳 + \eta_阴 + IR_\Omega$，$IR_\Omega = IR_液 + IR_膜 + IR_{其他}$；

k——理论耗电量，$k = \dfrac{1}{电化当量}$；

η——电流效率。

可以看出，要减小电能消耗，提高能量效率，需要尽量降低槽压和提高电流效率。具体可通过以下途径实现。

① 减少电解液中的杂质，可提高电流效率；

② 在合理范围内提高反应物浓度，可在较高电流密度下得到较高的电流效率；

③ 向电解液中加入电解质，提高溶液电导率，从而降低槽压；

④ 适当提高电解温度，增加溶液电导率，可降低槽压；

⑤ 适当提高电流密度，强化生产；

⑥ 缩短正、负极间距，降低欧姆压降。

（4）空时产率

通常用空时产率衡量电解槽的生产能力。空时产率（空时得率，space-time yield）是指单位体积的电解槽在单位时间内所得产物的量，与单位体积电解槽内通过的有效电流成比例：

$$Y_{ST} = \frac{G}{t V_R}$$

式中　Y_{ST}——空时产率，$kg/(m^3 \cdot s)$；

　　　　G——产量，kg；

　　　　t——反应时间，s；

　　　　V_R——反应器体积，m^3。

第3章

化学电源发展与关键技术进展

3.1 化学电源发展概述

3.1.1 化学电源发展现状

我国是能源短缺的国家，石油储量不足世界的 2%，即使是占我国目前能源构成 70% 的煤，也只够用 100 余年。我国的能源形势严峻，能源安全面临着严峻挑战。为了解决日益短缺的能源问题和日益严重的环境污染，开发各种高能电池和燃料电池非常紧迫。为了以电代替石油，并降低城市污染，发展电动车是当务之急，而电动车的关键是电池。化学电源又称为电池，是一种能把化学能直接转化为电能的装置。化学电源按照使用性质可分为三类：干电池、蓄电池、燃料电池。干电池又称一次电池，即电池中的反应物质在进行一次电化学反应放电之后就不能再次使用的电池；蓄电池又称二次电池，或者储能电池，是可以重复使用、放电后可以充电使活性物质复原、以便再重新放电的电池；燃料电池是直接将燃烧反应的化学能转化为电能的装置，与前两类电池不同的是，它不是把还原剂、氧化剂物质全部储藏在电池内，而是在工作时不断从外界输入氧化剂和还原剂，同时将电极反应产物不断排出电池。化学电源具有使用方便，性能可靠，便于携带，容量、电流和电压可在相当大的范围内任意组合等许多优点。当今，化学电源已经广泛应用于国民经济（信息、能源、交通、办公和工业自动化）、卫星、载人飞船、军事武器与装备等各个领域。

现有商业化的二次电池有铅酸电池、镉镍电池（Cd/Ni）、金属氢化物镍电池（MH/Ni）和锂离子电池四种。目前国内的铅酸电池领域高科技人才匮乏，产业分散，厂家众多，但大多规模不大，技术水平不高；在某些领域，比如用在储能电池独立发电系统的铅酸电池，寿命要求至少达到 5 年，我国目前生产的该类型产品，寿命只有 2~3 年。比较大的一些铅酸电池生产厂家，如超威、南都、超能等，在一些高端电池上的技术相对比较成熟，但配套的一些关键材料国内难以生产，只能依赖进口，导致这些高端电池难以大规模推广。镉镍电池具有成本低、自放电小、寿命长、在大电流放电时可以保持性能稳定等优势，民用领域不常见，主要用于军工领域。目前我国镉镍密封电池经过多年的研制改进，生产工艺成熟，能量密度（也称比能量）高、比功率大、综合性能好，其高、低温放电性能和荷电保持能力都已达到国际先进水平。金属氢化物镍电池（氢镍电池）目前的研究主要集中在储氢合金的微观结构和克服合金本身的缺点等方面。目前我国科研工作者在储氢材料研制及负极生产工艺等关键技术方面已取得突破性进展，开发出了多种高性能储氢材料，同时成功研究出先进的负极生产工艺。然而，在军用氢镍电池的研究方面，我国还落后于发达国家，只有少数科研单位在开展这方面的工作。锂离子电池具有比能量高、无记忆效应、工作电压高以及安全、长寿命的特点，广泛用于电动汽车、电子设备及储能设备中。目前锂离子电池在实际应用中还存在许多问题，主要体现在三个方面：①能量密度较低，目前锂离子电池的能量密度达到 $260W \cdot h/kg$，"中国制造 2025"中确定的目标是至 2020 年我国生产锂离子电池能量密度达到 $300W \cdot h/kg$，2025 年达到 $400W \cdot h/kg$，2030 年要达到 $500W \cdot h/kg$，目前商业化锂离子电池的能量密度与国家确定的技术目标还存在一定差距；②倍率性能较差，锂离子电池的性能已经有了长足的进步，但是在高倍率充放电时容量衰减很快，安全性能变差；③一致性要求高，在实际应用中需要大量锂离子电池串并联形成电池组，如果电池的一致性达不到要求，电池系统很难达到满意的效果。

我国化学电源工业发展十分迅速，每年生产各种型号的化学电源约 150 亿只，占世界电池产量的 1/3，为世界电池生产第一大国。我国已经成为世界上电池的主要出口国，锌锰电池绝大部分出口，氢镍电池一半以上出口，铅酸电池特别是小型铅酸电池出口量增长很大，锂离子电池的世界市场已呈中、日、韩三足鼎立之势。随着以信息、通信、视听为主导的电子产品设备的便携化、无绳化、多功能化，以及对电池提出的电流大、质量小、无污染、使用寿命长等要求，各国都在发展新一代智能电池。智能电池最重要的特征是通过与充电器或与使用电池设备的接口获得电池运行的信息，使用户能合理地管理充电和用电时间。为此，必须在电池或电池组内安装特种功能的设备，或者通过充电器、使用电池的设备来实现。

3.1.2 化学电源的发展前景

（1）未来小型电池的前景十分乐观

据不完全统计，2017 年美国人均年耗电池 48 只，日本人均 32 只，欧洲为 22 只，我国仅为 16 只。随着科技日益发展、人们生活水平提高，将有多种形式的电器进入千家万户，这将促进小型电池的大量增长，人均将增加 0.5～4 只，即需增产电池数十亿只，电池前景十分乐观。

（2）大型电池和中型电池的前景十分诱人

由于人类环境意识的增强及石油的短缺，未来的汽车势必采用电动汽车。当前汽车所用的电池，其用途只是启动、点火、照明，用量已在 2 亿只以上。如作为汽车动力用途，至少每辆车用 8 只以上，将形成供不应求的局面，前景十分诱人。

（3）增强意识向绿色产品看齐

当前，全球环境问题日益严峻，珍惜资源与爱护环境蔚然成风，绿色化学已经成为国际化学研究的前沿。电池行业也与时俱进，向绿色产品看齐。燃料电池和锂离子电池有望成为绿色电池中的佼佼者。开发新电源也必须以"绿色"为准绳，这是发展的必然趋势。

（4）加强研究开辟活性材料的新途径

电池行业必须打开思路，寻找新途径。今后要有意识地运用分子设计的思想，把导电聚合物材料、固体电解质合成纳入分子工程的对象。聚苯胺、聚吡咯、聚噻吩等一系列材料的合成为导电材料的合成开了先河，而分子剪裁可在一定条件下制备具有特定要求的正负极活性材料。此外，纳米微粒作为电池正负极材料有一定可能性，其催化性质已被证实，越来越多的研究显现了它的特性。如果纳米材料在电池中得到实用，电池的性能有可能达到一个新的高度。

（5）提高质量创世界名牌电池

我国是电池大国，但并不是电池强国，电池产品多为中低档产品。而电器在不断地改进，要求高性能和多规格的电池相配备，这既是压力也是动力，电池行业必须在质量等方面下功夫，促进产品的更新换代，加强经营管理，才能创世界名牌电池，电池行业才会有希望。

3.2　锂离子电池关键技术进展

近年来，为应对汽车工业迅猛发展带来的诸如环境污染、石油资源急剧消耗等影响，各国都在积极开展采用清洁能源的电动汽车 EV 以及混合动力电动车 HEV 的研究。其中作为车载动力的动力电池成为 EV 和 HEV 发展的主要瓶颈。电动汽车虽不能解决能源短缺的问题，但是能够解决环境污染的问题（如雾霾）。目前电动汽车的一次充电行驶距离受制于电池的性能，尤其是电池能量密度。锂离子电池是目前已经商业化的二次电池，发展高比能量锂离子电池非常关键。锂离子电池的性能主要取决于所用电池内部材料的结构和性能。这些电池内部材料包括负极材料、电解质、隔膜和正极材料等。其中正、负极材料的选择和质量直接决定锂离子电池的性能与价格。锂离子电池电极材料大致需满足四个条件：在要求的充放电电位范围内，与电解质溶液具有相容性；温和的电极过程动力学；高度可逆性；全锂化状态下稳定性好。

3.2.1　锂离子电池正极材料

锂离子电池正极材料有三个结构特点：①层状或隧道结构，以利于锂离子的脱嵌，且在锂离子脱嵌时无结构上的变化，以保证电极具有良好的可逆性能；②锂离子在其中的嵌入和脱出量大，电极有较高的比容量（也称容量），并且在锂离子脱嵌时，电极反应的自由能变化不大，以保证电池充放电电压平稳；③锂离子在其中应有较大的扩散系数，以使电池有良好的快速充放电性能。锂离子电池正极材料主要有钴酸锂、镍酸锂、尖晶石型锰酸锂、磷酸铁锂和三元材料等。

钴酸锂具有三种物相，即层状结构、尖晶石结构和岩盐相。目前，在锂离子电池中，应用最多的是层状的 $LiCoO_2$，其理论容量为 $274mA \cdot h/g$，实际容量为 $140\sim155mA \cdot h/g$。其优点为：工作电压高，充放电电压平稳，适合大电流放电，比能量高，循环性能好。缺点是：实际比容量仅为理论比容量的 50% 左右，钴的利用率低，抗过充电性能（也称耐过充性能）差，在较高充电电压下比容量迅速降低。另外，加上钴资源匮乏、价格高等因素，在很大程度上限制了钴系锂离子电池的使用范围，尤其是在电动汽车和大型储备电源方面受到限制。钴酸锂的制备方法比较多，主要有高温固相合成法、低温固相合成法、溶胶-凝胶法、水热合成法、沉淀-冷冻法、喷雾干燥法和微波合成法等。目前，钴酸锂生产过程中，最常用的制备方法为高温固相合成法。传统高温固相合成法制备 $LiCoO_2$，一般是以 $LiCO_3$ 或者 $LiOH$ 和 $CoCO_3$ 或者 Co_3O_4 为原料，按照 Li/Co 比为 1：1 配制，在 700～1000℃空气气氛下煅烧而成。为了提高 $LiCoO_2$ 的容量、改善其循环性能和降低成本，人们采取了掺杂和包覆的方法。具体采用以下几种方法：①用过渡金属和非过渡金属（Ni、Mn、Mg、Al、In、Sn 等），来替代 $LiCoO_2$ 的 Co 用以改善其循环性能。试验发现过渡金属代替 Co 改善了正极材料结构的稳定性；而掺杂非过渡金属会牺牲正极材料的比容量。②引入 P、V 等杂质原子以及一些非晶物质如 H_3PO_4、SiO_2 和 Sb 的化合物等，可以使 $LiCoO_2$ 的晶体结构部分发生变化，以提高 $LiCoO_2$ 电极结构变化的可逆性，从而增强循环稳定性和提高充放电容量。③引入二价钙离子从而产生一个正电荷空穴，使氧负离子容易移动，改善导电性能，或用酸洗涤 $LiCoO_2$ 电池材料可以提高电极导电性，从而提高电极材料的利用率和快速充放电性能。

$LiNiO_2$ 有两种结构变体，具有 α-$NaFeO_2$ 型菱方层状结构的 $LiNiO_2$ 晶体才具有锂离子的脱/嵌反应活性，其理论容量为 274mA·h/g，实际容量已达 190～210mA·h/g，工作电压范围为 2.5～4.1V，不存在过充电和过放电的限制，其自放电率低，没有环境污染，对电解液要求较低，是一种很有前途的锂离子电池正极材料。通常 $LiNiO_2$ 的合成方法有高温固相合成法、溶胶-凝胶法、共沉淀法和水热合成法。然而 $LiNiO_2$ 在充放电过程中，其结构欠稳定，且制作工艺条件苛刻，不易制备得到稳定 α-$NaFeO_2$ 型二维层状结构的 $LiNiO_2$ 材料。为了提高 $LiNiO_2$ 的稳定性和循环寿命，人们采取了以下三种方法：①在 $LiNiO_2$ 正极材料中掺杂 Co、Mn、Ca、F、Al 等元素，制成复合氧化物正极材料以增强其稳定性，提高充放电容量和循环寿命；②在 $LiNiO_2$ 材料中掺杂 P_2O_5；③加入过量的锂，制备高含锂的锂镍氧化物。

锰酸锂具有安全性好、耐过充性能好、锰资源丰富、价格低廉和无毒性等优点，是最有发展前途的一种正极材料。锰酸锂主要有尖晶石型 $LiMn_2O_4$ 和层状的 $LiMn_2O_2$ 两种类型。尖晶石型 $LiMn_2O_4$ 具有安全性好和易合成等优点，是目前研究较多的锂离子正极材料之一。但 $LiMn_2O_4$ 存在 John-Teller 效应，在充放电过程中易发生结构畸变，造成容量迅速衰减，特别是在较高温度的使用条件下，容量衰减更加突出。层状 $LiMn_2O_2$ 是近年来新发展起来的一种锂离子电池正极材料，具有价格低、比容量高（理论比容量 286mA·h/g，实际比容量已达到 200mA·h/g 以上）的优势。$LiMn_2O_2$ 存在多种结构形式，其中单斜晶系的 $LiMn_2O_2$ 和正方晶系的 $LiMn_2O_2$ 具有层状材料的结构特征，并具有比较优良的电化学性能。对于层状结构的 $LiMn_2O_2$ 而言，理想的层状化合物的电化学行为要比中间型的材料好得多，因此，如何制备稳定的 $LiMn_2O_2$ 层状结构材料，并使之具有上千次的循环寿命，而不转向尖晶石结构是急需解决的问题。

1997 年，Padhi 等最早提出了 $LiFePO_4$ 的制备以及性能研究。$LiFePO_4$ 具有橄榄石晶体结构，理论比容量为 170mA·h/g，有相对于锂金属负极的稳定放电平台，虽然大电流充放电存在一定的缺陷，但由于该材料具有理论比能量高、电压高、环境友好、成本低廉以及热稳定性良好等显著优点，是近期研究的重点替代材料之一。目前，人们主要采用高温固相法制备 $LiFePO_4$ 粉体，除此之外，还有溶胶-凝胶法、水热法等软化学方法，这些方法都能得到颗粒细和纯度高的 $LiFePO_4$ 材料。$LiFePO_4$ 的电化学性能主要取决于其化学反应、热稳定性以及放电后的产物 $FePO_4$。由于 $LiFePO_4$ 颗粒细、比表面大、黏度比较低，导致其体积密度比较小，因此有必要在电极材料中添加小体积、高密度的碳和有机黏结剂。研究发现，通过高温合成、碳包覆和掺杂金属粉末或者金属离子等都能显著地提高 $LiFePO_4$ 的电导率，从而增加可逆容量，改善该材料的电化学性能。

1999 年 Liu 等首次报道了层状的镍钴锰三元过渡金属复合氧化物，该氧化物为 $LiCoO_2/LiNiO_2/LiMnO_2$ 共熔体，具有 $LiCoO_2$ 的良好循环性能、$LiNiO_2$ 的高比容量和 $LiMnO_2$ 的安全性。2001 年 T. Ohzuku 等首次合成了具有优良性能的层状 $NaFeO_2$ 结构的 $LiNi_{1/3}Co_{1/3}Mn_{1/3}O_2$，镍钴锰三元复合材料的研究因此受到特别关注。层状镍钴锰三元复合材料一定程度上综合了 $LiCoO_2$、$LiNiO_2$ 和 $LiMnO_2$ 的优势，弥补了不足，改善了材料性能，降低了成本。Co、Ni 和 Mn 三种元素在提高材料性能方面扮演了不同角色：Co 能使 Li^+ 的脱出/嵌入更加容易，从而提高材料的导电性并改善充放电循环性能，但是 Co 含量过高会降低材料的可逆容量；Ni 有助于提高材料的可逆容量，但 Ni 过多又会使材料的循环性能恶化；Mn 含量过高则容易出现尖晶石结构，从而破坏材料所需的层状结构。

综上，随着人类社会的进步和经济可持续发展进程的高速推进，节能环保的绿色能源必将得到更大发展。锂离子电池及其相关正极材料仍将是研究热点。但钴酸锂一统天下的局面将被打破，在未来较长的时期内，将朝着多品种、多元化的方向发展。由于钴资源的日益枯竭，用量不断增多，以及新型绿色能源和环保的需要，通过广大科技人员的不懈努力，资源丰富、价格低廉、环保无毒和绿色的三元材料和以磷酸铁锂为代表的新型正极材料必成为下一代动力电池材料的首选。各种常用的锂离子电池正极材料的性能对比如表 3-1 所示。

表 3-1　各种常用的锂离子电池正极材料的性能比较

参数	钴酸锂	镍酸锂	锰酸锂	镍钴锰	磷酸铁锂
振实密度/(g/cm^3)	2.8～3.0	2.4～2.6	2.2～2.4	2.0～2.3	1.0～1.4
比表面/(m^2/g)	0.4～0.6	0.3～0.7	0.4～0.8	0.2～0.4	12～20
克容量/(mA·h/g)	140～155	190～210	100～115	155～165	130～140
电压平台/V	3.6	3.8	3.7	3.5	3.2
循环性能	≥300	—	≥500	≥800	≥2000
过渡金属	贫乏	贫乏	丰富	丰富	非常丰富
原料成本	很高	高	低廉	较高	低廉
环保	含钴	含镍	无毒	含钴镍	无毒
安全性能	差	差	较好	较好	优良
适用领域	小电池	小电池	动力电池	小电池、小型动力电池	动力电池、大容量电源

3.2.2　锂离子电池负极材料

负极材料是锂离子电池的主要组成部分，负极材料性能的好坏直接影响锂离子电池的性能。锂离子电池的负极是由负极活性物质、黏合剂和添加剂混合制成糊状胶合剂均匀涂抹在铜箔两侧，经干燥、滚压而成的。锂电负极材料要求有：①正负极材料的电位差要大，从而可获得高功率电池；②锂离子的嵌入反应自由能变化小；③锂离子的可逆容量大，锂离子嵌入量的多少对电极电位影响不大，这样可以保证电池稳定的工作电压；④高度可逆嵌入反应，保证良好的电导率、热力学稳定的同时还不与电解质发生反应；⑤循环性好，具有较长循环寿命；⑥锂离子在负极的固态结构中具有高扩散速率；⑦材料的结构稳定、制作工艺简单、成本低。

锂离子电池负极材料主要分为碳材料［石墨、无定形炭、碳纤维、焦炭、中间相炭微球

（MCMB）和碳纳米管等]和非碳材料（锂合金、锂-过渡金属氮化物和金属氧化物）两类，其中，碳材料又分为石墨类碳材料和非石墨类碳材料。目前，锂离子电池负极研究工作主要集中在碳材料和其他具有特殊结构的化合物。常见负极材料的能量密度示意图如图 3-1 所示。

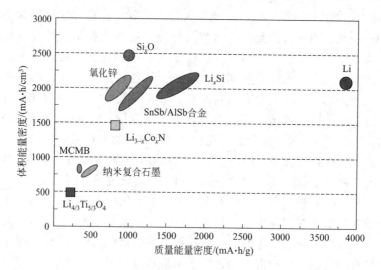

图 3-1　常见负极材料的能量密度示意图

石墨类碳负极材料分天然石墨和人造石墨两类。其中天然石墨由于具备电子电导率高、锂离子扩散系数大、层状结构在嵌锂前后体积变化小、嵌锂容量高和嵌锂电位低等优点，成为目前主流的商业化锂离子电池负极材料。石墨导电性好，结晶程度高，具有良好的层状结构，十分适合锂离子的反复嵌入-脱嵌，是目前应用最广泛、技术最成熟的负极材料。锂离子嵌入石墨层间后，形成嵌锂化合物 Li_xC_6（$0 \leqslant x \leqslant 1$），理论容量可达 372mA·h/g（$x = 1$），反应式为：$xLi^+ + 6C + xe^- \longrightarrow Li_xC_6$，锂离子嵌入使石墨层与层之间的堆积方式由 ABAB 变为 AAAA，如图 3-2 所示。

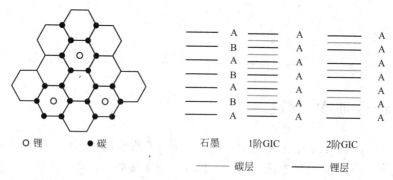

图 3-2　石墨与锂层的内嵌堆积方式

由于石墨层间距（$d_{002} \leqslant 0.34nm$）小于石墨嵌锂化合物 Li_xC_6 的晶面层间距（0.37nm），致使在充放电过程中，石墨层间距改变，易造成石墨层剥落、粉化，还会发生锂离子与有机溶剂分子共同嵌入石墨层及有机溶剂分解，进而影响电池循环性能。通过石墨改性，如在石墨表面氧化、包覆聚合物热解炭，形成具有核-壳结构的复合石墨，可以改善石墨的充放电性能，提高比容量。石墨是目前主流的商业化锂电负极材料，但由于石墨本身结构特性的制约，石墨负极材料的发展也遇到了瓶颈，比如比容量已经达到极限、不能满足大型动力电池所要求的持续大电流放电能力等。为了改善天然石墨的循环性能和提高其充放电倍率，设法在天然石墨颗粒表面包覆上一层热解炭，形成以石墨为核心的"核-壳"式结构。目的是减缓碳电极表面的不均匀反应性质，使得在碳电极表面生成 SEI 膜的溶剂或电解质盐的还原分解反应能够均匀进行，从而在碳材料电极表面能够形成一层均匀、薄而致密、不易脱落的 SEI。包覆的方法有气相沉积、固相混合、液相浸渍等。

人造石墨是将易石墨化碳（如沥青焦炭）在 N_2 气氛中于 $1900 \sim 2800 ℃$ 高温经石墨化处理制得。常见人造石墨有中间相炭微球和石墨化碳纤维等。其中 MCMB 的优点是：①球状颗粒，便于紧密堆积，可制成高密度电极；②光滑的表面，低比表面积，可逆容量高；③球形片层结构，便于锂离子在球的各个方向迁出，可以大倍率充放电。石墨化碳纤维的优点是：①表面和电解液之间的浸润性能非常好；②由于嵌锂过程主要发生在石墨的端面，从而具有径向结构的碳纤维极有利于锂离子快速扩散，因而具有优良的大电流充放电性能；③放电容量大，优化时可逆容量达 $315 mA \cdot h/g$，不可逆容量仅为 $10 mA \cdot h/g$，首次的充放电效率达 97%。

非石墨类碳负极材料指锂嵌入无定形炭材料中，首先嵌入到石墨微晶中，然后进入石墨微晶的微孔中。在嵌脱过程中，锂先从石墨微晶中发生嵌脱，然后才是微孔中的锂通过石墨微晶发生嵌脱，因此锂在发生嵌脱的过程中存在电压滞后现象。没有经过高温处理，碳材料中残留缺陷结构，锂嵌入时与这些结构发生反应，导致首次充放电效率低。此外，缺陷结构在循环时不稳定，容量随循环的进行而衰减。非石墨类碳材料没有明显的衍射峰，均为无定形结构，由石墨微晶和无定形区组成；无定形区中存在大量的微孔结构，微孔可作为可逆储锂的"仓库"，可逆容量在合适的热处理条件下，均大于 $372 mA \cdot h/g$，有的甚至超过 $1000 mA \cdot h/g$。非石墨类碳材料可以细分为软碳和硬碳材料。软碳即易石墨化碳，是指在 $2000 ℃$ 以上的高温下能石墨化的无定形炭，其结晶度（即石墨化程度）低，晶粒尺寸小，晶面间距（d_{002}）较大，与电解液的相容性好；软碳材料首次充放电的不可逆容量较高，输出电压较低，无明显的充放电平台电位。常见的软碳有石油焦、针状焦等。一般不直接用作负极材料，是制造人造石墨的原料，或者作为包覆材料改性天然石墨、合金等负极材料。硬碳即难石墨化碳，是高分子聚合物的热解炭，即使在 $3000 ℃$ 的高温也难以石墨化。硬碳有树脂炭（如酚醛树脂、环氧树脂和聚糠醇等）、有机聚合物热解炭（PVA、PVC、PVDF 和 PAN 等）及炭黑（乙炔黑）等。聚糠醇树脂炭已经被日本 Sony 公司用作锂离子电池负极材料，比容量可达 $400 mA \cdot h/g$，其晶面间距（d_{002}）适当，有利于锂的嵌入而不会引起结构显著膨胀，具有很好的充放电循环性能。

硅基负极材料有 $Li_{12}Si_{17}$、$Li_{13}Si_{14}$、Li_7Si_3 和 $Li_{22}Si_5$ 等，其中 Si 完全嵌入锂时形成的合金 $Li_{4.4}Si$，其理论容量达 $4200 mA \cdot h/g$。硅基材料的缺点是体积变化大，造成合金的粉化，导致容量急剧下降。改性方法有引入非活性金属，如镍、镁、银等或者将硅纳米化等。锡基合金负极材料锡与锂可以形成 $Li_{22}Sn_4$ 的合金，理论容量为 $994 mA \cdot h/g$，这种储锂方式受空间间隙位置的限制，所以储锂容量有限；对材料的结构和体积没有造成明显变化，所以循环性能好。锂合金作为负极材料，具有能量密度高的优点，但循环稳定性差；改性方法是制备纳米化合金材料，如采用纳米 Sn 粉或者 Sn 纳米薄膜；或者引入非活性成分，不与 Li 形成合金的金属，降低活性成分，减小材料的膨胀。

由于硅和锡具有不可逆容量高、循环稳定性差等缺点，一些研究者把注意力放到了它们的氧化物上。例如锡的氧化物 SnO_2 和 SnO 等，硅的氧化物 $SiO_{0.8}$、SiO 和 $SiO_{1.1}$ 等，或者两者的复合氧化物。尖晶石钛酸锂（$Li_4Ti_5O_{12}$）在锂离子嵌入-脱出的过程中晶体结构能够保持高度的稳定性，具有优良的循环性能和平稳的放电电压；$Li_4Ti_5O_{12}$具有较高的电极电压，从而避免了电解液分解现象，其理论比容量为 175mA·h/g，实际比容量可达 165mA·h/g，并集中在平台区域。$Li_4Ti_5O_{12}$ 可以在较大倍率下充放电，而且制备 $Li_4Ti_5O_{12}$的原料来源比较丰富。钛酸锂的制备方法有固相反应法和溶胶-凝胶法。在固相反应中，反应温度、反应时间以及混合方式均是影响 $Li_4Ti_5O_{12}$材料性能的关键参数。溶胶-凝胶法合成 $Li_4Ti_5O_{12}$一般将钛酸丁酯和乙醇溶液按一定比例混合，再向其中加入一定量的乙酸锂（一般 $Li：TiO_2 = 4：5$）、乙醇、去离子水等。一般而言，固相反应受到合成条件的影响，可能导致材料不均匀、粒径分布过宽、不易控制等缺点。溶胶-凝胶法合成的材料颗粒分布均匀、结晶性能好、立方晶体形貌规整。

综上，锂离子电池负极材料未来将向着高容量、高能量密度、高倍率性能和高循环性能等方向发展。锂离子电池负极材料基本上都是石墨类碳负极材料，对石墨类碳负极材料进行表面包覆改性，增加其与电解液的相容性、减少不可逆容量和增加倍率性能还是目前应用研究的一个热点。对氧化物负极材料钛酸锂进行掺杂，提高电子、离子传导性是目前应用研究的一个热点。非石墨类碳材料、合金和其他氧化物负极材料，虽然容量很高，但是循环稳定性问题一直未能解决，对其改性研究仍在探索中，得到大规模的实际应用尚需时日。

第4章

→ → → →

氯碱工业

4.1 概　述

以电解氯化钠水溶液的方法制取氯气、烧碱的化学工业称为氯碱工业。它是现代电化学工业中规模最大的两大部门之一（另一个是铝电解工业）。氯碱工业是最基本的化学工业之一，它的产品除应用于化学工业本身外，还广泛应用于轻工业、纺织工业、冶金工业、石油化学工业以及公共事业。

4.1.1 氯碱工业在国民经济中的地位

氯碱产品主要有以下用途。

（1）烧碱

烧碱行业与国民经济中各行业的关联性较强，相关行业的发展状况对烧碱行业的影响重大。从原料方面看，隔膜和离子膜电解工艺的主要原料均为工业原盐，而下游需求分散在洗涤剂、造纸、肥皂、纺织、印染、染料、医药、金属制品、有机化工工业和基本化工等。

烧碱的主要下游行业是氧化铝、造纸和化纤。造纸行业从 2007 年产量开始下降；2008 年和 2009 年均处于低谷；2010 年和 2011 年产量有所提升，随后几年产量有所回落，并保持稳定。

造纸行业中木浆造纸比例及纸浆碱液回收技术的提高，使烧碱的利用率提高了，从而单位纸产量消耗的烧碱量也相应地减少，因此，造纸行业对烧碱的需求量呈现不断下降的趋势，但由于造纸行业用碱量基数较大，造纸行业对烧碱需求的影响仍较大。

与造纸行业对烧碱需求不断下降不同的是，氧化铝生产近年来对烧碱需求量呈上升趋势。在 2016 年氧化铝生产消耗烧碱量约为烧碱总产量的 27%。

（2）氯气

氯气用途广泛，其中最重要的用途之一，也是目前消耗氯气量最大的就是生产聚氯乙烯（即 PVC）。PVC 型材、异型材是我国 PVC 消费量最大的领域，约占 PVC 总消费量的

25％，主要用于制作门窗和节能材料；PVC管材是PVC第二大消费领域，约占其消费量的20％；PVC薄膜是PVC第三大消费领域，约占其消费量的10％。

PVC生产过程中的重要原材料氯气和氯化氢基本都来源于氯碱工业。例如生产1t电石法PVC需要消耗$0.75 \sim 0.85t$氯化氢；生产1t乙烯法PVC需要消耗0.65t氯气。因此PVC的生产与氯碱工业的生产共生共存，是氯碱工业最主要的产品。建设PVC项目时一般配套建设相应的氯碱项目，为PVC的生产提供氯原料。

除此之外，氯气还可用于生产环氧丙烷、甲烷氯化物（CMS）、环氧氯丙烷（ECH）等化工产品，以及用于造纸和水处理等。

（3）氢气

作为氯碱工业的副产品，氢气不仅是主要的工业原料，还是最重要的工业气体和特种气体，在石油化工、冶金工业、电子工业、精细有机合成、浮法玻璃、食品加工、航空航天等方面有着广泛的应用。例如，在石化工业中，需通过加氢去硫和氢化裂解来提炼原油；氢气的一个重要用途是对人造黄油、食用油、洗发精、润滑剂、家庭清洁剂及其他产品中的脂肪氢化；由于氢的高燃料性，航天工业使用液氢作为高能燃料。

同时，氢气也是一种理想的二次能源（二次能源是指必须由一种初级能源如太阳能、煤炭等来制取的能源），可用于化学电源，例如氢-氧燃料电池。这类化学电源无污染，不产生温室效应。

4.1.2 氯碱工业的发展

氯碱工业是一个古老的传统工业，最早可以追溯到1851年，这一年Watt首先提出了电解食盐水溶液制取氯气的方法，并申请到了专利。但是该方法并没有迅速地得到发展，直到1867年大功率直流发电机研制成功，才使该方法的工业化应用成为可能。

1890年世界上第一个制氯的工厂在德国建成，第一个电解食盐水制取氯和氢氧化钠的工厂于1893年在美国纽约建成。第一次世界大战前后，随着化学工业的发展，氯不仅用于漂白、杀菌，还用于生产各种有机化学品、无机化学品及军事化学品等。20世纪40年代以后，石油化工行业兴起，氯气需要量激增，以电解氯化钠溶液为基础的氯碱工业开始形成并迅速发展。

中国氯碱工业起步较晚，始于20世纪20年代末。1929年上海出现我国第一个氯碱厂，上海天原电化厂开始建设，并于1930年正式投产。在1949年新中国成立前我国氯碱工业发展缓慢，截至1949年，全国仅有9家氯碱厂，烧碱总产量为1.5万吨，主要生产液氯、漂白粉、盐酸、三氯化铝等几种简单氯产品。

我国氯碱工业的快速发展时期主要是在1949年新中国成立以后。在此期间为满足国民需求，我国的氯碱工业迎来了发展的好时节。1949年新中国成立之初，百废待举，多数氯碱厂在此之前遭到物质被掠夺、设备被破坏的损害。但为了满足国家恢复经济建设对烧碱和氯产品的急切需要，各氯碱厂在原重工业部化工局的领导下，迅速进行了恢复生产和改扩建。改革开放之后我国的各行各业蓬勃发展，而氯碱工业也应国民需求，发展达到了成熟时期。

中国作为世界烧碱产能最大的国家，产能占全球比重达40％以上。从2000年到2015年，我国烧碱产能从800万吨增长了近5倍。其中，2004年至2007年是氯碱快速发展的时期，自2010年以后烧碱产能增长逐步放缓。据中国氯碱网统计，截至2015年底，我国烧碱总产能为 3873 万吨/年，较 2014 年下降 37 万吨，其中新增产能为 169 万吨，退出产能达到 206 万吨，行业产能规模整体出现负增长趋势。

中国氯碱工业发展的几个特点如下所述。

① 中国已成为世界氯碱生产大国，进入 21 世纪后，随着世界经济的发展，中国正逐步成为世界工厂，由此带来对基础化工原材料的巨大需求，推动着我国氯碱工业的快速发展。

② 离子膜法比重迅猛上升，隔膜法是最早也是应用最广泛的电解食盐水制取氯气和烧碱的方法，隔膜法生产设备容易制作，材料便于取得，在电能比较丰富或者电价比较低廉并且对于烧碱含盐量的要求又不是很苛刻的地区，特别是有地下盐水或附近有联合发电与供气设施的地区，仍在普遍采用。缺点是生产的烧碱纯度低，一般都含有 3% 左右的氯化钠，不能用于人造丝与合成纤维的生产。另外所采用的隔膜由细微石棉纤维构成，吸入肺内有损健康。

离子膜电解法使用的隔膜是阳离子交换膜，该膜有特殊的选择透过性，只允许阳离子通过而阻止阴离子和气体通过，即只允许 H^+、Na^+ 通过，而 Cl^-、OH^- 和两极产物 H_2 和 Cl_2 无法通过，因而起到了防止出现阳极产物 Cl_2 和阴极产物 H_2 互相混合而可能导致爆炸的危险，还可以避免 Cl_2 和阴极另一产物 $NaOH$ 反应而生成 $NaClO$ 影响烧碱纯度。

③ 国际化程度逐步提高，1990 年以前中国烧碱进口大于出口，特别是 20 世纪 80 年代以前，基本都是进口；1990 年以后中国烧碱的出口逐步增加，而进口量在逐步减少；PVC 由最大进口国转变为最大出口国。2007 年以前中国 PVC 的进口量远远大于出口量，2007 年以后，中国 PVC 出口量一直上升，直到今天中国仍是 PVC 的出口大国。

随着产能的迅速扩大，中国现在已超越欧美日等氯碱传统生产区域，成为氯碱生产大国，成为世界氯碱生产基地。

但是在国际氯碱产业链的分工中，欧美日等国家掌握核心工艺技术、关键设备的制造。目前我国氯碱行业与上述的传统氯碱生产国家相比，还存在基础薄弱、资金和科技储备不足等问题，而且存在产品品种少、科技含量低、产品附加值低等缺陷。

以烧碱为例，2014 年全国有 170 多家氯碱企业，生产烧碱平均规模只有 22 万吨。这些企业中，烧碱年产能最大是 110 万吨，超过 100 万吨的企业只占 5.5%；PVC 产量也是同样的情况，平均年产能只有 27 万吨，超过 100 万吨的企业比重只占到 15%。

石油和化工行业是国家节能减排的重点产业之一，而氯碱行业是石油和化工行业中节能减排的重点行业。氯碱行业是主要的用电大户之一，属高能耗产业。其用电成本分别占聚氯乙烯和烧碱生产成本的 40%～45% 和 50% 以上，因此节能减排事关氯碱企业的生存和发展。

落后产能是造成资源能源浪费、环境污染的重要成因，调整结构是实现节能减排目标的主要途径。从烧碱行业看，产业结构调整的重点是生产工艺的升级，不同的生产工艺能耗差别较大，如离子膜法烧碱的吨综合能耗比隔膜法烧碱低三分之一，而节能型隔膜法烧碱比普通金属阳极隔膜法烧碱可节电 100～140kW·h。

为了推进氯碱行业的节能减排工作，中国氯碱工业协会结合国家发布的政策，依据国家政策导向，通过积极参与氯碱行业节能减排具体政策、措施的制定，引导、规范氯碱行业的节能减排工作。

4.1.3　氯碱工业生产技术及其发展

电解氯化钠溶液制取氯气和烧碱的技术关键是电化学反应器中两极产物的分隔，否则将发生各种副反应和次级反应，使产率大减、产品质量下降，并可能发生爆炸。

根据产物分隔的方法不同，有隔膜电解法、水银电解法和离子膜电解法。

（1）隔膜电解法

为了连续有效地将电解槽中的阴、阳极产物隔开，1890 年德国使用了水泥微隔膜来隔开阳极、阴极产物，这种方法称为隔膜电解法。以后改用石棉滤过性隔膜，以减少阴极室氢氧离子向阳极室的扩散。这不仅适用于连续生产，而且可以在高电流效率下，制取较高浓度的碱液。

随着技术的进步，隔膜电解法电解槽结构也不断改进，例如，电极由水平式改为直立式，这样隔膜可直接吸附在阴极网表面，从而能够有效降低槽电压并提高生产强度。立式吸附隔膜电解槽代表了 20 世纪 60 年代隔膜法的先进水平；60 年代末，荷兰人 H. Beer 提出了将石墨阳极更换为长寿命、低能耗的金属阳极，并用于工业生产。之后，隔膜与阴极材料也得到了改进；70 年代初，改性石棉隔膜用于工业生产；80 年代塑料微孔隔膜研制成功，除此之外，应用镍为主体的涂层阴极，并在扩散阳极的配合下，可将阴、阳极间距缩小至 2～4mm。至此，电解槽运转周期延长，能耗明显降低，电解槽容量不断增大。例如，60 年代初美国虎克电解槽单槽容量为 55kA，至 60 年代末发展为 150kA，每吨氯的电耗则由 2900kW·h 降至 2300～2600kW·h。随着氯碱厂的大型化，生产能力大的复极式隔膜电解槽开始使用。

隔膜电解法出槽产物为含 12% NaOH 的 NaCl 溶液，经过蒸发和分离可得到固碱，含 NaCl 0.5%。

（2）水银电解法

1892 年美国人 H. Y. 卡斯特纳和奥地利人 C. 克尔纳，同时提出了水银电解法。其特点是采用汞阴极，使阴极的最终产物氢氧化钠和氢气在解汞槽中而不是在电解槽生成，以隔离阴、阳极的电解产物。这种方法所制取的碱液纯度高、浓度大。1897 年英国和美国同年建成水银电解法制氯碱的工厂。20 世纪 50 年代初，中国建成第一套水银电解槽，开始生产高纯度烧碱。20 世纪以来，水银电解法工厂大部分沿用水平式长方形电解槽，为了提高电解槽的电流效率和生产能力，解汞槽则由水平式改为直立式。

水银电解法的优点是电流密度高，一般高达 10000～15000A/m²；得到碱液浓度高，一般可直接得到 50% 的浓碱；所制得产品纯度高，其含盐量低，仅为 30ppm（0.003%）。

水银电解法最大缺点是汞对环境的污染。20 世纪 70 年代初，日本政府将该法分期分批进行转换，美国决定不再新建水银法氯碱厂，西欧各国也制定了新的法规，严格控制汞污染。20 世纪 80 年代初，水银电解法在世界氯碱工业生产能力中约占 42%。现有的水银法氯碱装置，大多数在积极控制水银流失的条件下继续采用，一部分则将改造为离子交换膜法装置。新建的氯碱厂一般不再采用此法。

（3）离子膜电解法

隔膜法制得的碱液浓度较低，而且含有氯化钠，需要进行蒸发浓缩和脱盐等后加工处理。水银法虽可得高纯度的浓碱，但存在汞污染等问题。因此离子膜电解法（简称离子膜法）应运而生。

离子膜法于 1975 年首先在日本和美国实现工业化。此法用阳离子膜隔离阴、阳极，直接制得氯化钠含量极低的浓碱液。但阴极附近的氢、氧离子有很高的迁移速率，在电场作用下不可避免地会有一部分透过离子膜进入阳极室，导致电流效率下降，因此对离子膜的要求比较苛刻。

由于离子膜法综合了隔膜法和水银法的优点，产品质量高，能耗低，无水银、石棉等公害，故被认为是当代氯碱工业的最新成就，但是离子膜电解法投资大，技术要求高。

4.2　氯化钠溶液电解的理论基础

氯碱工业中所使用的电解液为饱和的 NaCl 水溶液。固态的 NaCl 是晶体，其晶胞是典型的立方晶系。在 NaCl 晶体结构中，较大的 Cl^- 排成立方最密堆积，较小的 Na^+ 则填充 Cl^- 之间的八面体的空隙。每个离子周围都被六个其他的离子包围着。在水分子的作用下 Cl^- 和 Na^+ 直接进入溶液。由于水的电离，溶液中还同时存在 OH^- 和 H^+。在直流电场的作用下，这些阴离子和阳离子分别向电极的阳极和阴极移动。

4.2.1　阳极过程

尽管氯碱工业生产技术有三种方法，但其阳极过程都相同，即在电解饱和 NaCl 水溶液时，阳极反应皆为 Cl^- 的氧化，析出 Cl_2，即：

$$2Cl^- \longrightarrow Cl_2 + 2e^- \qquad \varphi^{\ominus}_{25℃} = 1.3583V$$

但是，由于反应在水溶液中进行，阳极还可能发生析氧反应。当溶液为碱性时，反应为：

$$4OH^- \longrightarrow 2H_2O + O_2 + 4e^- \qquad \varphi^{\ominus}_{25℃} = 0.401V$$

而溶液为酸性时，反应为：

$$2H_2O \longrightarrow O_2 + 4H^+ + 4e^- \qquad \varphi^{\ominus}_{25℃} = 1.229V$$

可以看出，在碱性溶液中比在酸性溶液中的析 O_2 反应平衡电极电位负，故在碱性溶液中更容易析 O_2。

另外，如比较析 Cl_2 和析 O_2 反应的标准电极电位，即仅从热力学原理分析，析 O_2 反应比析 Cl_2 反应更易发生。但考虑到动力学因素，即电化学极化和过电位，情况就不同了。图 4-1 为在石墨电极上析 O_2 反应和析 Cl_2 反应的极化曲线及电流效率与电流密度的关系。从图中可以看出，当电流密度足以使电位超过析 Cl_2 平衡电位时，Cl_2 便会同 O_2 一起析出。电流密度越大，即电极电位越正时，析 O_2 占的部分越小。这不但可提高电流效率，而且由于氧气的析出相对减少，石墨阳极的损坏也相对减少。同时，提高电流密度还能增加生产速度，提高设备利用率。工业上采用的电流密度一般为 $400\sim700A/m^2$，但也有超过 $1000A/m^2$ 的。在隔膜法中由于阴极进行析出氢气的反应，故宜采用低析氢过电位的材料来作为阴极。考虑到价格问题，常采用铁。

氯碱工业中为了提高阳极析 Cl_2 的电流效率，要增大"氯氧差"，常采取以下措施。

① 提高电极材料的电催化选择性　提高阳极材料对主反应（析 Cl_2）的催化活性，同时降低阳极材料对副反应（析 O_2）的催化活性。如采用 DSA 阳极后，在电流密度为 $1000\sim5000A/m^2$ 范围内，析氧电位比析氯电位高 $250\sim300mV$，而在石墨阳极上却仅高 $100mV$。

② 提高电解液中 Cl^- 的浓度　如采用饱和 NaCl 溶液，同时降低电解液中的 OH^- 浓度，即采用酸性盐水溶液。将有利于降低析氯电位，提高析氧电位。

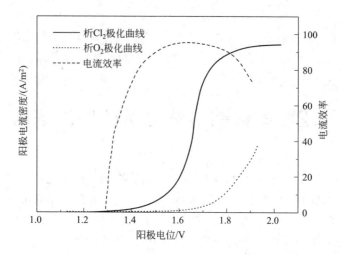

图 4-1 析 Cl_2 和析 O_2 极化曲线及电流效率与电流密度的关系

③ 提高电流密度 即利用两个电极反应可逆性的差异，扩大反应速率的差距。

4.2.2 阴极过程

氯碱工业的阴极过程分为两种，在隔膜法和离子膜法中，采用固体阴极（通常是铁阴极或活性阴极），阴极过程为析氢反应；

$$2H_2O+2e^- \longrightarrow 2OH^-+H_2 \qquad \varphi_{25℃}^{\ominus}=-0.828V$$

在水银法中采用液汞阴极，阴极过程则为 Na^+ 放电，生成钠汞齐，可表示如下：

$$Na^++e^-+xHg \longrightarrow NaHg_x \qquad \varphi_{25℃}^{\ominus}=-1.868V$$

在液汞阴极表面不发生析氢反应是由于汞是析氢过电位最高的电极材料，而 Na^+ 之所以放电，是因为生成钠汞齐，这比生成钠的下列还原反应容易得多：

$$Na^++e^- \longrightarrow Na \qquad \varphi_{25℃}^{\ominus}=-2.7V$$

此反应比生成钠汞齐电位负移了数百毫伏，显然更难进行。生成钠汞齐反应顺利进行的另一条件是 Na^+ 放电后生成的 Na 不断地向液汞内部扩散，液汞表面的 Na 浓度不高。

水银电解法的目的自然不是得到钠汞齐，还需通过解汞槽中的下列反应获得烧碱：

$$NaHg_x+H_2O \longrightarrow NaOH+\frac{1}{2}H_2+xHg$$

反应中 Na 又氧化为 Na^+，而水则发生还原反应生成 H_2，由于上述反应在不含 NaCl 的解汞槽中进行，因而可以得到高纯度的烧碱，含盐量仅为 $50×10^{-6}$。

4.2.3 理论分解电压和槽电压

当采用不溶性阳极如 DSA 和石墨进行电解时，测量电流强度与外加电压关系的曲线，在曲线拐弯处相当于离子开始放电时的电压。这是开始电解时的最低电压，称为理论分解电压 $E_{理}$。

NaCl 水溶液电解时，$E_{理}$ 可由能斯特方程计算：

$$E_{理} = \varphi_{Cl_2} - \varphi_{H_2}$$

$$\varphi_{Cl_2} = \varphi^{\ominus}_{Cl_2} - 0.000198T \lg a_{Cl^-}$$

$$\varphi_{H_2} = \varphi^{\ominus}_{H_2} + 0.000198T \lg a_{H^+}$$

其中，φ_{H_2} 和 φ_{Cl_2} 为极阴和阳极的可逆电位；a_{Cl^-} 和 a_{H^+} 分别表示 Cl^- 和 H^+ 的活度。因为 $a = c\gamma$（γ 为活度系数）所以：

$$\varphi_{H_2} = \varphi^{\ominus}_{H_2} + 0.000198T \times \lg(c_{H^+} \gamma_{H^+})$$

$$\varphi_{Cl_2} = \varphi^{\ominus}_{Cl_2} - 0.000198T \times \lg(c_{Cl^-} \gamma_{Cl^-})$$

设温度为 298.15K，阳极溶液中含氯化钠 $265kg/m^3$，阴极溶液中含氢氧化钠和氯化钠分别为 $100kg/m^3$ 和 $190kg/m^3$。通过浓度计算，查表求得 $\gamma_{Cl^-} = 0.672$ 而 $\varphi^{\ominus}_{Cl_2} = 1.36V$。则 $\varphi_{Cl_2} = 1.322V$。

在阴极　$[OH^-] = 100/40 = 2.5$（$kmol/m^3$）

$\qquad\qquad [Cl^-] = 190/58.5 = 3.25$（$kmol/m^3$）

$\qquad\qquad [Na^+] = 3.25 + 2.5 = 5.75$（$kmol/m^3$）

查表得 $\gamma_{OH^-} = 0.73$，因 c_{H^+} 低，$\gamma_{H^+} = 1$，由水的解离平衡：

$$[H^+] = \frac{1.05 \times 10^{-14}}{[OH^-]}$$

$$a_{H^+} = c_{H^+} \gamma_{H^+} = \frac{1.05 \times 10^{-14}}{2.5 \times 0.73} = 0.575 \times 10^{-14}$$

因此，$\varphi_{H_2} = -0.840V$，故

$$E_{理} = \varphi_{Cl_2} - \varphi_{H_2} = 1.322 - (-0.840) = 2.162 \text{（V）}$$

$E_{理}$ 也可以按吉布斯-亥姆霍兹方程式计算：

$$\Delta H = -nFE + nFT \left(\frac{\partial E}{\partial T}\right)_p$$

$$E_{理} = \frac{-\Delta H}{nF} + T \left(\frac{\partial E}{\partial T}\right)_p$$

其中，$\left(\dfrac{\partial E}{\partial T}\right)_p = -0.0004V/(kW \cdot h)$。

以隔膜电解法为例，总反应为：

$$NaCl \cdot nH_2O + H_2O = NaOH \cdot nH_2O + \frac{1}{2}Cl_2 + \frac{1}{2}H_2 + \Delta H$$

ΔH 可由热效应求出：

$$NaCl = Na + \frac{1}{2}Cl_2 - 408.7kJ$$

$$NaCl \cdot nH_2O = NaCl + nH_2O + 1.92kJ$$

$$Na + (n+1)H_2O = NaOH \cdot nH_2O + \frac{1}{2}H_2 + 185.7kJ$$

$$NaCl \cdot nH_2O + H_2O = NaOH \cdot nH_2O + \frac{1}{2}Cl_2 + \frac{1}{2}H_2 - 221.08kJ$$

可知 $\Delta H = -221.08kJ$，经计算可得 $E_{理} \approx 2.2V$。计算结果与按能斯特公式得到的结果基本相同。

如果忽略温度的影响，则 $E_{理}$ 计算公式可以简化为：

$$E_{理} = \frac{-\Delta H}{nF} = 2.29V$$

金属离子一般在电极上放电的过电位不大，但电极上产生气体物质，如 H_2、Cl_2、O_2 时，过电位数值就可能增大。这时产生过电位的可能原因如下所述。

① 电解时电极上产生气体并被一层气体覆盖，在电极和电解液间形成导电不良的气膜。

② 气体的生成需要一定的时间。

③ 一些吸附能力强的金属可能形成气体的饱和溶液。

④ 形成其他不稳定的水合物。

过电位大小主要取决于电极材料的性质、电极表面特性、电解液温度、电流密度以及电解质的组成等。

除了极化（阴、阳极存在过电位）外，电解时的欧姆损失还包括溶液引起欧姆降和电解槽的各个组成部分的欧姆损失，如隔膜电阻、电极本身电阻、导线与电极接触的电阻等。所以，实际上的槽电压（也称槽压）应大于理论分解电压，电解时槽电压表达式为：

$$E_{槽} = E_{理} + \eta_{阴} + \eta_{阳} + IR_{溶液} + IR_{膜} + IR_{其他}$$

电解时若阳极采用石墨，阳极过电位（$\eta_{阳}$）为 1.0V。而采用 DSA 作为阳极时，$\eta_{阳}$ 一般低于 0.1V；用铁网作为阴极时，阴极过电位（$\eta_{阴}$）为 0.3V；若在铁网上镀镍，则 $\eta_{阴}$ 为 0.1V。溶液欧姆降（$IR_{溶液}$）与两极间距、温度、盐水浓度、盐水中杂质含量以及电流密度有关，一般为 0.38V；$IR_{膜}$ 是隔膜引起的欧姆压降，石棉膜电阻较大，电压降约为 0.5V，而离子膜则低得多。$IR_{其他}$ 与电流大小、导电材料、接触方式有关，一般为 0.1~0.4V。由以上分析可知，电解时槽电压数值为 4.5~4.8V。若用 DSA 阳极隔膜槽，阴极采用铁网，则槽电压约为 3.58V。由此可见，DSA 阳极能使槽电压降低约 1V，大大降低了能耗。

由于钠离子放电形成钠汞齐时放电电位较高，因此水银电解槽的槽压较大。各种电解槽的槽压与电流密度值如表 4-1 所示。

表 4-1　各种电解槽的槽压与电流密度值

电解方法 工艺参数	隔膜槽			水银槽	
	石墨 阳极	DSA 阳极		石墨阳极	DSA 阳极
		普通膜	离子膜		
电流密度/(kA/m²)	2.0	2.0	3.0	10	10
槽压/V	4.5	3.5	3.0	5.0	4.2

4.2.4　氯碱工业中溶液的次级反应

电解饱和 NaCl 水溶液时阳极生成 Cl_2，其中一部分溶解于电解液中，溶解的 Cl_2 将发生均相次级反应生成 HClO 和 HCl，即：

$$Cl_2(气) \longrightarrow Cl_2(液)$$
$$Cl_2(液) + H_2O \longrightarrow HClO + H^+ + Cl^-$$

次氯酸的解离度很低，其平衡常数为

$$K = \frac{[H^+][ClO^-]}{[HClO]} = 3.7 \times 10^{-8}$$

然而，由于电迁移等原因，一旦阴极区的 OH^- 透过隔膜进入阳极区后，将使 HClO 离解加速。

NaClO 达到阴极后，可能发生如下反应：

$$HClO + OH^- \longrightarrow ClO^- + H_2O$$

生成的 ClO^- 在阳极氧化：

$$6ClO^- + 3H_2O \longrightarrow 2ClO_3^- + 4Cl^- + 6H^+ + \frac{3}{2}O_2 + 6e^-$$

在阳极附近的 OH^- 浓度升高后，导致 OH^- 放电：

$$2OH^- - 2e^- \longrightarrow H_2 + O_2$$

副反应的结果，不仅消耗了电解产物 Cl_2、NaOH 和 H_2，还产生了 ClO_3^- 杂质，从而降低了 Cl_2 和 NaOH 产品纯度，增加能耗。在氯碱工业中，为了减少副反应，提高电流效率和产品纯度，降低能耗，必须采用相应的措施，防止阴极区 OH^- 进入阳极区以及 Cl_2 与 H_2 的混合。为此，实际电解中，采用不同的电解方法以达到上述目的。

4.3 金属阳极与选择性电催化现象

阳极经常与化学性质极活泼的湿氯气、新生态氧、盐酸及次氯酸等直接接触，因此对阳极的主要要求是具有较强的耐化学腐蚀性（也称化学耐腐性）；对氯的过电位低；导电性能良好；机械强度高而又易于加工，此外还应考虑电极价格便宜而又易于取得。在氯碱工业发展过程中，曾试用过白金（铂）、碳、磁铁矿、人造石墨等各种阳极材料。碳的主要问题是机械强度不够，并且耐腐蚀性较差。磁铁矿具有较高的化学耐腐性，但导电性差，质脆不易加工并且对氯的过电压高，不宜作为电极。铂是最理想的电极，但价格太贵，不能用于工业生产。人造石墨具有较多的优点，因此一直都以石墨作阳极，已有百余年的历史，至今还广泛地被使用。近几年还出现了新的金属阳极，已应用于工业生产中。

4.3.1 金属阳极

金属阳极又称"形稳阳极"（dimentionally stable anode，DSA）。它是以 Ti 为基体，以 RuO_2（二氧化钌）和 TiO_2 为电催化剂基本组分的一种金属氧化物电极。DSA 不仅用于氯碱工业，还在电合成、水处理，甚至电解冶金中得到推广。

在电化学工业得到应用的其他金属氧化物电极还有二氧化铅（PbO_2）电极、二氧化锰（MnO_2）电极、二氧化锡（SnO_2）电极等，对电催化剂的两个要求：

① 良好的电子导电性能；

② 高的稳定性能，常选择钛作基体。

钛具有很高的耐腐蚀性能，但生成的钝化膜不能导电或导电性很差，仅能作阴极使用（作阴极：生成的钝化膜溶解；作阳极：生成的钝化膜不导电），这种单向导电性的金属又称阀金属，属于阀金属的还有 Zr（锆）、V、Ta（钽）、W、Co 等。

4.3.2 DSA 电极的研制与发展

广义的 DSA 电极，根据电催化剂的组成，曾被划分为铂系和非铂系两大类。铂对析氯反应具有良好的电催化活性，但因价格昂贵，仅在 19 世纪人造石墨出现前有所应用。

将铂系金属（铂、铱、钌、铑、钯）与阀金属结合使用的想法早在 1913 年就由 Stevens 提出并作出在 W 表面镀 Pt 的阳极，因性能欠佳，未能应用。

20 世纪 50 年代，H. B. Beer 提出了 Ti 基镀 Pt 阳极的专利，然而终因 Pt 损耗大且价格昂贵，未能推广应用。

20 世纪 60 年代中叶，Beer 经过研究发现铂系金属的氧化物具有很好的催化活性，特别是 RuO_2 电催化性能最优，从而产生了将 Ti 与 RuO_2 结合起来的想法。并于 1966～1968 年申请了多国专利，并正式在瑞士获得了商品名称 DSA。从此正式推向工业应用，并实现商品化生产，为氯碱工业、无机电合成工业取得巨大的经济效益。

4.3.3 DSA 电极的组成、结构、制备工艺与性能

（1）DSA 电极的组成、结构及导电性能

DSA 电极以 Ti 为基体，以 TiO_2 和 RuO_2 为涂层，涂层的成分和结构基本决定了电极的性能。

DSA 导电性能：金属的电导率一般在 $10^2～10^6 cm^{-1} \cdot \Omega^{-1}$；$RuO_2$ 具有同金属接近的导电能力，高温下其电导率为 $(2～3) \times 10^4 cm^{-1} \cdot \Omega^{-1}$；而 TiO_2 几乎为绝缘体，高温下其电导率为 $10^{-13} cm^{-1} \cdot \Omega^{-1}$；但 TiO_2 和 RuO_2 混合物的电导率却介于金属和绝缘体之间，可高达 $10^4 cm^{-1} \cdot \Omega^{-1}$。

（2）DSA 电极的制备

DSA 电极通常采用热分解氧化法制备，包括除油、除锈（氧化膜）、侵蚀（或喷砂）等步骤。钛酸四丁酯和 $RuCl_3$ 摩尔比为 2：1，并采用正丁醇为溶剂涂在 Ti 表面。在 100～120℃下干燥 5～10min。然后在 300～500℃下氧化 10～15min，反复几次，形成厚度仅为几微米的膜。

氧化温度影响涂层结构、成分和性能，目前一般采用 300～500℃，可得到金红石型的 TiO_2 和 RuO_2 固溶体，其寿命长，活性高。温度过低，氧化不完全，结合力差；温度过高，电极比表面降低，甚至固溶体分解，涂层与基体结合力变差，电极寿命缩短。

（3）DSA 电极的性能

DSA 电极析 Cl_2 过电位小，由于 DSA 电催化活性高，使析 Cl_2 过电位低，从而减小了槽压和能耗。如在电流密度 $1550A/m^2$ 工作条件下，石墨阳极析 Cl_2 过电位为 330mV，但在 DSA 上却仅为 20～30mV，下降了约 90%。

DSA 在氯化物介质中耐蚀，阳极不损耗，工作寿命长。一般石墨阳极仅能使用 8 个月左右，而 DSA 可使用 6～8 年。石墨阳极的缺点是损耗大、石墨阳极损耗使电极间距增大，导致电解槽槽压增高、电能消耗增加。石墨阳极的损耗分为机械损耗和化学损耗，机械损耗形成的阳极泥使隔膜过早地报废；化学损耗形成的二氧化碳会污染产品氯气。而 DSA 由于阳极不损耗，消除了堵塞、损坏隔膜的根源，从而延长了隔膜的使用寿命。

DSA 能提高电流密度。由于析氯过电位低，因此可提高电流密度，即生产强度。使电化学反应器的空时产率大为提高。

4.3.4 阴极材料

对阴极的要求是：耐 NaOH、NaCl 等的腐蚀；导电性良好；析氢过电位低；良好的机械强度和加工性能。隔膜电解槽使用的阴极有铁、铜和镍。铁导电性良好，耐电解液腐蚀，并易做成各种形状，经济实用。因此，工业上常用铁为阴极材料。为了便于氢的逸出，常用铁网作阴极。

近年来，为了降低阴极析氢过电位，国内外都开展研制具有电催化活性的阴极，或改变阴极反应由析氢变为耗氧。

（1）铁阴极（低碳钢阴极或软钢阴极）

铁阴极：在碱性介质中具有良好的稳定性，析氢过电位比较低，氯碱工业中电流密度为 $i=1500\mathrm{A/m^2}$ 时的过电位大约为 300mV，另外，价格低、易加工。

（2）活性阴极

活性阴极就是对析氢反应的催化活性比铁阴极更高的一类新型阴极材料。

氯碱工业使用的低碳钢阴极其析氢过电位约 300mV。由于改用 DSA 电极，阳极析氯过电位降为约 30mV 之后，降低阴极过电位成为氯碱工业的重要任务。

降低析氢过电位的方法如下。

① 增大电极的比表面，以减少电极的真实电流密度，降低析氢过电位；如采用雷尼镍（Raney Ni）等比表面很高的多孔材料。

② 提高电极的电催化活性，研制具有更大的交换电流密度的阴极材料。例如，Pd-Ag 合金电极（含 Ag 为 35%）催化活性很高；又如使用 Ni-Co 合金电极、Ni-Mo（钼）合金电极、Ni-Mo-Cd 三元合金电极、Ni-Zr（锆）合金电极、Ni-P-W 和 Co-P-W 电极等均已有报道。

离子膜电解槽已成功地使用了各种活性阴极。

（3）耗氧阴极

采用耗氧阴极改变原有放电机理，可使过电位大幅下降。耗氧阴极的电极反应不是析氢而是消耗氧气，反应为：

阳极：
$$2Cl^- - 2e^- \longrightarrow Cl_2$$

阴极：
$$\frac{1}{2}O_2 + H_2O + 2e^- \longrightarrow 2OH^-$$

总反应：
$$\frac{1}{2}O_2 + H_2O + 2NaCl \longrightarrow 2NaOH + Cl_2$$

总反应的 $E_{理}$ 为 0.96V。若阴极采用 Fe 时，其电极上析氢的 $E_{理}$ 为 2.2V，二者相差 1.2V，采用耗氧阴极可使槽压下降约 1V。此阴极以空气中的氧为原料，但是氧在碱中溶解度很小，而工业电解时电流密度又很大，为了保持气体与电解质和导体的充分接触，必须采用多孔性的气体扩散电极。它由防水层、导电层及活性层组成。防水层防止电解液漏出，同时又能让空气通过；导电层既不堵塞气液两相的接触，又能进行导电；活性层是电极反应的区域。为了加速反应还必须加入催化剂。

除此之外，还有用 $NiCo_2O_4$ 放在 623K 的 H_2S 气氛下 8h，得到 $Ni_2Co_2S_4$ 聚四氟乙烯，黏结在 Ni 网上，制成 $NiCo_2S_4$ 电极。此电极的析氢过电位较低。也有人提出用 Ni-Mo-V 合金作析氢阴极。日本德山曹公司于 1980 年提出用硫钢在过氯酸中腐蚀，以 Ni(CNS)$_2$ 进行电镀后，涂贵金属盐进行热解，可制得导电性好、寿命达 3 年的阴极。

耗氧阴极技术与传统的隔膜法电解技术或一般的离子膜和隔膜食盐电解技术相比，理论分解电压大幅下降，大大降低了电耗，粗略计算节电约 1/3。

4.4　氯碱工业电解方法

4.4.1　隔膜电解法

4.4.1.1　隔膜电解法的原理

隔膜电解法是氯碱工业中最重要的生产工艺。在中国，1989 年 90% 的氯碱工业采用此法生产氯气和烧碱。2008 年降到了 37%。

隔膜电解法的原理如图 4-2 所示，它采用多孔性的滤过式隔膜（通常是石棉）将阳极区和阴极区分隔开，防止两极产物的混合。饱和 NaCl 溶液由阳极区加入，阴极区生成的碱和未分解的盐水则不断从阴极流出；通过适当调节盐水流量，可使阳极区液面高于阴极区液面，从而产生一定的静压差，这样阳极液透过隔膜流向阴极室，其流向恰与阴极区 OH$^-$ 向阳极区的电迁移及扩散方向相反，从而大大减少进入阳极区的 OH$^-$ 数量，抑制析氧反应及其他副反应的发生，阳极效率提高到 90% 以上。

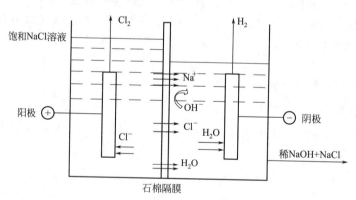

图 4-2　隔膜电解法原理简图

4.4.1.2　隔膜材料

对隔膜材料的要求如下所述。

① 应具有较强的化学稳定性，既耐酸又耐碱的腐蚀，并有相当的强度。

② 必须保持多孔性及良好的渗透率。

③ 材料成本低，更换容易，制造简单。

石棉具有耐酸耐碱的特性，比较全面地满足了以上的各项基本要求，所以到目前为止，一直用石棉及其改性材料作隔膜的材料。石棉主要成分为含水硅酸镁（3MgO·SiO$_2$·2H$_2$O），长期使用后杂质会在石棉上沉积，剥落的石墨粒子也会黏附其上，导致堵塞隔膜的孔隙，槽电压升高，阳极液流量下降，电流效率降低。因此，隔膜需要定期更换。一般使用寿命为 4～6 个月。若用石墨作阳极，在电流密度为 $800A/m^2$ 时，隔膜寿命为 7～8 个月，因此，在电解槽运行周期中需换一次隔膜。

采用金属阳极，其寿命在 4～6 年，同时也不再发生石墨粉末堵塞隔膜现象，隔膜寿命仅延长到 6 个月～1 年。所以要改性石棉隔膜。

改性石棉隔膜是在石棉中加入耐腐蚀性能好的添加剂，如聚四氟乙烯、聚多氟偏二氯乙烯纤维等，增加石棉隔膜的机械强度，改善其溶胀性能，改性石棉隔膜使用寿命可达 1～2 年。

另一种取代石棉隔膜的材料是合成隔膜，主要是氟塑料，如聚四氟乙烯多孔隔膜，它有良好的疏水性、热稳定性、导电性、耐腐蚀以及使用寿命长等特点，因此可以代替石棉隔膜。

4.4.1.3　隔膜电解法的生产工艺流程

隔膜电解法的生产工艺流程包括盐水工序、电解工序、蒸发工序、氯氢处理等，如图 4-3 所示。

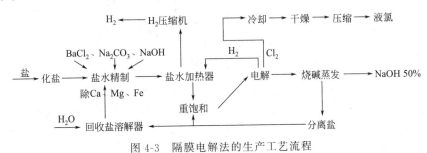

图 4-3　隔膜电解法的生产工艺流程

（1）盐水工序

氯碱工业所使用的 NaCl 为原盐，含大量的杂质。盐水工序的任务是为电解提供合格的盐水，即氯碱工业的原料。盐水工序的投资占氯碱厂总投资的 5%～10%，而原盐的费用在生产成本中占 20%～30%。只有盐水质量达到要求，才能保证电解工序的正常运行。作为氯碱工序的源头，盐水精制至关重要，这一工序包括：原盐→铲车→下盐斗→皮带运输机→化盐桶→精制反应器→沉降→分离→重饱和→电解。

氯碱厂使用最多的是利用地上化盐桶化盐，如图 4-4 所示。化盐桶为一立式衬橡胶的钢制圆筒形设备，高度一般在 4.5～6m。底部有淡盐水分布管，中间有一折流圈；上部有一溢流槽，槽内有铁栅（用以拦截杂草、纤维等）。

化盐时，借助铲车将原盐铲入盐斗里，经计量秤和皮带运输机从化盐桶上部连续加入。加热后的化盐水经过设有均匀分布菌帽结构的出水管或者下部带有小孔的排水管，从化盐桶底部进入。当化盐水与盐层逆流接触后上升溶解原盐成为粗饱和盐水。然后由化盐桶上部的溢流槽排出，进入到下一步盐水的精制。漂浮的杂物经铁栅除去。原盐中的不溶物，如泥沙等会积存在化盐桶的底部，需定期从化盐桶侧壁的出泥口排出。化盐时，盐层的厚度一般保持在 2～3m，盐水在桶内停留时间不少于 30min。

从化盐桶排出的饱和粗盐水先加热，然后流入精制反应器，在此对粗盐水进行精制，即加入一些助沉剂，沉降之后再过滤得到精制盐水（精盐水）。得到的精盐水送入重饱和器，再次蒸发使盐水中 NaCl 浓度至饱和。饱和精盐水经加热后进入调节槽调整 pH 值，最后送

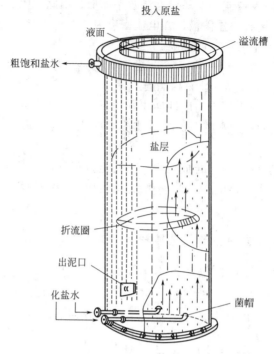

图 4-4　化盐桶结构图

入进料盐水槽，再用泵经盐水流量计送入电解槽的阳极室进行电解。

在盐水电解制备氯气及烧碱的生产工艺中，制备饱和的精制盐水，确保连续、均衡地满足电解工序的需要是至关重要的。进行盐水的精制是由于盐水中的一些杂质在电解过程中会带来一定的危害。

① 主要杂质及其危害　溶液中的 Ca^{2+}、Mg^{2+}、Fe^{2+}，它们可在阴极区的碱性介质中生成沉淀堵塞隔膜，降低隔膜渗透性，导致阴极室电解碱液浓度升高，氯酸盐增加，槽压上升，直至电解槽运行工况恶化，同时，这些阳离子又消耗 NaOH。SO_4^{2-} 可加速 OH^- 在阳极放电，并降低 NaCl 的溶解度。SO_4^{2-} 是由原盐或卤水带入的主要阴离子，上述的 Ca^{2+}、Mg^{2+}、Fe^{2+} 基本上都是以硫酸盐形式出现的。一般情况下，盐水中含有少量的硫酸根离子不必另行处理，因为它不会影响金属阳极电解槽的性能，对电流效率影响不大。但是当硫酸根离子含量过高时，会促使氢氧根离子在阳极放电产生新生态氧，导致氯气中含氧量增加以及阳极电流效率下降。如果用的是石墨阳极的话，会加剧阳极的损耗，生成的二氧化碳还会影响氯气的纯度。硫酸根离子过量还会降低氯化钠的溶解度，从而影响蒸发工序浓碱的沉降操作；硫酸钠还会因温度变化在盐水中形成结晶，堵塞盐水管道。

另外，NH_4^+ 或有机氮化物可能在电解槽中被转化为 NCl_3，这种化合物极易爆炸。在氯碱生产系统中，存有潜在的三氯化氮爆炸的危险，给氯碱生产造成很大的事故隐患。国内几家氯碱生产厂曾发生过三氯化氮爆炸的案例，造成了人员伤亡，特别是 2004 年重庆某化工厂爆炸事故，9 人死亡、3 人受伤、15 万群众被紧急疏散，造成了重大的损失。三氯化氮爆炸事前没有任何迹象，都是突然发生的，破坏性很大。三氯化氮威力很大，它的破坏力是由三氯化氮量决定的，爆炸部位可以发生在任何三氯化氮聚集的部位，比如管道、排污罐、汽化管、钢瓶等地方。除此之外还有机械杂质的影响，如果不溶性的泥沙等机械杂质随盐水进入电解槽中，会堵塞膜的孔隙，降低膜的渗透性，造成电解槽运行恶化。

② 除杂　为了尽可能降低上述杂质的不良影响，需要对粗盐水进行除杂。

a. Ca^{2+} 的消除（加入 Na_2CO_3 使 Ca^{2+} 转化为 $CaCO_3$ 沉淀）：

$$CaSO_4 + Na_2CO_3 \longrightarrow CaCO_3 \downarrow + Na_2SO_4$$

$$CaCl_2 + Na_2CO_3 \longrightarrow CaCO_3 \downarrow + 2NaCl$$

b. Mg^{2+}、Fe^{2+} 的消除［加入 NaOH 使 Mg^{2+}、Fe^{2+} 转化为 $Mg(OH)_2$ 沉淀、$Fe(OH)_2$ 沉淀］：

$$MgCl_2 + 2NaOH \longrightarrow Mg(OH)_2 \downarrow + 2NaCl$$

$$FeCl_2 + 2NaOH \longrightarrow Fe(OH)_2 \downarrow + 2NaCl$$

c. SO_4^{2-} 的消除［加入钙盐（$CaCl_2$）、钡盐（$BaCl_2$、$BaCO_3$）使 SO_4^{2-} 转化为 $CaSO_4$ 沉淀、$BaSO_4$ 沉淀］：

$$CaCl_2 + Na_2SO_4 + 2H_2O \longrightarrow CaSO_4 \cdot 2H_2O \downarrow + 2NaCl$$

$$CaSO_4 + BaCl_2 \longrightarrow BaSO_4 \downarrow + CaCl_2$$

d. 除铵：盐水中通入氯气生成 NH_2Cl 或 $NHCl_2$，盐水中的 NH_2Cl 或 $NHCl_2$ 必须用压缩空气吹除。

为除去饱和 NaCl 溶液中的 NH_4^+，可在碱性条件下通入氯气，反应生成氮气。该反应的离子方程式为：

$$3Cl_2 + 2NH_4^+ + 8OH^- \longrightarrow N_2 \uparrow + 6Cl^- + 8H_2O$$

该工艺选择氯气的优点是：利用氯碱工业的产品氯气为原料，就近取材，不引入其他杂质离子。

e. 过滤除去上述产生的沉淀，然后加入盐酸调节盐水的 pH 值。

（2）电解工序及规范

① NaCl 浓度　在盐水精制过程中，由于加入碱，盐水呈碱性，这是不利的（$Cl_2 + 2OH^- \longrightarrow ClO^- + Cl^- + H_2O$），为此应加入盐酸，使 pH 值降低。如使用酸性盐水，pH＝3～5，经过以上精制处理的精制盐水，NaCl 浓度达到 320～326g/L。

② pH　提高 pH 值，有利于 O_2 析出，Cl_2 溶解度增加；pH 太小，加快腐蚀，一般 pH＝3～5，弱酸性，膜中心位置为中性。

③ 盐水流量与 NaOH 浓度及盐碱比　如果盐水加入速率太高，两室液面差过大；盐水流速太高，虽然可阻止 OH^- 的反渗，提高电流效率，但却使阴极区碱液浓度降低。

如果盐水加入速率太低，阴极碱液浓度过高，OH^- 反渗速度加快，则将使电流效率下降。

合理的盐水流量：

使阴极区 [NaOH]＝120～140g/L，不超过 150g/L；NaCl＝16％～18％。

阴极区 NaCl 与 NaOH 的比值称为盐碱比，约为 1.2～1.4，对应的食盐分解率为 50％。

④ 电解温度　温度升高时，可提高电解液的电导率，降低溶液的欧姆压降和槽压，可降低电化学极化及浓度极化，这都有利于降低电解的能耗；同时随着温度升高，氯在盐水中的溶解度也下降，减少了氯的损失，可提高电流效率。

但是温度的升高也有不利的影响，如温度升高后，氢和氯中水蒸气含量增加，增加了后处理工序（干燥）的负担，同时可能加剧各种材料的腐蚀。隔膜法电解的温度一般维持在 85～95℃。

⑤ 电流密度　对于石墨阳极，一般电流密度 $i = 1000～1500A/m^2$；

对于 DSA 阳极，一般电流密度 $i = 1500 \sim 2500 A/m^2$。

电流密度提高可使电流效率提高，因电流密度增大后要加大阳极液通过膜的流量，从而减少 OH^- 反迁，使电流效率提高。电流密度增大还使生产强度及设备的生产能力提高，但也使槽压升高，能耗增加，所以应综合考虑，选择较合理的电流密度。

⑥ 杂质含量　隔膜电解法的盐水最终要达到的标准为：

Ca^{2+}、Mg^{2+} 总量 $< 10 mg/L$；

$Fe^{2+} < 5 mg/L$；

$Ba^{2+} < 1 mg/L$；

$SO_4^{2-} < 5 g/L$；

$NH_4^+ < 1 mg/L$；

总氨 $< 4 mg/L$。

（3）氯氢处理工序

氯氢处理工序是氯碱厂生产中一个重要的工序，它的任务是将电解出来的湿氯气、湿氢气冷却干燥制成合格的干燥氯气和干燥氢气。

① 氯气的处理　从电解槽阳极析出的氯气温度很高（可达 90℃ 以上），并且富含水蒸气，这种氯气被称为"高温湿氯气"。湿氯气对容器的腐蚀作用要比干燥氯气更为强烈，几乎对钢铁以及绝大多数的金属具有较强的腐蚀作用；仅有少数的贵金属、稀有金属或非金属材料在一定条件下才能抵御高温湿氯气的腐蚀作用。因此给输送、使用、储存等都带来了极大的麻烦和困难。而干燥后的氯气对钢铁等常用金属的腐蚀作用在通常的条件下是比较小的。表 4-2 是不同含水量的氯气对碳钢的腐蚀速率。

表 4-2　不同含水量氯气对碳钢的腐蚀速率

氯气含水量/%	腐蚀速率/(mm/年)	氯气含水量/%	腐蚀速率/(mm/年)
0.00567	0.0107	0.0870	0.114
0.0167	0.0457	0.330	0.380
0.0283	0.0610		

② 氢气处理　对氢气的处理主要是洗涤与冷却，而这两个步骤是在同一设备中进行的，如常用的处理设备为喷淋式钢质冷却塔，用工业水进行喷淋，洗去了碱的同时又冷却了氢气。冷却后的氢气进入氢压机，压缩后在氢分配台上分配送出。

氢气虽然经过冷却，但压缩后温度在 40℃（甚至更高），这时氢气仍含有该温度下的饱和水蒸气。在输送的时候，由于外管中温度降低，势必会有冷凝水排出，所以外管必须注意排水，尤其是管道中较高的位置（跑高处）更容易排水，如管道积水，输送不畅，会造成压力波动，甚至妨碍其他生产的稳定性。如在冬天，易结冰的地区，则更应引为重视。

（4）碱液的蒸发与制固碱

电解槽出来的电解液一般为 NaOH 和 NaCl 的混合物（含 NaOH 10%～12%、NaCl 16%～18%）。NaOH 浓度一般比较低，达不到用户的要求，为了提高电解液中 NaOH 的浓度，对电解液进行蒸发。

① 浓缩 NaOH 溶液，使之达到液碱产品的浓度。

② 分离其中的 NaCl，回收后送入盐水工序重复使用。

③ 单效蒸发和多效蒸发　单效蒸发：蒸发时，所产生的二次蒸汽不再利用。

多效蒸发：蒸发时，前一效蒸发器所产生的二次蒸汽作为下一效蒸发器的热源。

三效顺流工艺流程如图 4-5 所示。

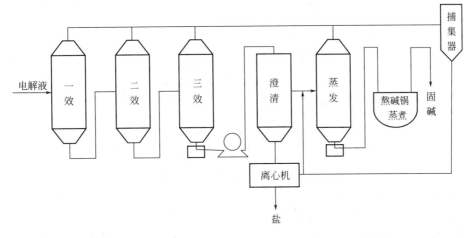

图 4-5　三效顺流工艺流程图

一般采用多效蒸发器使碱液浓缩为 30％或 42％的液碱，同时用离心机分离 NaCl 晶体，液碱在碱锅中加热，可得到固体碱。表 4-3 为隔膜电解法得到的烧碱产品的规格。

表 4-3　隔膜电解法得到的烧碱产品的规格

项目	液碱	固碱
NaOH	42％	95％～96％
NaCl	1.5％	3％

4.4.1.4　北京化机厂生产的隔膜电解槽（30-Ⅲ）的规格及参数

电流负荷：54kA　　　　　　　电流密度：14.5～18A/dm^2

槽压：3.30～3.55V　　　　　　电流效率：96％

单槽日产烧碱量：1460～1800kg　　阳极每槽片数：2×24

阳极规格：400mm×800mm　　　阳极公称面积：30m^2

阴极材料：铜板网、铁丝网　　　隔膜材质：石棉

极间距：8.5mm　　　　　　　　设备质量：5.5t

电解槽尺寸：2.86m×1.49m×2.11m（长×宽×高）

4.4.2　离子膜电解法

4.4.2.1　离子膜电解法的原理

20 世纪 60 年代，美国的航天计划迫切需要氢/氧燃料电池用的高度稳定的隔膜。该燃料电池能为空间站提供电力和水。为满足美国国家航空和宇宙航行局（NASA）要求，杜邦公司为氢/氧燃料电池开发研制了 Nafion 膜，经研究发现该膜满足氢/氧燃料电池用隔膜的要求。与此同时，许多化学家和工程师致力于将 Nafion 膜用于氯碱工业，并在 20 世纪 70 年代中期推出了一种氯碱工业的新工艺，即离子膜电解法，其原理如图 4-6 所示。

使用对离子具有选择透过性的离子交换膜是离子膜电解法的关键。在氯碱工业中采用的

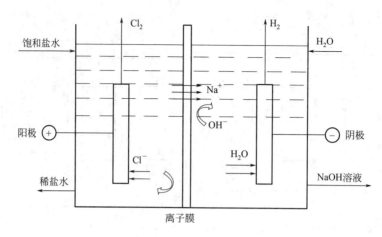

图 4-6　离子膜电解法原理示意图

是全氟阳离子交换膜，它的特点是只允许 Na^+ 由阳极区进入阴极区，却不允许 Cl^-、OH^- 和水分子通过。电解时，阳极室通入饱和 NaCl 溶液，而阴极室通入纯水。在阴极表面 H_2O 放电生成氢气和 OH^-，阳极区的 Na^+ 通过离子膜由阳极室进入阴极室，与阴极生成的 OH^- 结合成 NaOH；在阳极表面 Cl^- 放电生成氯气。经电解后的淡盐水随氯气一起离开阳极室。生成的 NaOH 从阴极室排出，并且 NaOH 的浓度可利用进电解槽的纯水量来调节。

4.4.2.2　离子膜电解法的特点

（1）优点

离子膜电解法产品质量高、能耗低，可消除隔膜法使用石棉、水银法使用汞造成的环境污染；能从阴极区直接获得高纯 [含盐仅 30×10^{-6}、高浓度（一般为 $32\%\sim35\%$）] 烧碱。

（2）缺点

由于全氟离子膜的价格昂贵，工艺对盐水及生产控制要求均很严格。

4.4.2.3　离子膜电解法的生产流程

（1）盐水需二次精制

离子膜电解槽能正常生产的一个关键因素就是盐水的质量。它不仅影响离子膜的寿命，也是离子膜在高电流密度下运行得到高电流效率的至关重要的因素。电解槽所用的阳离子交换膜具有选择和透过溶液中阳离子的特性。因此，它不仅能使钠离子大量通过，也能让 Ca^{2+}、Fe^{2+}、Mg^{2+}、Ba^{2+} 等阳离子通过。当这些杂质阳离子通过膜时，就和从阴极室反渗过来的微量 OH^- 形成难溶的氢氧化物堵塞离子膜，导致膜电阻增大，槽压升高。同时可能加剧 OH^- 的反迁，使电流效率下降。同时，在盐水中氯酸根和悬浮物也能影响离子膜的正常运行。有的离子膜对盐水的 I^- 的含量还有要求。

因此，用于离子膜电解的盐水的纯度远远高于隔膜电解法和水银电解法，必须在一次精制盐水的基础上再进行第二次精制。盐水的二次精制是利用螯合树脂的吸附作用，进一步降低盐水中的 Ca^{2+}、Fe^{2+}、Mg^{2+} 以及其他杂质离子，使盐水中各离子指标达到离子膜电解的质量要求。具体过程如下。

① 过滤　一次盐水中的悬浮物，如果随盐水进入螯合树脂塔，将会堵塞树脂的微孔，

甚至使树脂呈团状物，严重时有结块现象，降低树脂处理盐水的能力。因此，二次盐水精制时一般要求盐水中悬浮物的含量小于 1×10^{-6}。而一次盐水中的悬浮物含量远大于 1×10^{-6}，这样就必须经过过滤。如果采用传统的砂滤设备，往往不能符合要求，常用的是碳素管式过滤器。碳素管式过滤器是由许多根烧结的碳素组成的，具有良好的耐腐蚀性，它由纯 C 烧结而成，管壁上分布有均匀的孔，孔径为 $100\mu m$，气孔率为 42%。过滤后的二次盐水能达到悬浮物小于 1×10^{-6} 的要求。

② 二次盐水的精制　一次盐水过滤后，Ca^{2+}、Mg^{2+} 含量大约在 3×10^{-6}。但是由于离子膜电解槽的盐水要求 Ca^{2+}、Mg^{2+} 含量必须低于 20×10^{-9}。因此，一次盐水过滤后还需进行二次精制。盐水的二次精制目前均采用螯合树脂法进行。经过精制后的盐水应达到如下质量指标：

NaCl 浓度 290～310g/L；

Ca^{2+}、Mg^{2+} 的总量 $<20\mu g/L$；

$Fe^{2+}<44\sim55\mu g/L$；

$Ba^{2+}<110\mu g/L$；

Ni^{2+}、Mn^{2+} 的总量 $<50\mu g/L$；

$SO_4^{2-}<3.3g/L$；

游离氯 $<0.02g/L$；

悬浮物 $<1 \times 10^{-6}$。

(2) 精制盐水的电解

二次精制盐水经盐水预热器预热后，以一定的流量通入电解槽的阳极室进行电解。同时，纯水从电解槽的底部通入阴极室。通直流电后，在阳极室产生氯气和流出电解后的淡盐水。经分离器分离后，湿氯气进入氯气总管，经氯气冷却器与精制盐水热交换后，进入氯气洗涤塔洗涤，然后送到氯气处理部门；一般从阳极室流出的淡盐水中含 NaCl 浓度为 200～220g/L，同时还存在少量的溶解氯、次氯酸盐及氯酸盐。这些淡盐水一部分进入淡盐水槽后，送往氯酸盐分解槽，用高纯盐酸进行分解；另一部分补充精制盐水后流回电解槽的阳极室。分解后的盐水中，通常含有少量盐酸残余，将这种盐水再送回淡盐水槽，与未分解的淡盐水充分混合并调节 pH 值在 2 以下，送往脱氯塔脱氯。最后送到一次盐水工序去重新饱和。

在电解槽阴极室产生浓度为 32% 左右的高纯液碱和氢气，同样也经过分离器分离后，32% 的高纯液碱一部分作为商品碱出售，或送到蒸发工序浓缩。另一部分则加入纯水后回流到电解槽的阴极室；氢气进入氢气总管，经氢气洗涤塔洗涤后，送至氢气使用的部门。电解后获得的烧碱、氯气、氢气应达到质量指标，如表 4-4 所示。

表 4-4　离子膜电解后产品质量指标

杂质	$NaClO_3$	$\leqslant 20 \times 10^{-6}$（质量分数）
	Fe_2O_3	$\leqslant 5 \times 10^{-6}$（质量分数）
氯气	纯度（干基）	$\geqslant 97.4\%$（体积分数）
	氧气	$\leqslant 2\%$（体积分数）
	氢气	$\leqslant 0.03\%$（体积分数）
	二氧化碳	$\leqslant 0.6\%$（体积分数）
氢气	纯度	$\geqslant 99.85\%$（体积分数）

（3）淡盐水的脱氯

在阴极区，由于不再能从阳极区获得足够的水，因此必须不断加入纯水。在阳极室，饱和盐水（305～320g/L）电解后成为淡盐水，其中 NaCl 浓度为 200～220g/L，并含游离氯（700～800mg/L）及少量的次氯酸盐及氯酸盐。若这种淡盐水用于第二次盐水精制，在螯合树脂塔中会导致树脂中毒，且无法再生。另外，游离氯、次氯酸根在管式过滤器中对碳素烧结管及其他设备均有腐蚀作用。因此，盐水在进入这些设备前必须先将这些杂质除去。淡盐水脱氯一般采用真空脱氯和化学脱氯相结合的工艺，其流程如图 4-7 所示。

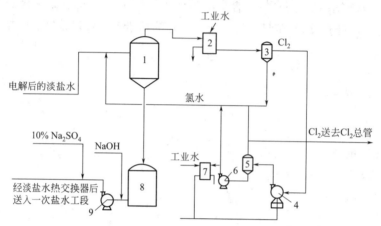

图 4-7　淡盐水脱氯工艺流程

1—脱氯塔；2—回收氯冷却塔；3,5—气液分离器；4—真空泵；6—氯水泵；
7—氯水冷却器；8—脱氯淡盐水槽；9—脱氯淡盐水泵

先用盐酸分解从电解槽阳极室流出的淡盐水中的氯酸盐，然后送到脱氯塔的顶部，用真空脱氯方法使游离氯脱出。经处理后的淡盐水中游离氯的含量降至约 50mg/L。送入脱氯淡盐水槽后，加氢氧化钠将盐水的 pH 值调节到 7～11。然后再用 10% 的 Na_2SO_3 溶液进一步除去残余的氯气后，送往一次盐水工段重新饱和。从脱氯塔分离出来的湿氯气，经冷却器冷却、分离器分离后，汇集到氯气总管。而氯水则送往脱氯塔循环或作真空泵机械密封水。

4.4.3　水银电解法

4.4.3.1　水银电解法的原理

与隔膜法相同，水银电解法也是通过饱和 NaCl 溶液电解生产氯气、烧碱和氢气。但此法采用的生产设备——电解槽与隔膜法不同，它是由电解室和解汞室组合而成的。电解用的阴极不是铁或其他活性阴极而是水银。水银法电解槽没有隔膜，没有所谓的阴极室和阳极室。析氯反应和生成 NaOH 的反应分别在两个反应器中，即电解槽和解汞槽中进行，因而从根本上避免了两种产物的混合爆炸问题。

水银电解法工艺流程如图 4-8 所示。水银电解槽由电解槽、解汞槽和水银泵三部分组成。这三大部分形成水银和盐水两个环路。

电解槽为钢制带盖的沿纵向有一定倾斜度的长方形槽体，两端分别有槽头箱和槽尾箱，由分隔水银与盐水的液封隔板与槽体相连。槽体的底部为平滑的厚钢板，保证水银流动时不致裸露钢铁，钢板下面连接导电板。槽壁衬有耐腐蚀的硬橡胶或塑料的绝缘衬里。槽盖上有

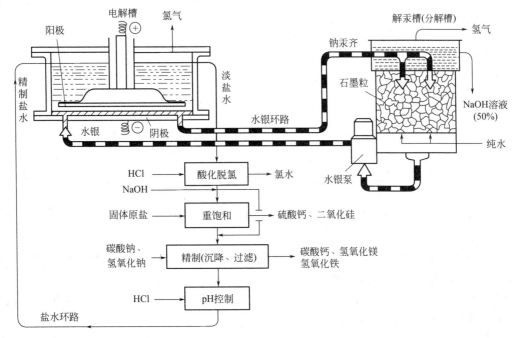

图 4-8　水银电解法工艺流程

通过密封圈下垂的石墨阳极或金属阳极组件，露出槽外的阳极棒由软铜板连接阳极导电板，槽盖与槽体密闭。

　　水银与精制的饱和 NaCl 溶液同时连续进入槽头箱，水银借重力形成流动的薄膜，覆盖整个槽底作为阴极。通入直流电时，盐水中的氯化钠被电解，由于：

$$Na^+ + e^- \longrightarrow Na \qquad \varphi^{\ominus}_{25℃} = -2.7V$$

$$Na^+ + xHg + e^- \longrightarrow NaHg_x \qquad \varphi^{\ominus}_{25℃} = -1.868V$$

因而钠离子在阴极与水银形成钠汞齐，随水银从槽尾箱流出进入解汞槽。氯离子在阳极上失去电子生成氯气泡，穿过盐水从槽盖上的氯气出口管引出。

　　在解汞槽，钠汞齐与水发生以下反应，生产烧碱和氢气。

$$NaHg_x + H_2O \longrightarrow NaOH + \frac{1}{2}H_2 + xHg$$

解汞后的水银流入水银储槽，由水银泵送到电解槽槽头箱，构成水银流动的环路。饱和 NaCl 溶液流经电解槽，一部分氯化钠（15%～16%）解离，剩余的溶有氯气的淡盐水流出槽外，经盐酸酸化后，在真空下或吹入空气脱氯，然后再用固体食盐重新饱和，制成精制盐水，重新使用，构成盐水流动环路。

　　解汞槽目前多采用立式，钠汞齐从器顶均匀流下，经石墨粒填料床与器底流入的纯水逆流接触，钠汞齐为阳极，石墨粒为阴极，两者接触短路，生成氢氧化钠和氢气。氢气经解汞槽顶部冷却器冷却，以捕集大部分水银后再进一步精制。现代电解槽均装有超负荷电极保护装置，由电子计算机控制，随时调整阳极的高低，使阴阳两极在最小的间距下运转而不致短路。

4.4.3.2　水银电解法的特点

（1）优点

生产强度高，现代水银电解槽电流密度一般可达 10000～15000A/m^2，最大电流达

450kA，电流效率为 $96\%\sim98\%$；无须蒸发即可由电解槽直接得到浓度高达 50% 的烧碱，而且纯度也高，其含盐仅 30×10^{-6}。

（2）缺点

水银的流失将造成严重的环境污染。

4.4.3.3　水银电解法的除汞措施

水银电解法生产的产品氢氧化钠与氢气以及排出的废气、废水、废渣中均有少量水银。为了减少流失，避免污染环境，通常采取以下除汞措施。

① 解汞槽出来的氢气经冷却，再经螯合树脂吸附，氢气中汞含量约可降低到 $1\mu g/m^3$ 以下。

② 氢氧化钠溶液中的水银微粒经活性炭层的两级过滤处理，汞含量降到 0.01×10^{-6} 以下。

③ 含汞废气在填充塔内，用含有游离氯的盐水喷淋，使气流中夹带的汞形成络合物而被除去，必要时再经螯合树脂处理，直到合格后排空。

④ 含汞废水闭路循环，根据清洁程度分别用于分解钠汞齐或溶盐，必须外排的含汞污水用螯合树脂与活性炭吸附净化。

⑤ 淡盐水脱氯时，保留一定量的游离氯，防止淡盐水中的水银形成不溶物而混入盐泥。

⑥ 含汞的废橡胶、解汞槽内失效的石墨粒、螯合树脂以及含汞污泥等固体物，均经次氯酸钠溶液萃取，使所含水银成为可溶状态的络合物加以回收；剩余的含汞固体物有时再经干馏回收水银，或加入水泥和硫化钠制成不溶性块体。经过除汞措施，生产每吨氢氧化钠耗汞量约在 4g 以下，符合环境保护条例的要求。

第5章

无机电合成

电化学工程中的重要应用之一就是无机物的电化学合成。通过电化学合成技术生产出来的一系列的无机工业产品，在国民经济建设中发挥着重要作用。

5.1 概 述

5.1.1 无机电合成电极过程

根据电极上的生成物，无机电合成电极过程大致可分为以下三类。

① 金属电极过程 包括金属电沉积和金属溶解，例如电镀铜的阴极过程：

$$Cu^{2+} + 2e^- \longrightarrow Cu$$

铜电解精炼的阳极过程：

$$Cu(粗铜) - 2e^- \longrightarrow Cu^{2+}$$

② 气体电极过程 例如氢/氧燃料电池中的阳极和阴极电极反应：

阳极：
$$H_2 - 2e^- \longrightarrow 2H^+$$

阴极：
$$O_2 + 4H^+ + 4e^- \longrightarrow 2H_2O$$

电解盐酸溶液的阴极反应：

$$2H^+ + 2e^- \longrightarrow H_2$$

阳极反应：

$$2Cl^- - 2e^- \longrightarrow Cl_2$$

③ 电解氧化还原过程 其实所有在电极上进行的反应都属于还原反应或氧化反应。这里的电解过程指的是除金属电极过程和气体电极过程以外的电极过程。因此，电解氧化还原涉及面广，例如，在无机物合成方面可用于制备二氧化锰：

$$MnSO_4 + 2H_2O \longrightarrow MnO_2 + H_2SO_4 + 2H^+ + 2e^-$$

在有机方面可用于硝基苯的电还原：

$$C_6H_5NO_2 + 6H^+ + 6e^- \longrightarrow C_6H_5NH_2 + 2H_2O$$

本章所涉及的无机电合成的电极过程属于第②、③类的电极过程。

大多数情况下，在气体电极过程和电解氧化还原过程中，电极本身不发生净变化。但是电极的作用不只是传导电流，更重要的是电极具有催化作用，不同电极材料对电极反应速率有很大的影响。无论对于无机物电合成还是有机物电合成，电化学催化都起着很重要的作用。

无机物电解反应可分为电化学还原（电还原）和电化学氧化（电氧化）两大类。

（1）电还原

反应物质在阴极上得到电子，形成目标产物，此时可能出现以下几种反应。

① 阴离子在电极上得电子，转化为价态更负的产物，例如：

$$Fe(CN)_6^{3-} + e^- \longrightarrow Fe(CN)_6^{4-}$$

② 阳离子在电极上得电子，转化为阳离子价态较低的产物，例如：

$$Ce^{4+} + e^- \longrightarrow Ce^{3+}$$

③ 中性物质的还原，并生成阴离子，例如：

$$2H_2O + 2e^- \longrightarrow H_2 + 2OH^-$$

$$O_2 + H_2O + 2e^- \longrightarrow HO_2^- + OH^-$$

（2）电氧化

电活性物质在阳极上失去电子，并转化为相应的产物，可能出现的反应有：

① 阴离子在电极上失电子，转化为价态更高的产物，例如：

$$2I^- - 2e^- \longrightarrow I_2$$

$$MnO_4^{2-} - e^- \longrightarrow MnO_4^-$$

② 阳离子在电极上失电子，转化为价态较高的产物，例如：

$$Sn^{2+} - 2e^- \longrightarrow Sn^{4+}$$

③ 含氧量改变的反应，例如：

$$2SO_4^{2-} - 2e^- \longrightarrow S_2O_8^{2-}$$

另外，电解时所用的阳极可分为可溶性阳极和不溶性阳极两类。若可溶性阳极作电极，其本身发生溶解，如电解 NaAc 和 Na_2CO_3 溶液，制取碱式碳酸铅（即铅白粉）时，用的就是可溶性铅阳极，电极反应为：

$$Pb + 2Ac^- - 2e^- \longrightarrow PbAc_2$$

$$3PbAc_2 + 4Na_2CO_3 + 2H_2O \longrightarrow (PbCO_3)_2 \cdot Pb(OH)_2 + 2NaHCO_3 + 6NaAc$$

类似地，电解 $NaClO_3$ 和 Na_2CrO_4 溶液制备铬黄（铬酸铅）时用到的也是可溶性铅阳极。电解 KOH 或 K_2CO_3 溶液制备铬酸盐或锰酸盐时，用到的是铁铬合金或铁锰合金也是可溶性阳极。

不溶性阳极的例子更多，如用贵金属铂、金、Ti/RuO_2 等阳极时，一般都不会溶解，因而普遍用于制取过氧化氢、高锰酸钾、氯酸盐等。镍阳极在碱性溶液中可作为不溶性阳极。此外，不溶性阳极还有石墨、铅/二氧化铅等。

5.1.2 无机电合成特点

（1）无机电合成的优点

① 电极反应速率可通过调节电极电位进行控制。根据计算，改变过电位 1V，可使活化能降低约 40kJ，相应的反应速率能增加 10^7 倍。因此，无机电合成工业一般不需特别的加

热、加压设备，都是在常温常压下进行。

②无机电合成的反应选择性高，副反应较少。因为可以通过控制电极电位和选择适当的电极、溶剂等方法，使反应按人们所希望的方向进行，从而可得到收率和纯度都较高的产品。

③产物容易分离和收集，环境污染小。在反应体系中除原料和生成物外通常无须另加其他反应试剂。

④电化学反应过程容易控制。通过控制电化学反应过程的电参数，如电压和电流，可实现对整个电极反应过程的控制，并且该控制过程可实现自动化。另外，电解槽可以连续运转。

（2）无机电合成的不足之处

①消耗大量电能，例如生产每吨铝耗电约 15000kW·h，每吨烧碱耗电约 3000kW·h，每吨电解锌耗电约 6000kW·h。因此，在目前全球范围内能源紧缺的条件下，较难全面、大规模地发展电合成工业。

②电解槽结构复杂并且电极活性不易维持。

③电合成生产要求工作人员具有较高的技术和管理水平，并有现代科技知识，以保证电解槽长期、稳定、连续地生产。

5.2　电解二氧化锰

5.2.1　电解二氧化锰的性质与用途

二氧化锰为黑色或灰黑色晶体或无定形粉末，密度为 $5.026g/cm^3$，不溶于水和硝酸，在热浓硫酸中放出氧气并生成硫酸亚锰。二氧化锰是两性氧化物，可溶于盐酸和草酸，也可与碱和氧化剂共熔生产锰酸盐和高锰酸盐。

MnO_2 由于具有出色的电化学性能，目前已被广泛用于锌锰电池、锂离子电池、超级电容器。作为 Li/MnO_2 电池中的电极活性物质，MnO_2 具有优良的离子传导性和较高的嵌/脱锂电位，在高电位区具有较好的耐过充性，脱锂产物对电解液的催化性能小，安全性能较好。但是 MnO_2 也存在一些不容忽视的缺点，比如：放电容量相对较低、高温性能差、物相繁杂等，难以制得纯净的单相产物。因此，目前锰氧化物主要用于一次电池，尤其是锌锰电池。

在锌锰电池中讨论二氧化锰的反应机理时，实质上是在一种理想的情况下，即认为 MnO_2 的晶体中每一个 Mn^{4+} 与两个 O^{2-} 相对应，符合化学计量的配比。但实际上在 MnO_2 晶体中常有晶格缺陷，而且也含有一些其他的金属离子、结晶水等，含氧量也不完全符合化学计量。

严格来讲 MnO_2 应写为 MnO_x，$x<2$。另外 MnO_2 有很多结晶变体及不同的晶型结构。究竟有多少变体，如何区分它们，说法不一。就目前发现的已有 14 种变体，如 α、β、γ、δ、ε、λ、ρ 等。不同的晶型，其晶胞参数也不同，其参加电化学反应的能力也不同。表 5-1 中列出了四种晶型的 MnO_2 的晶胞参数。目前电池中常见的 MnO_2 大体上有三类：α、β、γ。

表 5-1　不同晶型 MnO_2 的晶胞参数

二氧化锰类型	晶型	晶胞参数/nm		
		a	b	c
$\alpha\text{-}MnO_2$	四方晶系	0.980	0.980	0.286
$\beta\text{-}MnO_2$	四方晶系	0.4404	0.2876	0.4404
$\gamma\text{-}MnO_2$	六方晶系	0.932	0.445	0.285
$\varepsilon\text{-}MnO_2$	斜方晶系	0.280	0.280	0.445

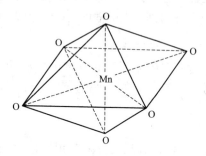

图 5-1　二氧化锰结构单元示意图

不同晶型的二氧化锰具有相同的结构单元：$[MnO_6]$ 八面体，如图 5-1 所示。氧原子位于八面体角顶上，锰原子在八面体的中心。$[MnO_6]$ 八面体与相邻的八面体共用棱或共用顶角，从而形成变化多端的复杂网络，这些网络可容纳不同的阳离子与配位物，形成多种多样的二氧化锰晶体结构，如 α、β、$\gamma\text{-}MnO_2$ 等。

不同晶型的 MnO_2 的化学组成基本相同，但是由于晶格结构和晶胞参数不同，即几何形状和尺寸不同，它们的电化学反应能力差别很大。

$\alpha\text{-}MnO_2$，在自然界中存在多种矿物形式，如碱硬锰矿（$BaMn_8O_{16}$）、斜方锰矿（KMn_8O_{16}）等，它的显著特征是其晶体结构含有大的隧道或空穴。$\alpha\text{-}MnO_2$ 结构是由两条 MnO_6 八面体的共用棱沿晶胞 C 轴方向形成双链，这些双链的八面体与邻近的双链共用顶角，从而形成 $[2\times2]$ 和 $[1\times1]$ 隧道。其中 $[2\times2]$ 隧道能够接纳半径达 0.15nm 的诸如 K^+、Ba^{2+}、Na^+、Pb^{2+}、NH_4^+ 等阳离子及 H_2O 分子，分别形成了隐钾锰矿、碱硬锰矿等一系列矿种，其 x 接近于 2，结合水 6%。虽然 $\alpha\text{-}MnO_2$ 有大的晶胞体积，但是 x 只能降到 1.87，相当于 $MnOOH$ 只能有 26% 溶解于 MnO_2 的晶格中，若继续反应，生成的 $MnOOH$ 则成为一个新相。

$\beta\text{-}MnO_2$，属于四方晶系金红石型（TiO_2）的二氧化锰，采用化学法制备的 MnO_2 多为该种晶型。此 MnO_2 也称化学 MnO_2。其晶胞结构是以锰原子为中心的畸变八面体，顶角由 6 个氧原子占据。所有八面体都是等同的，Mn-O 平均原子间距为 0.186nm。晶胞 C 轴尺寸为 0.287nm，代表通过共用棱八面体 Mn-Mn 间距离。$\beta\text{-}MnO_2$ 为 $[1\times1]$ 的隧道结构，它具有较好的热力学稳定性。但是这种 $[1\times1]$ 的隧道结构截面积小，仅为 $(2.2\times2.2)Å^2$（$1Å=10^{-10}m$，余同），不利于离子在晶格中的扩散。其 x 只能降到 1.96，即在 MnO_2 晶格中只能有 4% 的 $MnOOH$ 溶解。如果继续反应，生成的 $MnOOH$ 只能是另外一相，而不能溶解在 MnO_2 之中。因此采用 $\beta\text{-}MnO_2$ 制成电池时，放电极化较大，容量较低，不宜作为电极材料。

$\gamma\text{-}MnO_2$，一般采用电解方法制备的 MnO_2 为此种晶型。电解法生产的活性 MnO_2 称为电解二氧化锰（EMD）。属于畸变水铝石型六方晶系，为 $[1\times1]$ 和 $[2\times1]$ 隧道交错生长而成的一种六方密堆积结构。它们可以用微孪晶（microtwinning）和 Wolff 无序度（disorder）较好地定量估算。由于 $\gamma\text{-}MnO_2$ 是单链与双链互生结构，晶体中含有大量的非理想配比、缺陷及空位等，使得 $\gamma\text{-}MnO_2$ 在水溶液作电解液的电池中具有良好性能。$\gamma\text{-}MnO_2$ 中一般含结合水的量在 4% 左右。P. Rüetschi 为了解释 $\gamma\text{-}MnO_2$ 中结合水的状态和数量，在 Wolff 模型基础上，提出 $\gamma\text{-}MnO_2$ 阳离子空位晶体结构模型，即 $\gamma\text{-}MnO_2$ 晶格是由 OH^-、O^{2-}、Mn^{3+}、Mn^{4+} 和空位构成，所有结合水都以 OH^- 形式存在，或与 Mn^{3+} 相连，或与空位相连，并且空位不变化，是质子定域在 OH^- 周围；除此之外，γ-MnO_2 表面上有化学吸附的水，也是以 $-OH$ 形式存在。

γ-MnO_2 隧道平均截面积较大，晶胞体积大约为 120Å^3，晶格孔隙也较大，平均截面积 $(2.2 \times 4.4)\text{Å}^2$。有利于 H^+ 进入 MnO_2 晶格表面，也有利于 H^+ 在晶格中的扩散，所以极化较小。MnO_x 中 x 可降至 1.5，即 $MnO_{1.5}$，相当于 Mn 为 3 价，也就是说 MnOOH 可在 MnO_2 晶格中完全溶解形成固溶体，整个反应可在固相中进行。

由以上分析可知，若作为电池材料的话，γ-MnO_2 的性能应最好，β-MnO_2 次之，α-MnO_2 差。实验结果与此结论一致，γ-MnO_2 确实极化最小，放电容量最高。

例如，同样为 90% 左右的天然软锰矿（β-MnO_2）和 EMD（γ-MnO_2）分别制成电池后进行充放电实验，后者的放电容量要超出一倍左右。因此高容量的锌锰干电池和碱性锌锰干电池中应用日益广泛，其需求量不断增长，促进了 EMD 工艺的发展。

5.2.2 电解二氧化锰的制备方法

（1）原料与工艺流程

通常用于 EMD 的原料是 $MnCO_3$（菱锰矿）和天然二氧化锰矿（软锰矿），工艺流程如下所示：

$$MnCO_3 \xrightarrow{H_2SO_4 \text{ 浸取}} MnSO_4 \xrightarrow{\text{除杂净化}} 电解 \longrightarrow 烘干成品$$

（2）溶解矿石和精制工序

$MnCO_3$（菱锰矿）或还原矿（MnO，可由软锰矿热还原制得）需粉碎到 150 目（$100\mu m$）左右，才能使用 H_2SO_4 浸取溶解生成 $MnSO_4$ 溶液：

$$MnCO_3 + H_2SO_4 \longrightarrow MnSO_4 + H_2O + CO_2 \uparrow$$
$$MnO + H_2SO_4 \longrightarrow MnSO_4 + H_2O$$

为了除去 Fe^{2+}，应加入 MnO_2 矿粉，使 Fe^{2+} 氧化成 Fe^{3+}：

$$2FeSO_4 + MnO_2 + 2H_2SO_4 \longrightarrow Fe_2(SO_4)_3 + MnSO_4 + 2H_2O$$

然后对过剩的 H_2SO_4 添加 $CaCO_3$ 或 $Ca(OH)_2$ 等中和，把 pH 值调节到 6～6.5 时，Fe^{2+} 就变成了沉淀：

$$Fe_2(SO_4)_3 + 3Ca(OH)_2 \longrightarrow 2Fe(OH)_3 \downarrow + 3CaSO_4$$

（3）电解工序

净化后的 $MnSO_4$ 溶液被加热后送入电解槽进行电解，阳极材料为石墨、PbO_2、Ti，阴极材料为石墨，MnO_2 是通过阳极氧化形成的。

电极种类不同，电解工艺略有不同，一般的电解工艺如下。

① 电解工艺参数　电解过程的电解液为 $MnSO_4$，电解工艺参数如下：

H_2SO_4：50～100g/L　　　　$MnSO_4$：75～180g/L

温度：90～100℃　　　　　电流密度：50～150A/m²

槽压：2.2～3.0V　　　　　电流效率：75%～95%

② 电解电极反应

阳极反应为：

$$MnSO_4 + 2H_2O \longrightarrow MnO_2 + H_2SO_4 + 2H^+ + 2e^-$$

阴极反应为：

$$2H^+ + 2e^- \longrightarrow H_2 \uparrow$$

总的电解反应是：

$$MnSO_4 + 2H_2O \longrightarrow MnO_2 + H_2SO_4 + H_2 \uparrow$$

在 18℃ 时，$Mn^{2+} \longrightarrow Mn^{3+}$ 的标准氧化电位为 1.511V，而 $Mn^{3+} \longrightarrow Mn^{4+}$ 为 1.642V，故 Mn^{3+} 在阳极上较易生成，在弱酸溶液中还存在如下平衡：

$$2Mn^{3+} \rightleftharpoons Mn^{2+} + Mn^{4+}$$

同时由于 Mn^{4+} 的水解：

$$Mn(SO_4)_2 + 2H_2O \longrightarrow MnO_2 + 2H_2SO_4$$

又促进上式的平衡向右移动，因此，可以认为 MnO_2 的生成并非由于 Mn^{3+} 在阳极上的氧化。水解生成的 MnO_2 覆盖在阳极表面，使 Mn^{2+} 难以接近阳极，并使氧的过电位降低而析氧量增多，降低电流效率。

另外随着电解的进行，Mn^{2+} 浓度降低而 H_2SO_4 浓度升高，水解反应将减弱，Mn^{3+}、Mn^{4+} 的离子浓度会相应增大，它们会有部分在阴极上还原，也会降低电流效率。因此，当电解液中 H_2SO_4 达 450g/L 以上，或 $MnSO_4$ 浓度降到 50~60g/L 时，应当排出电解液，浸出碳酸锰，并加入等体积的新的 $MnSO_4$ 电解液。此法为间歇式操作。

（4）成品工序

控制阳极电流密度和电解时间可以使阳极上析出的 MnO_2 沉积物达到所需的厚度，一般当厚度达到 20~30mm 时，用机械力冲击，脱离电极。然后用急水充分洗净附着在块状 EMD 表面上的电解液和石蜡等杂物，干燥后粉碎。

（5）二氧化锰的主要用途

可作为干电池活性材料，需粉碎到 200 目（74μm），并用碱水溶液（NaOH、NH$_4$OH 等）中和游离酸。

5.3 电解制备氯酸盐

氯酸盐、次氯酸盐、亚氯酸盐、高氯酸盐都是含氯含氧的化合物，这些产品在许多工业部门都有特殊地位和应用价值。由于本身具有强氧化性，多采用电化学的方法合成这些氯酸盐。

5.3.1 电解法制备氯酸钠

5.3.1.1 氯酸钠的电解理论

在电解法生产氯酸钠中以饱和 NaCl 溶液为原料，电解时电解槽中无须隔膜，通以直流电生成氯酸钠。尽管生产氯酸钠已有很长的历史，但有关其生成机理的说法却有很多。目前为大多数人所接受的是氯酸钠形成机理与电解质溶液酸度有关，不同酸度可以有不同的生成过程的理论。此观点最早由 F. Foerster 等提出。

采用中性 NaCl 溶液电解时，在阴极上的反应是析出 H_2：

$$2H^+ + 2e^- \longrightarrow H_2$$

由于：

$$[H^+] = [OH^-] = 10^{-7} \text{mol/L}$$

析氢电位为：

$$\varphi_{H^+,H_2} = \varphi^{\ominus}_{H^+,H_2} + 0.0592 \times \lg[H^+] = 0 + 0.0592 \times \lg[H^+] = -0.414 \text{ (V)}$$

对饱和 NaCl 溶液：

$$[Na^+] = [Cl^-] = 317/58.5 = 5.42 \text{ (mol/L)}$$

而析 Na 的电位为：

$$\varphi_{Na^+,Na} = \varphi^{\ominus}_{Na^+,Na} + 0.0592 \times \lg[Na^+] = -2.71 + 0.043 = -2.67 \text{ (V)}$$

因此，阴极上的生成物是 H_2。

在阳极则是析出 Cl_2 的反应：

$$2Cl^- - 2e^- \longrightarrow Cl_2 \tag{5-1}$$

由于电解时无隔膜，生成的 Cl_2 溶于电解液与 OH^- 反应：

$$Cl_2 + 2OH^- \longrightarrow ClO^- + Cl^- + H_2O \tag{5-2}$$

在阳极上 ClO^- 继续失电子生成氯酸钠：

$$6ClO^- + 3H_2O - 6e^- \longrightarrow 2ClO_3^- + 6H^+ + 4Cl^- + \frac{3}{2}O_2 \tag{5-3}$$

由式(5-1)～式(5-3) 可以看出，欲制备 1mol $NaClO_3$ 总共需 9F 电量，其中 3F 用于生成 O_2。因此，电解中性 NaCl 溶液制备氯酸钠的电流效率最高为 66.67%。

若电解时采用的 NaCl 溶液为酸性，则 OH^- 与 Cl^2 反应生成次氯酸盐，同时生成次氯酸：

$$Cl_2 + OH^- \longrightarrow HClO + Cl^- \tag{5-4}$$

次氯酸盐与次氯酸反应生成氯酸盐：

$$2HClO + ClO^- \longrightarrow ClO_3^- + 2Cl^- + 2H^+ \tag{5-5}$$

或

$$HClO + 2ClO^- \longrightarrow ClO_3^- + 2Cl^- + H^+ \tag{5-6}$$

式(5-5) 和式(5-6) 反应速率常数接近。

当电解液为碱性 NaCl 溶液时，即溶液中含高浓度 OH^-，易在阳极上析氧，使电流效率下降：

$$4OH^- - 4e^- \longrightarrow 2H_2O + O_2 \tag{5-7}$$

ClO^- 与 O_2 在阳极反应，只有少量的 ClO_3^- 生成：

$$ClO^- + O_2 \longrightarrow ClO_3^- \tag{5-8}$$

在碱性条件下，电解时主要是按式(5-3) 反应生成 $NaClO_3$。研究表明，除按式(5-3) 生成 $NaClO_3$ 外，尚有按式(5-5) 和式(5-6) 的化学反应形成 $NaClO_3$ 过程存在。

确定 $NaClO_3$ 形成机理具有重要实际意义。因为按式(5-5) 和式(5-6) 生产 $NaClO_3$ 时，没有 O_2 析出，可达到较高的电流效率。因此，在实际生产中力求其控制条件按化学反应机理生成氯酸钠。现用较多电解槽的设计就是从这一理论提出的。

电解过程中存在许多副反应，影响电流效率的主要反应是生成物 $NaClO_3$ 和中间产物 ClO^- 在阴极上的还原：

$$ClO^- + H_2O + 2e^- \longrightarrow Cl^- + 2OH^- \tag{5-9}$$

$$ClO_3^- + 3H_2O + 6e^- \longrightarrow Cl^- + 6OH^- \tag{5-10}$$

造成损失的阳极反应为：

$$6ClO^- + 3H_2O \longrightarrow 2ClO_3^- + 4Cl^- + 6H^+ + \frac{3}{2}O_2 + 6e^-$$

$$2H_2O \longrightarrow O_2 + 4H^+ + 4e^-$$

$$4OH^- \longrightarrow O_2 + 2H_2O + 4e^-$$

$$ClO_3^- + H_2O \longrightarrow ClO_4^- + 2H^+ + 2e^-$$

溶液中的损失为：

$$Cl_2(溶解) \longrightarrow Cl_2(气体)$$

$$2ClO^- \longrightarrow 2Cl^- + O_2$$

5.3.1.2　电解过程的影响因素

电解饱和 NaCl 溶液生产氯酸钠在无隔膜电解槽内进行，槽内不仅有电化学反应，同时还进行着化学反应。由于电解时无隔膜，阳极和阴极产物相互扩散并反应，其反应过程非常复杂。电解时的一些参数例如电解质溶液的 pH 值、温度、电流密度等都会影响电流效率。

（1）pH 值

由氯酸钠的电解理论可知，在电解液为酸性的条件下生成氯酸钠的电流效率最高；由于有副反应发生，在中性和碱性条件下生成氯酸钠的电流效率较低。当 pH＞7 时，由于 ClO^- 浓度高，扩散到阳极表面的 ClO^- 增多，按式(5-3)发生电化学反应生成 ClO_3^- 的可能性增大到与化学反应相同。由于阳极析氧会造成石墨电极损耗，并影响电解正常进行。因此在碱性条件下，生成氯酸钠的电流效率最低。

假设 pH＝7.6 时，式(5-6)反应速率最大；pH＝7 时，式(5-5)反应速率最大。

当 pH＜7 时，溶液中的 ClO^- 浓度较低，它在阳极氧化氯酸盐的速率取决于 Cl_2 生成 HClO 的速率，见式(5-4)。研究表明，溶液中 HClO 与 ClO^- 浓度比为 2∶1 时，按式(5-5)生成 $NaClO_3$ 速率最大。此时溶液的 pH 值为 6.69（343K），此值也就是生产操作的最佳 pH 值。

当 pH 值过低时，会发生氯气逸出反应：

$$NaClO + 2HCl \longrightarrow NaCl + H_2O + Cl_2 \uparrow$$

这样会降低电流效率，逸出的氯气还会加重设备腐蚀。

（2）温度

当温度升高时，式(5-5)及式(5-6)反应速率加快，当温度由 40℃ 上升到 70℃ 时，反应速率增大 10 倍；若温度由 20℃ 上升到 80℃ 时，反应速率提高 100 倍。与此同时，电阻率下降，槽电压也下降，从而使能耗降低，并且产品中的次氯酸盐含量也降低。但温度过高会降低 OH^- 在阳极上氧化时的过电位，即阳极容易析氧，从而导致电流效率下降，造成阳极损坏以及部分 Cl_2 从电解液中逸出，不利于 $NaClO_3$ 生成。

通常采用石墨电极时，温度以 40℃ 为佳；采用 PbO_2 阳极时，温度范围为 70～80℃；采用二氧化钌阳极时，可使电解温度升至 100℃。电解时当温度低于 25℃ 时不生成 $NaClO_3$ 产品，只生成 NaClO。

（3）电解质浓度

提高 NaCl 浓度，会减小溶液的电阻率，从而减小溶液的欧姆电压损失。由于电解过程中的消耗，NaCl 的浓度不断下降，为此必须不断补充新的 NaCl 以控制其浓度。若采用二氧化钌阳极，则 NaCl 浓度不得低于 50g/L；若是 PbO_2 阳极，则 NaCl 浓度不得低于 70g/L；若是 MnO_2 阳极，则 NaCl 浓度不得低于 80g/L；若是石墨阳极，则 NaCl 浓度不得低于 100g/L。

（4）阴极电流密度

增加阴极电流密度会提高还原过电位，从而减少阴极还原副反应，同时使阴极电极材料处于阴极保护下，降低阴极材料腐蚀。但阴极电流密度过高可使槽温、槽压升高，能耗增加。生产中阴极电流密度通常为 $300A/m^2$。

（5）阳极电流密度

阳极电流密度提高同样也会使电流效率增加。例如，当阳极电流密度由 $1500A/m^2$ 提高到 $3000A/m^2$ 时，电流效率可增加 2%～3.5%。但若阳极电流密度过高，会提高阳极电极电位，导致 OH^-、ClO^- 在电极上的反应发生。阳极临界电位值为 1.6V，其电流密度提高以不超过此值为宜。用石墨阳极时，电流密度一般采用 $500～600A/m^2$；其他金属阳极可提高到 $10000A/m^2$。生产中常采用 $1500～4000A/m^2$ 的电流密度范围。

（6）容积电流密度

当容积电流密度增大时，搅拌条件改变，Cl^- 在阳极附近浓度降低，电流效率下降。我国通常用的容积电流密度为 1.5～3A/L。不同的阳极所采用的容积电流密度不同，二氧化钌阳极宜取 10～25A/L；对于 Pt、PbO_2 和 MnO_2 阳极，容积电流密度可取 10～50A/L；石墨阳极电解槽，当 pH=6 时，容积电流密度可提高到 25A/L；而采用电解液循环时，容积电流密度可提高到 100A/L。

（7）添加剂

生产中副反应主要是生成物 ClO_3^-、ClO^- 与阴极附近新生成的 H^+ 反应生成原反应物，即式（5-9）和式（5-10），可表示为：

$$ClO^- + 2H^+ + 2e^- \longrightarrow Cl^- + H_2O$$
$$ClO_3^- + 6H^+ + 6e^- \longrightarrow Cl^- + 3H_2O$$

或

$$2ClO^- + 4H^+ + 2e^- \longrightarrow Cl_2 + 2H_2O$$
$$2ClO_3^- + 12H^+ + 10e^- \longrightarrow Cl_2 + 6H_2O$$

加入抑制剂，如 $CaCl_2$、MoO_3、Na_2WO_4，或加入镁、钒、铈等金属的化合物，可防止阴极还原。

（8）搅拌

搅拌使料液均匀，pH 稳定，有利于电化学合成 $NaClO_3$ 反应进行。

5.3.2 电解制备次氯酸钠

次氯酸钠由于具有漂白、消毒、杀菌的作用而被广泛应用于轻工业、纺织及造纸等领域。次氯酸钠消毒液能迅速杀灭各种致病菌和病毒，如大肠杆菌、金黄色葡萄球菌、真菌、枯草杆菌、黑色变种芽孢等致病菌，破坏肝炎病毒表面抗原，是目前用途较广的消毒产品。大量高浓度的 NaClO 都以化学法生产，将 Cl_2 通入 NaOH 溶液中，即可得到浓度达 170～220g/L 的 NaClO 溶液。但由于 Cl_2 的存放和使用很不安全，漂白粉易失效，同时也不便长期久放，目前次氯酸钠多以电解低浓度氯化钠溶液的方法现场制备。

由于电解制备 NaClO 的反应器结构简单、成本低廉、使用及维护方便，且免除了运输、储存 Cl_2 的危险，因此 NaClO 的电解生产作为一种小型的"现场发生器"，随时随地地为用户制造低浓度的 NaClO 溶液。

我国专门生产 NaClO 发生器的厂家已有十余家，并早在 1990 年就制定了国家标准 GB 12176—1990。

（1）原理及工艺控制

NaClO 电解合成采用无隔膜电解，并且也是通过均相次级化学反应生成产物的。

阳极区反应：

$$Cl_2 + H_2O \longrightarrow HClO + H^+ + Cl^-$$

$$HClO + Na^+ + OH^- \longrightarrow NaClO + H_2O$$

阴极区反应：

$$2H_2O + 2e^- \longrightarrow 2OH^- + H_2$$

总反应：

$$NaCl + H_2O \xrightarrow{\text{电解}} NaClO + H_2$$

然而与 $NaClO_3$ 不同，NaClO 是一种不稳定的中间产物，它在形成后仍可能参加以下各种反应：

阴极还原：

$$ClO^- + H_2O + 2e^- \longrightarrow Cl^- + 2OH^-$$

阳极氧化：

$$6ClO^- + 3H_2O \longrightarrow 2ClO_3^- + 4Cl^- + 6H^+ + \frac{3}{2}O_2 + 6e^-$$

溶液中的化学反应：

$$ClO^- + 2HClO \longrightarrow ClO_3^- + 2Cl^- + 2H^+$$

由于电解液中 NaCl 浓度低，阳极析 O_2 的副反应在所难免，也使电流效率降低。

ClO^- 本身的分解反应受温度影响很大，温度提高时，分解加剧。

$$2ClO^- \longrightarrow 2Cl^- + O_2$$

$$3NaClO \longrightarrow NaClO_3 + 2NaCl$$

为使 NaClO 电解合成保持高效率，应对多种因素加以控制。

① 盐耗与电解液浓度　盐耗：生成 1kg NaClO 所需的 NaCl 量（kg）；

盐水浓度：3%～5%（约为 30～50g/L）；

NaClO 浓度：6～10g/L。

产物与 NaCl 不能分离。

例如：采用 4% NaCl 溶液（约 41g/L），电解后得到 8g/L 的 NaClO 溶液，则盐耗为：

$$\frac{41}{8} = 5.13 \text{(kg)}$$

② pH 值　由上一节电解制取氯酸钠的分析可知，使用中性电解液（pH＝7），有利于提高生成 NaClO 的电流效率。

若 pH 值小于 7，将提高 HClO 浓度，加剧生成 ClO_3^- 的副反应，同时降低 Cl_2 在溶液中的溶解度，不利于 NaClO 生成。

当 pH 值大于 7，会加剧 O_2 的析出，降低析 Cl_2 的电流效率。

③ 电流密度与电耗　电解时电流密度与所采用的阳极材料有关。

石墨阳极：$J < 10A/dm^2$；

DSA 阳极：$J = 15 \sim 20A/dm^2$。

次氯酸钠发生器的电耗一般为 $3.7 \sim 7kW \cdot h/kg$，明显高于氯碱工业，这是由于电流效率 η 较低（一般 $<80\%$）和槽压较高（因为所使用的电解液是稀盐水）。

电流密度 J 增加，析 Cl_2 效率增加，但槽压增加。

④ 温度　$NaClO$ 电解合成的温度一般均小于 $40℃$。

温度升高导致 $NaClO$ 分解加速，并加剧向 ClO_3^- 转化的副反应，同时也降低 Cl_2 的溶解度，从而降低电流效率。

一般温度下降，$NaClO$ 浓度会增加，当电解液温度低于 $20℃$ 时，可得到 $15g/L$ 的 $NaClO$ 溶液。

⑤ 电化学反应器中的电极距离　一般可选择 $5 \sim 10mm$。

减小电极间距可降低槽压和电耗，同时提高产物 $NaClO$ 的浓度。这是由于气体析出提高电解液流速，使溶解的氯气可迅速离开电极区间，并使传质过程加强，促进 ClO^- 的生成。但过小的间隙由于电解时未使用隔膜，可能导致短路。

（2）次氯酸钠发生器

按工作方式，次氯酸钠发生器可分为以下两种。

① 间歇式反应器　电解时一次加入 $NaCl$ 溶液，电解一定时间后一次放出 $NaClO$ 溶液，一般工作周期为 $1h$。这类反应器容量较小，产率通常小于 $50g/h$。

② 流动式（或称连续式）反应器　电解时 $NaCl$ 溶液连续不断地加入，在电解过程中产物 $NaClO$ 溶液连续不断地放出。

5.4　氯化法处理含氰废水

氰化电镀是常用的镀种之一，主要用于镀锌、镀铅、镀镉、镀铜、镀银、镀金。镀件的质量优于无氰电镀，镀液质量较稳定，操作管理也较为方便。

氰化物镀锌目前主要用于一些军工项目，民用已取消。氰化物镀铜一般作为打底用。

在含氰废水中，氰是以游离形式和络合形式存在的。游离氰毒性极强，慢性中毒时，导致甲状腺激素减少。急性中毒时，轻者有黏膜刺激症状，重者呼吸不规则、意识逐渐昏迷、大小便失禁、血压下降，甚至停止呼吸等。由于氰化物是剧毒药品，所以必须进行处理。对含氰废水的处理有多种方法，如氧化法、离子交换法、络合法、生物处理法和活性炭法等。目前国内主要采用电解法、碱性氯化法和石灰-硫酸亚铁法等，下面主要介绍碱性氯化法和电解法在生产中的应用。

5.4.1　有效氯的概念

通常采用"有效氯"（或"活性氯"）一词来表示 $NaClO$ 和其他一些具有漂白、消毒能力的氧化剂的氧化能力的强弱。对于液体可用 g/L 表示，对于固体则可用质量分数（%）表示。

若以 Cl_2 作为基准物质，由于它作为氧化剂时可得到 2 个电子：

$$Cl_2 + 2e^- \longrightarrow 2Cl^-$$

其他任何氧化剂，如果能够得到同样多的电子，则可认为该氧化剂与 Cl_2 具有相同的氧化能力，如：

$$\frac{1}{2}ClO_2^- + 2H^+ + 2e^- \longrightarrow \frac{1}{2}Cl^- + H_2O$$

$$ClO^- + 2H^+ + 2e^- \longrightarrow Cl^- + H_2O$$

由此可知 0.5mol $NaClO_2$ 具有与 1mol Cl_2 相当的氧化能力，因此它的有效氯含量为

$$\frac{2 \times 35.45}{0.5 \times 90.45} \times 100\% = 156.77\%$$

即 0.5g $NaClO_2$ 中，含有 1.5677g 有效氯，或者是说 1g 有效氯需要 $NaClO_2$ 的质量为：

$$\frac{1}{2 \times 1.5677} \approx 0.32g$$

同理，NaClO 有效氯的含量是：

$$\frac{2 \times 35.45}{74.45} \times 100\% = 95.23\%$$

可知 1g NaClO 中，含有 0.9523g 有效氯，或反之，1g 有效氯需要 1.05g NaClO 提供。漂白粉是氯气和熟石灰作用的产物，它是 $Ca(ClO)_2$ 和 $CaCl_2 \cdot Ca(OH)_2 \cdot H_2O$ 的混合物，习惯上简写为 $Ca(ClO)_2$。市售的漂白粉中，有效氯含量一般在 20%～25%。

5.4.2　碱性氯化法

碱性氯化法是应用最普遍的治理手段，主要是利用活性氯的氧化作用，使氰化物氧化成氰酸盐，氰酸盐的毒性是氰离子的 1/100。氰酸盐再进一步氧化，生成 CO_2、N_2，以达到消除氰化物的目的。

含有活性氯的物质有：漂白粉 [$Ca(ClO)_2$]、NaClO、Cl_2（液）等，其中漂白粉的用量最多。

（1）漂白粉除氰时的化学反应

① 与游离氰化钠反应

$$CN^- + OCl^- \longrightarrow CNO^- + Cl^-$$

$$2CNO^- + 3ClO^- \longrightarrow CO_2 \uparrow + N_2 \uparrow + 3Cl^- + CO_3^{2-}$$

② 与络合氰化物反应　以与 $NaCu(CN)_2$ 为例：

$$CN^- + OCl^- \longrightarrow CNO^- + Cl^-$$

$$2CNO^- + 3ClO^- \longrightarrow CO_2 \uparrow + N_2 \uparrow + 3Cl^- + CO_3^{2-}$$

（2）漂白粉处理含氰废水的工艺流程

漂白粉处理含氰废水的方式可以采用间歇处理法和连续处理法，漂白粉可以干投，也可以湿投，湿投使用 5%～10% 的漂白粉溶液，一般多采用间歇处理法，工艺流程如图 5-2 所示。

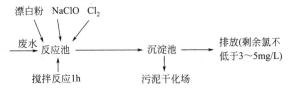

图 5-2 漂白粉间歇处理含氰废水流程示意图

常用氧化剂的适用范围及优缺点比较见表 5-2。

表 5-2　氧化剂特性比较

氧化剂	优点	缺点	适用性
Ca(ClO)$_2$	货源供应充足	泥渣量多、劳动强度大	浓度变化较大的废水
NaClO	泥渣少、设备简单、操作方便	货源供应有时困难	低浓度、小水量
Cl$_2$（液）	泥渣少、费用低	货源供应困难、有刺激气味气体、操作严格	高、低浓度、大水量

（3）漂白粉除氰的主要影响因素

① pH 值　pH 值大，反应速率快，一般 pH=8.5～11；如果 pH<8.5，反应速率急剧减慢，而且会有剧毒氰化氢（HCN）气体产生。

② 温度　反应时的温度应小于 50℃，温度太高易生成氧化性很弱的氯酸盐而降低漂白粉的处理效率。

（4）碱性氯化法除氰的优缺点

① 优点　除氰效果好，设备简单，操作方便，费用低。

② 缺点　漂白粉中的有效氯在存放中会逐渐减少，用药量大 [>1:30，理论用量：CN$^-$：Cl$_2$=1:6.89（质量比），实际用量 CN$^-$：Cl$_2$=1:(7.5～8.0)]。

5.4.3　电解法

电解法除氰是一种以不溶性的石墨为阳极、铁板为阴极的无隔膜敞开式电解槽，使废水中具有还原性的 CN$^-$，在直流电的作用下在阳极上氧化成氰酸盐、N$_2$ 和 CO$_2$。同时，为了增大含氰废水的电导，降低电解时的槽电压，一般都在废水中加入一定量的 NaCl。电解时，NaCl 中的 Cl$^-$ 也能在阳极上放电生成 Cl$_2$，Cl$_2$ 是强氧化剂，也能将废水中的 CN$^-$ 氧化为氰酸盐、CO$_2$ 和 N$_2$。

（1）电极反应

① 阳极反应

$$CN^- + 2OH^- - 2e^- \longrightarrow CNO^- + H_2O$$

$$2CNO^- + 4OH^- - 6e^- \longrightarrow 2CO_2 \uparrow + N_2 \uparrow + 2H_2O$$

当在废水中添加氯化钠后，会有如下反应：

$$2Cl^- - 2e^- \longrightarrow Cl_2$$

$$Cl_2 + CN^- + 2OH^- \longrightarrow CNO^- + 2Cl^- + H_2O$$

$$2CNO^- + 3Cl_2 + 4OH^- \longrightarrow 2CO_2 \uparrow + N_2 \uparrow + 6Cl^- + 2H_2O$$

② 阴极反应　阴极反应是析出 H$_2$ 或金属的沉积：

$$2H_2O + 2e^- \longrightarrow H_2 \uparrow + 2OH^-$$

$$Me^{n+}(Cu^+、Zn^{2+}、Ag^+等)+ne^- \longrightarrow Me(Me代表金属)$$

（2）工艺流程

电解法除氰的流程和碱性氯化法流程基本相同，但可不设沉淀池和污泥干化场，废水电解处理后直接排放。

（3）电解法除氰的主要影响因素

① pH 值　如果 pH<7，会有剧毒 CNCl 气体产生；如果 pH 值过高，阳极电流效率会下降，使除氰效果变差，一般 pH=9~10。

② NaCl 添加量　NaCl 添加过多，会浪费资源，一般在处理 25~100mg/L 的低浓度含氰废水时，NaCl 的投加量为 1~2g/L。

③ 阳极电流密度　高浓度需高电流密度，低浓度需低电流密度。对于处理低浓度含氰废水，现一般采用的阳极电流密度 $J=0.4~0.7A/dm^2$。

④ 空气搅拌　没有搅拌会延长电解时间。但空气量也不宜过大，若空气量过大，由于空气的导电性较差，会使槽电压增高，电能消耗增大。因此空气搅拌要均匀适度，以防止悬浮物的沉积为限度。

（4）电解法除氰的优缺点

① 优点　除氰效果好，污泥量少，占地面积小。

② 缺点　电解过程中有刺激性氯化氰（CNCl）气体产生，同时还消耗一定的电能，且设备投资高。

CNCl 为无色气体，对黏膜有强烈的刺激性，剧毒，沸点 12.5~13.0℃，溶于乙醇和水。在空气中能聚合为三聚氯化氰（CNCl)$_3$，毒性大为降低。

CNCl 的产生原因：

$$NaCl \longrightarrow Na^+ + Cl^-$$
$$Cl^- - e^- \longrightarrow Cl$$
$$2Cl \longrightarrow Cl_2$$
$$CN^- + Cl_2 \longrightarrow CNCl + Cl^-$$

为了防止 CNCl 逸出电解槽外，影响操作人员的健康和污染周围环境，电解槽一定要设置盖板，并应密封。

第6章 ⇉⇉⇉⇉

有机电合成

6.1 有机电合成的发展

6.1.1 概述

有机电化学合成又称为有机电解合成，简称有机电合成，综合应用有机化学和电化学的相关内容，研究电极表面反应过程和机理，涉及有机化学、电化学和化学工程。有机电合成通过电化学氧化或还原方法及有机化学的技术方法来研究有机合成反应，其核心是对电解过程的研究，包括有机分子或催化媒质在"电极/溶液"界面上电荷的相互传递研究，电能、化学能之间的相互转化研究，以及旧键断裂、新键形成的规律研究等。

早在 19 世纪初，有机电合成的研究就已开始，如英国化学家 Faraday 在 1834 年成功采用电解乙酸钠溶液的方法合成了乙烷，第一次实现了有机物的电合成。1849 年，柯尔贝（Kolbe）做了羧酸溶液的电解氧化反应研究，结果发现，一系列的羧酸均可通过电解的方法脱羧而形成长链的烃类化合物，由此创立了有机电解反应的理论基础。但是，由于有机电化学反应机理复杂，且技术不成熟以及对相关的动力学知识了解甚少的缘故，长期以来有机电合成只是研究者们在实验室中常用的方法，而未能在工业化规模上迈出步伐。直到 1964 年，美国的纳尔科（Nalco）公司又成功地将四乙基铅的电合成实现工业化生产，在不久的 1965 年，孟山都（Monsanto）公司成功地实现了将丙烯腈电还原合成己二腈的工业化生产。这两个项目的成功工业化生产有力地推动了有机电合成的发展进程。

我国在电合成方面的研究起步较晚，但在近几十年里，有诸多的研究者涉足这一领域，为我国在有机电合成领域的发展做出了巨大的贡献。从 20 世纪 60 年代开始有机电合成的研究，到 20 世纪 70 年代实现胱氨酸电解还原制取 L-半胱氨酸的工业化，以及此后的乙醛酸、丁二酸、全氟丁酸、二茂铁、对氟甲苯和对甲基苯甲醛等产品，实现电合成的工业化。以牺牲阳极法将有机卤代烃与 CO_2 进行电羧化反应的研究亦取得较大的成果，反应中以 Mg 或 Al 等金属为阳极，反应合成的羧酸类有机物具有较高的收率和专一性，该方法也是目前国外研究者的研究方向之一。另外，我国研究者还在电极材料研制、成对电解合成、电极上的间接电氧化等方面做了很多的研究工作。

6.1.2 有机电合成的特点

有机电合成是一种环境友好型化学反应技术，因此它成为各种化学应用和新型技术开发的研究热点，在医药、食品添加剂、氨基酸、有机中间体等的合成方面以及在治理环境、合成高分子或导电高聚物材料、制作高能电池和生物电传感器等方面都得到了普遍的应用。有机电合成之所以多年来一直被人们所重视，主要是由于它具有较多优良特征。到目前为止，与普通常规化学反应法相比较，大家公认的有机电化学合成的主要特征包括下列几点。

① 有机电化学反应不需要危险或有毒的氧化剂与还原剂，反应过程中的电子就是清洁的反应试剂。因此，在有机电合成反应体系中除原料和生成物以外，通常不含其他反应试剂。故合成产物易于后期的精制分离，产品纯度较高、副产物较少、绿色环保，是绿色化学的重要组成部分。

② 有机电合成过程中，改变电极电位、电流密度等反应条件可获得不同的有机产物，使得反应朝着人们预期的方向进行，且产物纯度高，选择性也较好。例如在乙酸盐溶液电解过程中，阳极为 Pb/PbO_2 电极，在阳极上乙酸盐离子被氧化，生成烃和二氧化碳，电流效率为 100%，阴极为石墨电极或 Pd 电极，电解质是乙酸醇或甲醛，通过调节电极的种类、电解质、电解条件等，可以控制有机电解反应。

③ 在电解反应中，电子转移过程与化学反应是同时进行的，可以大大缩短工艺流程，设备投资少，环境污染小。对有机电合成的电极材料的要求是价格低廉、易于成形、催化性能好、毒性小。

④ 有机电解化学合成可以在常温常压下进行，条件温和，对设备无高温高压要求，而且操作简单，安全系数较高。有机电解合成的电解方式分为恒电流过程和恒电位过程，恒电流过程更容易实行，更容易工业放大，且不要特殊的恒电位设备。

⑤ 有机电化学合成装置简单，可重复使用性较高，在同一电解槽中通过改变电极以及电解液的组成成分等因素即可得到不同的有机产品，适合小批量、多品种的生产部门。

⑥ 在电合成过程中，可以随时终止或者启动反应的发生，以及控制氧化或者还原反应的速率，而化学反应却做不到。

但是，有机电合成本身在应用上也有其局限性，主要表现在三个方面：并不是所有的有机物均可在电解池中进行，需要特殊的反应器；电源能耗较大，且支持电解质的分离工作代价高；影响因素较多，机理较复杂等。有机电合成所面临的挑战非常严峻，其发展速度远远落后于传统的有机合成反应，也许一种能够通过电化学方法合成产品将面临多种其他化学合成路径来竞争。为了有机电合成技术更好地发展，还有许多的工作需要我们来做，如研发新的合成反应路线、探索新的中介催化反应，以提高反应的效率、减少能耗。有机电合成与无机电合成的比较如表 6-1 所示。

表 6-1　有机电合成与无机电合成的比较

项目	无机电合成	有机电合成
反应条件	高温、高压	常温、常压(温和条件)
环保	使用氧化剂、还原剂，需对废弃物进行处理	不用氧化剂、还原剂，不产生大量废弃物
反应速率、选择性	温度、压力、催化剂控制复杂	电位、电流、电极材料控制方便

项目	无机电合成	有机电合成
反应特点	多为均相反应,空间-时间产率高	异相反应,产率低
设备	反应器较简单,材料性能要求高	反应器结构复杂,材料性能要求低

6.1.3　有机电合成反应机理

相比于传统的氧化还原反应,电化学有机合成具有易操作、环境友好、条件温和的特点。在有机电化学反应中不仅避免了氧化还原试剂的使用,也相应地减少了金属及有机副产物的生成,部分有机化工产品的电合成技术如表 6-2 所示。有机电合成属于电荷传递的多相化学反应,其过程比均相化学反应要复杂。从反应机理上看,可将电极反应分为以下两种类型:简单电子传递反应和复杂电子传递反应,反应机理如图 6-1 所示。

表 6-2　某些有机化工产品的电合成技术

原料	产物	阳极/阴极	公司或国家	状况
丙烯腈	己二腈	Pb-Ag/Pb	Monsanto	工业化
丙炔醇	丁炔二酸	PbO_2/Pb	BASF	中试
硝基苯	联苯胺	Ni 钢/Pb	印度	工业化
葡萄糖	葡萄糖酸钙	C/C	中国,印度	工业化
L-胱氨酸	L-半胱氨酸	C/Pb	中国	工业化
乙二酸	乙醛酸	多孔 Ni/Ni	英国,中国	中试
萘、乙酸	乙酸萘酯	石墨/石墨	BASF	中试
丙酮	频哪醇	DSA/Pb	Diamond	中试
己二酸二甲酯	癸二酸	Pt－Ti/钢	BASF	工业化
马来酸	琥珀酸	DSA/Pb	中国	工业化
葡萄糖	山梨醇	Pb/Hg-Pb	Atlas	工业化
邻羟基苯甲酸	邻羟基苯甲醛	Pb-Ag/Hg-Cu	印度	中试
邻苯二甲酰亚胺	异吲哚	Pb/Hg	CIBA	工业化
蒽	蒽醌	Pt/Pb	加拿大	工业化

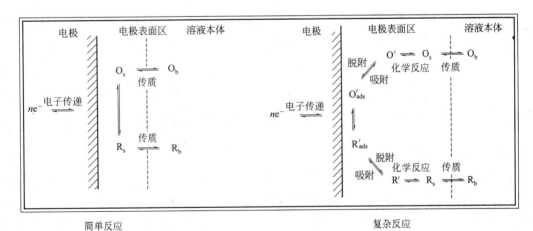

图 6-1　有机电合成的反应机理示意图

有机电合成的电极反应分为以下三种情况。

① 先发生化学反应,后发生电子传递反应(前置化学反应)。如:甲醛的电化学还原

过程：

$$CH_2(OH)_2 \Longrightarrow CH_2O + H_2O$$
$$CH_2O + 2e^- + 2H^+ \Longrightarrow CH_3OH$$

② 先发生电子传递反应，后发生化学反应（后置化学反应）。如：对氨基苯酚在 Pt 电极上的电解氧化反应：

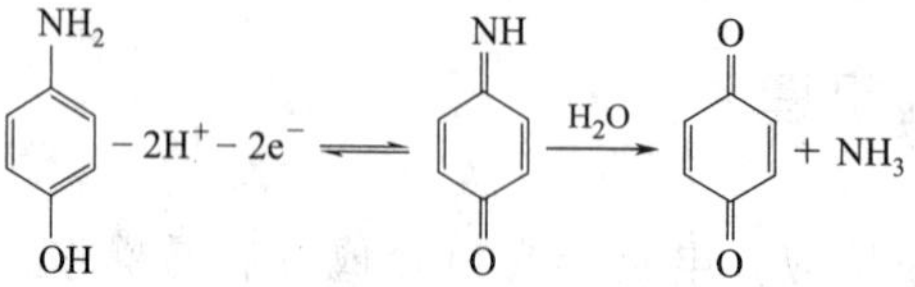

③ 化学反应夹在两个电子传递反应中间的情形。如对亚硝基苯酚的还原：

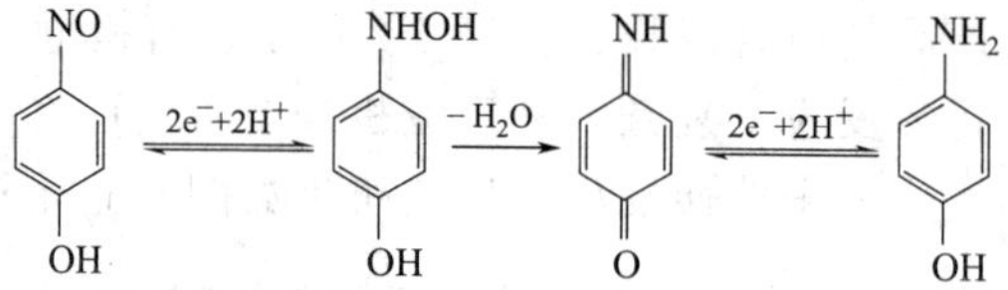

6.1.4 有机电合成的若干发展方向

（1）开发研究新的有机电合成产品或工艺

（2）发展能缩短工艺过程的有机电合成

例如对氨基苯甲醚的合成，采用化学合成，需要三步工艺，而采用有机电合成法，则只需要一步工艺。

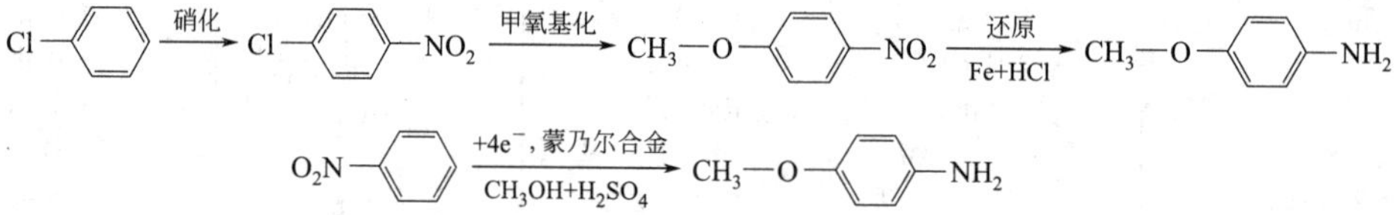

（3）发展使用廉价原料的有机电合成

例如使用廉价的糠醛通过电氧化反应可以生成呋喃羧酸，通过电还原反应可以合成呋喃糠醇，主要反应如下：

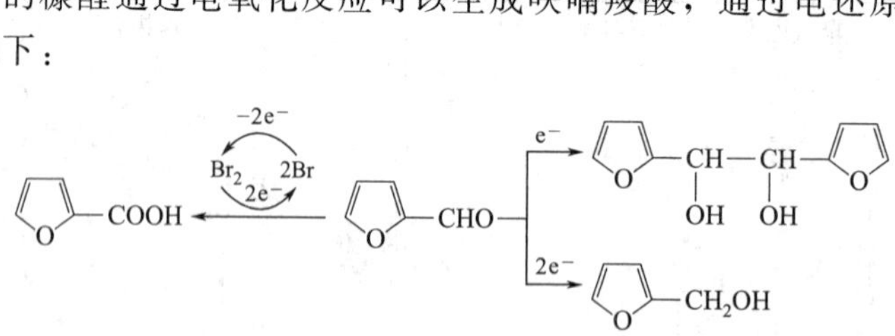

（4）发展间接的电解合成法

间接电还原反应就是利用媒介质在电极上产生还原剂，然后与反应底物进行化学反应，还原剂被氧化后回到阴极上再生，还原剂循环使用而反应物不断生成。这里的媒介质多为无机物离子对，如 Cr^{3+}/Cr^{6+}、Ce^{3+}/Ce^{4+}、Mn^{2+}/Mn^{3+} 等。通过间接电还原可以很容易地实现电极过程，电流效率高，电解过程简单，从而达到节能的目的。一个反应器只要适当改变离子对就能用于多种化合物的合成，适用于精细有机产品的合成。例如对硝基苯甲酸的电还原过程：以铅板为阴极，碳棒为阳极，两极间有隔膜，采用直接电解还原时，此法的效率仅为 30%。反应式为：

$$NO_2-\!\!\!\bigcirc\!\!\!-COOH + 6H^+ + 6Cl^- \xrightarrow{\text{电解}} NH_2-\!\!\!\bigcirc\!\!\!-COOH + 2H_2O + 3Cl_2$$

若采用间接电还原合成，以 $ZnCl_2$ 作为还原媒介，同时也是支持电解质，其他条件与直接电还原相同，其电流效率约为 80%，比直接还原法高得多，反应式为：

$$O_2N-\!\!\!\bigcirc\!\!\!-COOH + 6H^+ \xrightarrow[\text{电解}]{\substack{-6e^- \\ 3Zn \rightleftarrows 3Zn^{2+} \\ 6e^-}} NH_2-\!\!\!\bigcirc\!\!\!-COOH + 2H_2O$$

间接电氧化法跟间接电还原法近似。例如甲苯被氧化为苯甲醛，媒质铈离子能重复使用，它实际上起着催化剂的作用。反应式为：

$$CH_3-\!\!\!\bigcirc\!\! + 4Ce^{4+} + H_2O \longrightarrow \bigcirc\!\!\!-CHO + 4Ce^{3+} + 4H^+$$
$$4Ce^{3+} \xrightarrow{-4e^-} 4Ce^{4+}$$

（5）利用相转移的电解法

即在有利于电解进行的相中进行电合成反应，生成物进入另外一相。电化学反应易在水相中进行，因为其电导率高，槽电压低，能耗低，产品通常留在有机相中，易分离。例如，用此法生产己二腈，由于原料丙烯腈微溶于水，以 7% 的浓度配成水相，加 12% 的季铵盐进行电还原，阴极反应为：

$$2CH_2=CHCN + 2H + 2e^- \longrightarrow NC(CH_2)_4CN$$

由于产品己二腈不溶于水，而进入有机相（丙烯腈），易分离。同时由分配定律可知，水相中反应掉的丙烯腈会由有机相中补充，使反应不断进行。

（6）发展三维电极的电解

电解反应通常是在二维的平板电极上进行，所以电解槽的生产能力低（空时产率低）。有机电合成也可以采用三维的填料式或流化床电极来解决这个问题，使得有机电合成工艺可以与有机催化合成相竞争。

（7）利用修饰电极的有机电合成

利用无机物、有机物或高分子化合物来修饰电极表面，通过改变电极/溶液界面的特性来改变电极的性能，进而降低电合成反应的超电势和提高反应的速率和效率；同时修饰电极在有机合成中还可提高电合成的选择性，合成出手性化合物等新的化合物。

（8）利用固体聚合物电解法的有机电合成

固体聚合物电解法比传统电解法具有优越性：不需要添加支持电解质，溶剂的选择较自由，电极间隔小，电解槽结构简单，可大电流电解等，还可能进行高选择性的反应。例如：

$$\bigcirc\!\!\!\!\!\!\!\!\overset{\displaystyle -NO_2}{\underset{\displaystyle SO_3H}{}} + 6H^+ + 6e^- \longrightarrow \bigcirc\!\!\!\!\!\!\!\!\overset{\displaystyle -NH_2}{\underset{\displaystyle SO_3H}{}} + 2H_2O$$

这个反应如用 $5A/cm^2$ 电流进行，电流效率达到 90% 以上，几乎没有副反应，槽电压稳定。

（9）两个电极同时利用的成对电解合成

近年已有用适当隔膜隔开阴、阳极，在两室中同时进行一对氧化和还原合成，即成对电解合成：用一份电量驱动两个目的反应。例如以氨基丙醇和草酸为原料成对电解制备氨基酸和乙醛酸，电流效率达 72%。反应式如下：

$$NH_2CH_2CH_2CH_2OH \xrightarrow[1.5mol/L\ H_2SO_4]{4e^-,\ PbO_2} NH_2CH_2CH_2COOH$$

$$\begin{array}{c} | \\ COOH \\ | \\ COOH \end{array} \xrightarrow[H_2O]{4e^-,Pb} \begin{array}{c} CHO \\ | \\ COOH \end{array}$$

（10）有机电解合成高附加值产品

有机电解合成一般适用于医药、农药、染料、香料等高附加值产品的生产。医药开发研究方面主要有：医药合成过程的改良；新药的探索研究；药品代谢物的合成。另外，氨基酸和化学试剂等工业中均可应用电合成法。例如中国最早开发的有机电合成产品是 L-半胱氨酸。该过程是将从毛发等提取出的胱氨酸，通过电解还原制得用途广泛的 L-半胱氨酸。反应式如下：

$$\begin{array}{c} S\!-\!CH_2\!-\!CH(NH_2)\!-\!COOH \\ | \\ S\!-\!CH_2\!-\!CH(NH_2)\!-\!COOH \end{array} + 2H^+ + 2e^- \longrightarrow 2HS\!-\!CH_2\!-\!CH(NH_2)\!-\!COOH$$

胱氨酸   L-半胱氨酸

这一技术在很多地方得到推广，成为合成 L-半胱氨酸的主要方法。

（11）开发自放电的有机产品过程

许多有机化合物可以在燃料电池中发生电池反应释放出电能，且反应产物是所需的有机产品，这是一种自发的电合成过程。例如乙烯氧化生成乙醛是一个自发的化学反应，可设计成如下的燃料电池：

阳极反应： $\qquad CH_2\!=\!CH_2 + H_2O \longrightarrow CH_3CHO + 2H^+ + 2e^-$

阴极反应： $\qquad 2H^+ + \dfrac{1}{2}O_2 + 2e^- \longrightarrow H_2O$

电池反应： $\qquad CH_2\!=\!CH_2 + \dfrac{1}{2}O_2 == CH_3CHO$

乙烯氧化制乙醛的燃料电池的示意图如图 6-2 所示。由图可知，乙烯和水蒸气通入阳极，在钯黑阳极上发生氧化反应生成乙醛。氧气通入阴极，在钯黑阴极上接受电子并与 H$^+$结合生成水。阴、阳两极用石棉片或玻璃纤维片隔开，两极之间充满 85% 的磷酸溶液作为电解液。该装置可以产生电流，对外提供电能，同时生产乙醛。

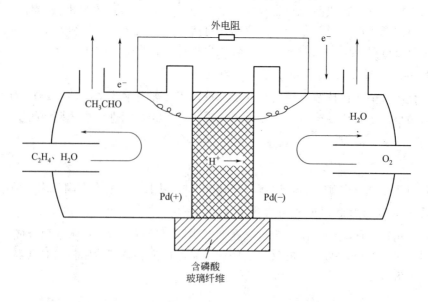

图 6-2　乙烯氧化制乙醛的燃料电池的示意图

6.2 电化学催化

6.2.1 概述

许多化学反应尽管在热力学上是可行的，但由于反应速率太小而没有实际意义。为了使这类反应具有使用价值，就需要引入催化反应和催化剂，以降低总反应的活化能、提高反应速率，化学催化因此而诞生。在常规的化学催化中，反应物和催化剂的电子转移是在限定区域进行的，因此，在反应过程中既不能从外电路导入电子也不能从反应体系导出电子。在电催化反应中有纯电子的转移，电极作为反应的催化剂，既是反应的场所，又是电子的供受场所。常规的化学催化中电子的转移催化无法从外部加以控制，而电催化可以利用外部回路控制电流，从而控制反应。

电催化的定义：在电场的作用下，存在于电极表面或溶液相中的修饰物（电活性的、非电活性的）能促进或抑制在电极上发生的电子转移反应，而电极表面或溶液相中的修饰物本身不发生变化的化学作用。不直接参加电极反应的电极，对电化学反应速率及反应机理有重要影响。电催化反应既可以由电极本身产生，也可以通过电极表面修饰和改性后获得。电催化的本质是通过改变电极表面修饰物（或表面状态）或溶液中的修饰物来大范围地改变反应的电位或反应速率，使电极除具有电子传递功能外，还能对电化学反应进行某种促进和选择。电极反应催化作用的实现是通过附着在电极表面的修饰物（典型的多相催化）和溶解在电解液中的氧化-还原物种（均相的电催化）而发生的。电催化分为氧化-还原电催化（又称媒介体电催化）和非氧化-还原电催化（又称外壳层电催化）两种类型。

（1）氧化-还原电催化

氧化-还原电催化是指在催化过程中，固定在电极表面或存在于电解液中的催化剂本身发生了氧化-还原反应，成为底物的电荷传递的媒介体，促进底物的电子传递。媒介体电催化有两种类型：多相电催化（又称异相电催化）和均相电催化。多相电催化的电极反应的催化作用通过附着在电极表面的修饰物进行。例如 N-甲基吩嗪吸附的石墨电极对葡萄糖氧化的媒介催化、麦尔多拉蓝吸附的石墨电极对还原性烟酰胺嘌呤二核苷酸的催化氧化和普鲁士蓝修饰玻碳电极对维生素 C 的催化氧化，均为典型的多相电催化反应。

均相电催化的电极反应的催化作用通过溶解在电解液中的氧化-还原物种发生，媒介体在电极表面发生异相的氧化-还原反应后又溶解于溶液中，然后溶解在溶液中的氧化态或还原态的媒介体起催化作用，可以看成是均相的电催化。例如甲苯氧化成苯甲醛，已知甲苯氧化在高超电位下只以低速率发生，向溶液中加入某些金属离子 M^{n+}，使反应在 M^{n+}/M^{n+1} 电对的电位下发生，从而进行电催化。在电极表面上媒介体的多相电催化与均相电催化相比，具有四个优点：①催化反应发生在氧化-还原媒介体的电位附近，通常涉及简单电子转移反应；②通过比均相催化中用量少得多的催化剂，可在反应层内提供高浓度的催化剂；③从理论上预测，对反应速率的提高要远超过均相催化剂；④不需要分离产物和催化剂。氧化-还原媒介体的电催化性能与媒介体的物理和化学性质以及氧化-还原式电位等有关。常见的修饰于电极表面的氧化-还原媒介体实例如表 6-3 所示。氧化-还原电催化过程如图 6-3 所示。

表 6-3　修饰于电极表面的氧化-还原媒介体实例

媒介体种类	电极	被催化物质	作用方式	$\Delta\eta/V$
联苯胺	裂解石墨	抗坏血酸	催化氧化	约 0.2
3,4-二羟基苄胺	裂解石墨			约 0.3
3,4-DHBA	玻碳(GC)			约 0.25
五氯铱酸盐	GC			
亚铁氰化物	Pt			
二茂铁	裂解石墨			约 0.1
丁子香酚	裂解石墨			约 0.25
铁卟啉	GC	二苯甲基溴		约 0.3
钴卟啉	GC	PhCHBrCHBrPh		约 1.0
$Fe-Fe(CN)_6$	GC	H_2O_2	催化还原	约 0.6
$Ni-Fe(CN)_6$	石墨	H_2O_2		>0.8
$Pd[IrCl_6]$	石墨	H_2O_2		

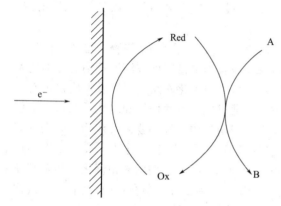

图 6-3　氧化-还原电催化过程示意图

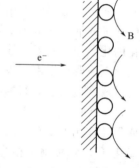

图 6-4　非氧化-还原电催化过程示意图

优良的电子传递媒介体应具有以下优点：

① 一般能稳定吸附或滞留在电极表面；

② 氧化-还原电位与催化反应发生的电位相近，而且氧化-还原电位与溶液的 pH 值无关；

③ 呈现可逆电极反应的动力学特征，氧化态和还原态均能稳定存在；

④ 可与被催化的物质之间发生快速的电子传递；

⑤ 一般要求对 O_2 惰性或非反应活性。

（2）非氧化-还原电催化

非氧化-还原电催化指的是固定在电极表面的催化剂本身在催化过程中并不发生氧化-还原反应，当发生的总电化学反应中包括旧键的断裂和新键的形成时，发生在电子转移步骤的前后或其中，而产生了某种化学加成物或某些其他的电活性中间体，导致总的活化能降低。非氧化-还原电催化剂包括贵金属及其合金、欠电位沉积吸附的原子和金属氧化物等。非氧化-还原电催化过程如图 6-4 所示。

6.2.2　影响电催化剂电催化性能的因素

电催化反应的电催化剂首先应具有一定的电子导电性，至少与导电材料充分混合后能为电子交换反应提供不引起严重电压降的电子通道，即电极材料的电阻不太大；其次，催化剂应具有高的电催化活性和选择性，促进有益的主反应，抑制有害的副反应，并且能耐受杂质及中间产物的作用而不致较快地中毒失活；此外，电催化剂应具有优良的电化学稳定性，即在实现催化反应的电位范围内催化表面不至于因电化学反应而"过早地"失去催化活性。如何表征电催化剂的活性？当同一电极反应在不同电极上进行时，相同电流密度下，过电位较低的电极材料具有较高的电催化活性。例如图 6-5 中，曲线 2、3 斜率相同，由于 $i_{03} > i_{02}$，所以反应 3 比反应 2 的电催化活性高。但曲线 1、2 斜率不同，当 $\eta < \eta_p$ 时，反应 2 比反应 1 的活性高；而当 $\eta > \eta_p$ 时，反应 1 的活性大于反应 2 的活性。

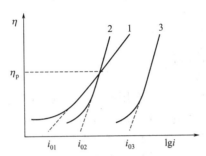

图 6-5　不同反应的电催化活性对比示意图

可商业化的电催化剂需要满足五个条件：①高的电催化活性；②良好的稳定性和耐腐蚀性，具有一定的机械强度和使用寿命；③良好的选择性；④良好的导电性；⑤容易加工制备，成本低廉。影响电催化剂的电催化性能的主要因素如下。

（1）电催化剂的结构和组成

电催化剂之所以能改变电极反应的速率，是由于催化剂和反应物之间存在的某种相互作用改变了反应进行的途径，降低了反应的超电位和活化能。电催化反应发生在电极/电解液的界面，即反应物分子必须与催化电极发生相互作用，相互作用的强弱主要由催化剂的结构和组成决定。过渡金属及其化合物是最常见的电催化剂，其活性依赖于电催化剂的电子因素（即 $d\%$ 的特征）和吸附位置的类型（几何因素）。

（2）电催化剂的氧化-还原电位

电催化剂的活性与其氧化-还原电位密切相关。对于媒介体催化，电催化反应是在媒介体氧化-还原电位附近发生的。一般媒介体与电极的异相电子传递很快，媒介体与反应物的反应会在媒介体氧化-还原电位下发生，这类催化反应通常只涉及单电子转移反应。

（3）电催化剂的组成

电催化剂的载体包括基础电极（贵金属电极、碳电极）和催化材料。基础电极无电催化活性，只承担着作为电子载体的功能。基础电极与电催化涂层（催化材料）有时亲和力不够，致使电催化涂层易脱落，严重影响电极寿命。电催化电极的载体就是起到将催化物质固定在电极表面，且维持一定强度的一类物质。高的机械强度、良好的导电性和与电催化剂组成具有一定的亲和性是对基础电极最基本的要求。目前已知电催化电极表面材料主要为过渡金属及半导体化合物等。它们的共同作用就是降低复杂反应的活化能，达到电催化的目的。而半导体的特殊能带结构使产物不易被吸附在电极表面，所以氧化速率还要高于一般电极。载体仅作为一种惰性支撑物，催化剂负载条件不同只引起活性组分分散度的变化。电催化剂的载体对电催化活性有重要影响，这是因为载体能与活性组分存在某种相互作用，修饰了催化剂的电子状态，可能会显著地改变电催化剂的活性和选择性。电极对催化材料的要求有：反应表面积要大；有较好的导电能力；吸附选择性强；在使用环境下具有长期稳定性；尽量避免气泡的产生；力学性能好；资源丰富且成本低；环境友好。

（4）电催化电极的表面微观结构和状态、溶液中的化学环境等

电催化电极的表面微观结构和状态也是影响电催化性能的重要因素之一。而电极的制备方法直接影响电极的表面结构。无论是提高催化活性还是提高孔隙率，改善传质、改进电极表面微观结构都是一个重要手段，因而电极的制备工艺绝对是非常关键的一个环节。

6.2.3　评价电催化性能的方法

电催化剂对一个或一类反应有催化作用的主要体现为电极反应氧化-还原超电位的降低，或在某一给定的电位下氧化-还原电流的增加。因此，只要测定出电极反应体现的氧化还原电位、电流（密度）等因素就能评价出催化剂对电极反应发生时催化活性的高低。评价电催化剂电催化性能的方法一般有四种：循环伏安法、旋转圆盘（环盘）电极伏安法、计时电位法和稳态极化曲线的测定。

（1）循环伏安法

循环伏安法（cyclic voltammetry，CV）是研究电催化过程最常用的方法，可以观测在较宽的电位范围内发生的电极反应，同时通过对曲线形状的分析，可以估算电催化反应的热力学和动力学参数，从而评价催化剂电催化活性的高低。如果某种催化剂能对电极反应起催化作用，体现在 CV 图上就是：氧化峰电位负移或还原峰电位正移（超电位降低），或峰电位基本不变，但峰电流显著增加。如图 6-6 所示，NADH 在玻碳电极上氧化峰电位为 0.60V，而在 Nile 蓝修饰的玻碳电极上，其氧化峰负移到 0.0V 左右，超电位降低了 0.6V，表明 Nile 蓝修饰电极对 NADH 的氧化呈现较高的催化活性。

$$NBH \rightleftharpoons NB^+ + H^+ + 2e^-$$

$$NADH + NB^+ \rightleftharpoons NAD^+ + NBH$$

（2）旋转圆盘（环盘）电极伏安法

旋转圆盘（环盘）电极是旋转圆盘圆环电极的简称，是电化学测量的重要工具之一，其结构是在圆盘的同一平面上放一个同心圆环，盘与环电极之间用绝缘材料隔离，盘电极通常负载被研究的材料，环电极一般用铂或金制成，如图 6-7 所示。旋转圆盘（环盘）电极的工作原理依据扩散动力学规律：离圆盘中心越远溶液切向对流速度越大，离圆盘中心越远则扩散层厚度越薄。

电催化剂的极限电流密度受旋转圆盘（环盘）电极转速的影响较大。研究空气饱和的 pH＝6.86 混合磷酸盐溶液在 MP-11（微过氧化物酶-11）修饰的圆盘电极上的电流-电位曲线（扫描速率为 5mV/s），可知，随转速增加，氧化还原极限电流增加，一定转速后，增加缓慢（受混合控制的动力学过程），如图 6-8 所示。将电催化剂的极限电流密度对转速的平方根作图，可见实验曲线与计算的氧气经历四电子历程还原的曲线较为接近，表明氧气在 MP-11 修饰电极上经历四电子传递过程的还原反应，如图 6-9 所示。

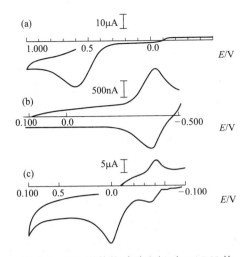

图 6-6　Nile 蓝修饰玻碳电极对 NADH 的
催化氧化的循环伏安图

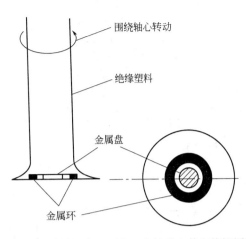

图 6-7　旋转圆盘（环盘）电极的立体和俯视图

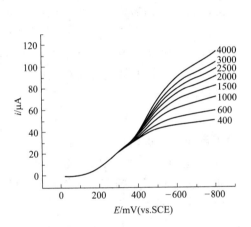

图 6-8　Nafion 膜固定的 MP-11 修饰的
旋转圆盘（环盘）电极在空气饱和的
混合磷酸盐缓冲溶液中的电流-电位曲线

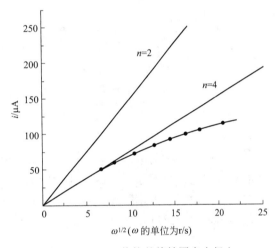

图 6-9　MP-11 修饰的旋转圆盘电极上
分子氧还原的 i-$\omega^{1/2}$ 关系

实验曲线与计算曲线存在一定的偏离，随着转速增加逐渐地向下弯曲，表明受电极表面电化学反应速率的控制过程，依据的是 Koutecky-Levich 方程。

$$i_{lim}^{-1} = i_k^{-1} + i_{lev}^{-1}$$

$$i_{lev} = 0.62 z F A c_{O_2}^* D_{O_2}^{2/3} \nu^{-1/6} \omega^{1/2}$$

$$i_k = z F A \Gamma k c_{O_2}^*$$

式中　i_{lim}——测量得到的极限电流；

　　　i_k——动力学电流；

　　　i_{lev}——Levich 电流；

　　　D_{O_2}——分子氧在溶液中的扩散系数；

　　　ω——电极旋转的角速度；

　　　ν——动力学黏度；

$c_{O_2}^*$——氧气在溶液中的浓度；

Γ——电极表面起催化活性的催化剂的量；

k——分子氧还原反应的表观速率常数；

z——转移电子数；

F——法拉第常数；

A——比表面积。

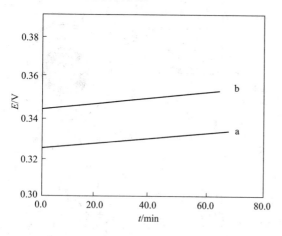

图 6-10　甲醇在 Pt 修饰的氧化钛电极上
恒电流氧化得到的计时电位曲线

（3）计时电位法

在某一固定电流下，测量电催化过程中电极电位（E）与时间（t）之间的关系的 E-t 曲线的方法，称为计时电位法。计时电位法是评价催化剂活性和稳定性的一种重要方法。图 6-10 为甲醇在 Pt 修饰的氧化钛电极上的催化氧化，甲醇在复合电极上氧化超电位随氧化时间的延长而增加，经约 70min 极化后超电位增加 20mV，但比镀铂的金电极的衰退（超电位增加很大）时间延长很多，说明 Pt 修饰的氧化钛电极对甲醇氧化呈现较好的稳定性，可能的原因是复合电极表面生成的毒化物减少。

（4）稳态极化曲线的测定

通过施加一定的电位（或电流）于催化电极上，观测电流（或电位）随时间的变化，直到电流（或电位）不随时间而变化或随时间变化很小时，记录电位-电流的关系曲线。实用电催化过程中稳态极化曲线的测定是研究电催化活性和稳定性最实用的方法。相关内容已在电化学测量中介绍过，这里不再赘述。已知在电化学测量中有如下公式：

$$\eta = a + b\lg i$$

$$\eta = \frac{2.303RT}{\alpha zF}\lg i_0 - \frac{2.303RT}{\alpha zF}\lg i$$

由公式可知：电极反应速率与施加的电位有关，对同一电极反应，若在不同的修饰电极上进行，为比较电催化剂的相对活性，可通过测定平衡电位下的交换电流（密度）i_0 值判断电极材料对电极反应催化活性的大小。i_0 越大，表示电极材料对反应的催化活性越高。

6.2.4　电催化反应案例介绍

常见的电催化反应有三类：氢电极反应电催化、氧电极反应电催化和有机小分子反应电催化。

（1）氢电极反应电催化

氢电极反应分为阴极还原反应（析氢反应）和阳极氧化反应（氢气氧化反应），氯碱工业的阴极反应、金属沉积反应和金属腐蚀反应等均为常见的析氢反应，燃料电池的阳极氧化反应为氢气氧化反应。在酸性和碱性溶液中的氢电极反应的方程式分别为：

阴极：$2H^+ + 2e^- \longrightarrow H_2$；阳极：$H_2 \longrightarrow 2H^+ + 2e^-$（酸性介质）

阴极：$2H_2O + 2e^- \longrightarrow H_2 + 2OH^-$；阳极：$H_2 + 2OH^- \longrightarrow 2H_2O + 2e^-$（碱性介质）

关于析氢反应的机理研究，从 20 世纪 30 年代开始，相继提出了不同的理论，但普遍认为该过程的基本理论有：迟缓放电理论、复合脱附机理和电化学脱附机理。其中迟缓放电理论由下列步骤组成：①扩散，H^+（电解液本体）$\longrightarrow H^+$（界面）；②迁越，即氢离子放电，$M + H^+$（电极界面）$+ e^- \longrightarrow MH$（吸附在金属表面的氢原子）；③复合，$2MH \longrightarrow MH_2$（吸附在金属表面的氢分子）；④扩散，$MH_2 \longrightarrow H_2$（气）。对于氢超电位较大的金属如锌、镉、铅、汞等，迁越步骤②为速率控制步骤，即氢离子放电迟缓。若氢离子放电成为原子吸附在电极表面，通过化学复合成氢分子析出的过程成为控制步骤，称为随后转化步骤；随后转化步骤发生在氢离子放电反应之后，其反应速率常数不依赖于电极电位，但对电极极化有明显影响；当有电流通过时，因为电化学反应快，不会破坏平衡，这就是复合脱附机理。若氢离子放电后的随后步骤是电化学脱附，并成为控制步骤，这就是电化学脱附机理。反应机理和速控步骤不仅依赖于金属的本质和金属表面状态，而且随电极电流或电流密度、溶液组成和温度等因素而变化。

在许多电极上氢气的析出都伴有较大的超电位，超电位的大小反映了电极催化活性的高低。1905 年 Tafel 发现，在许多金属上，析氢超电位均服从 $\eta = a + b\lg i$，其中 $b = 0.116V$，Tafel 公式表示析氢超电位与电流密度的定量关系，a 表示电流密度为 $1.0A/cm^2$ 时超电位的数值。超电位 η 大小基本取决于 a，因此，a 的值越小，氢超电位越小，可逆性越好，说明电极材料对氢的催化活性越高。不同材料制成的电极，a 的数值不同，表示不同电极表面对析氢过程有不同的"催化能力"，按 a 的大小，可将常用的电极材料分为三类：低超电位金属，$a \approx 0.1 \sim 0.3V$，其中最重要的是 Pt、Pd 等铂族金属；中超电位金属，$a \approx 0.5 \sim 0.7V$，主要的金属是 Fe、Co、Ni、Cu、W、Au 等；高超电位金属，$a \approx 1.0 \sim 1.5V$，主要有 Cd、Pb、Hg、Tl、Zn、Ga、Bi、Sn 等。高超电位金属在电解工业中常用作阴极材料，以减低作为副反应的氢气析出反应和提高电力效率；将高超电位金属作为合金，提高其他金属表面的氢超电位，如将工业纯锌表面汞齐化，可减小锌的自溶解。低超电位金属常用来制备平衡氢电极，在电解水工业中用来制造阴极，在氢氧燃料电池中作负极材料。

根据"微观可逆"原理，氢氧化的电催化反应机理应与阴极还原机理相同，方向相反。大致分为三个步骤：氢分子的溶解及扩散到达电极表面；氢分子在电极表面的解离吸附或按电化学历程解离吸附：$2M + H_2 \longrightarrow M-H + M-H$，$M + H_2 \longrightarrow M-H + H^+$（酸性介质）；吸附氢的电化学氧化：$M-H \longrightarrow M + H^+ + e^-$（酸性），$M-H + OH^- \longrightarrow M + H_2O + e^-$（中性或碱性介质）。

(2) 氧电极反应电催化

氧电极反应是实际电化学过程中一类非常重要的反应，氧电极反应分为阳极氧化反应（析氢反应）和阴极还原反应（氧气还原反应）。例如金属-空气电池和燃料电池中的阴极还原反应，金属腐蚀中的吸氧腐蚀，金属阳极溶解反应的阴极共轭反应，金属电沉积反应中阳极析氧，电解水和制备高价化合物时的副反应等。

氧气电催化还原反应的机理分为 4e 途径和 2e 途径，这主要取决于氧气与电极表面作用的方式。其中 4e 途径的反应式为 $O_2 + 4H^+ + 4e^- \longrightarrow 2H_2O$，$\varphi = 1.229V$（酸性介质）；$O_2 + 2H_2O + 4e^- \longrightarrow 4OH^-$，$\varphi = 0.401V$（碱性介质）。2e 途径的反应式为 $O_2 + 2H^+ + 2e^- \longrightarrow H_2O_2$，$\varphi = 0.67V$，$H_2O_2 + 2H^+ + 2e^- \longrightarrow 2H_2O$，$\varphi = 1.77V$（酸性介质）；

$O_2 + H_2O + 2e^- \longrightarrow HO_2^- + OH^-$，$\varphi = -0.065V$，$HO_2^- + H_2O + 2e^- \longrightarrow 3OH^-$，$\varphi = 0.867V$。2e 途径对反应过程中的能量转换非常不利，这是因为反应过程中生成过氧化物中间体的平衡浓度很低，为 $10^{-18} mol/L$，进一步还原的电流很低，导致能量转换效率非常低。因此，要尽可能地避免 2e 途径，电催化剂的选择非常关键。

分子轨道理论表明，氧分子的 π 电子占有轨道与催化剂活性中心的空轨道重叠，从而削弱了 O—O 键，导致 O—O 键键长增大，达到活化的目的。同时催化剂活性中心的占有轨道可以反馈到氧气的 π 反键轨道，使氧气吸附于活性中心表面。现已知，氧分子在电极相表面存在的吸附方式主要有以下三种：侧基式、端基式和桥式，如图 6-11 所示。其中，侧基式吸附和桥式吸附有利于氧气的催化还原。

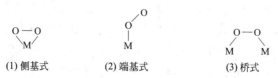

图 6-11　氧分子在电极相表面存在的吸附方式

侧基式吸附模型中，氧分子横向与一个催化剂活性中心原子相互作用。O_2 的 π 电子轨道与催化剂活性中心原子的 d_{z^2} 轨道侧向配位，而活性中心至少部分充满的 d_{xz} 或 d_{yz} 电子反馈到 O_2 的 π^* 轨道，导致 O_2 吸附到催化剂表面，催化剂和氧气之间较强的相互作用能减弱 O—O 键，甚至导致氧气分子在催化剂表面解离，有利于 4e 途径。例如在洁净的 Pt 电极表面和铁酞菁分子上，氧气可按侧基式模型活化，吸附于表面的氧气发生还原，并使催化剂活性中心再生。

端基式吸附模型中，O_2 的 π^* 电子轨道与催化剂活性中心原子的 d_{z^2} 轨道端向配位，氧气在电极表面按此方式吸附时只有一个原子受到活化，有利于 2e 途径。在大多数电极上氧气的吸附按此模型进行，伴有部分电荷迁移，相继生成过氧化物和超氧化物，过氧化物的吸附态可以在溶液中形成 O—OH 自由基，也可通过化学脱附得到还原产物水。

桥式吸附模型中，要求催化剂活性中心之间位置合适，且拥有能与 O_2 分子的 π 轨道成键的部分充满轨道。氧气分子通过 O—O 桥与两个活性中心作用，促使两个氧原子均被活化，有利于 4e 途径。氧气在含有两个过渡金属原子的双核配合物上的电化学还原按此模型进行。

在酸性介质中，O_2 还原反应有比较高的超电位，研究较多的阴极电催化剂有贵金属和过渡金属配合物催化剂，适合作为 O_2 还原催化剂的贵金属有：Pt、Pd、Ru、Rh、Os、Ag、Ir、Au 等。对 O_2 的还原反应，Pt、Pd 的电催化活性最好。电催化剂的催化活性与电催化剂吸附氧的能力之间存在"火山形效应"，适中的化学吸附能对应的电催化活性最高。Rh、Ir 对 O_2 的吸附能力很强，Au 对 O_2 的吸附能力很弱，Pt、Pd 的吸附能力居中。适合作为 O_2 还原催化剂的过渡金属配合物催化剂有单核酞菁配合物（催化活性 Fe>Co>Mn>Ni>Cu）和四苯基卟啉（催化活性 CoTPP>FeTPP>NiTPP>CuTPP），酞菁、四苯基卟啉和四苯基卟啉合钴的结构式如图 6-12 所示。

析氧反应是主要的阳极过程之一，其水溶液总反应为 $2H_2O \longrightarrow O_2 + 4H^+ + 4e^-$，$\varphi = 1.229V$（酸性介质）；$4OH^- \longrightarrow O_2 + 2H_2O + 4e^-$，$\varphi = 0.401V$（碱性介质）。碱性介质中，最好的电极材料为覆盖了钙钛矿型和尖晶石型氧化物的镍电极和 Ni-Fe 合金（原子比 1:1），如高比表面的 $NiCo_2O_4$、$NiLaO_4$，对于贵金属，考虑其氧化物的导电性，析氧超电位顺序为 Au>Pt>Ru>Ir>Os>Pd>Rh。酸性介质中，考虑电催化性能和稳定性，目前

酞菁   四苯基卟啉   四苯基卟啉合钴

图 6-12   酞菁、四苯基卟啉和四苯基卟啉合钴的结构式

最好的电催化剂为 Ru、Ir 的氧化物和含 Ru、Ir 的混合氧化物。

（3）有机小分子电催化氧化

有机小分子作为燃料电池的阳极催化剂，需要满足高电导率、良好的稳定性及对反应物和反应中间体适宜的吸附等条件。化学吸附分为缔合吸附和解离吸附。缔合吸附是指被吸附物双键中的 π 键在电催化剂表面形成两个单键。解离吸附是指被吸附分子先发生解离，再发生吸附，是反应物分子活化的主要途径。发生电催化反应需要有活化分子，电催化过程分子活化的前提是反应物和反应中间体的有效化学吸附。另外，化学吸附键的强度对催化活性有重要影响，化学吸附键的强度太高导致反应物不容易从催化剂表面移走，阻碍反应物的进一步吸附，化学吸附键的强度太弱使总反应效率降低，只有适中才能发生最为有效的催化氧化反应。

有机小分子的氧化反应对电极结构十分敏感。有机小分子电催化氧化反应的常见催化剂有单金属电催化剂、二元或多元金属电催化剂和金属氧化物电催化剂。

对于单金属电催化剂来说，只有少部分过渡金属在酸性介质中是稳定的，Pt 是最有效的电催化剂。酸性介质中 CH_3OH 能在一系列金属催化剂上发生氧化，活化顺序为 Os＞Ir，Ru＞Pt＞Rh＞Pd；Rh、Pd、Ir 对甲酸的氧化有较高的电催化活性；Pt、Au 等对甲醛氧化有较好的电催化活性。

对于二元或多元金属电催化剂（又称合金催化剂，通过金属表面修饰以其他原子而形成的催化剂，绝大多数以 Pt 为主体）来说，其一般通过共沉积和浇注法制得，广泛应用于有机小分子电催化氧化反应。例如酸性介质中甲醇氧化的二元合金催化剂有 Pt-Ru、Pt-Sn、Pt-Rh、Pt-Pd 和 Pt-Fe 等，合金电极上的 Pt 修饰，改变了 Pt 的表面电子状态和吸附性能，Pt 表面位置的浓度相对降低，有利于降低催化剂的中毒，又可使甲醇氧化的超电位降低 100mV 左右。甲酸的电催化氧化反应所用的合金催化剂有 Pt-Ru、Pt-Rh、Pt-Au、Pt-Pd 等，呈现高催化活性的可能原因是双功能协同作用的结果。从反应机理上讲，引入的合金化金属修饰了电极的电子特性和表面结构，封闭了毒化物种（诱发催化剂失活的物种）形成的位置，还能吸附有利于氧化反应发生的含氧物种。

对于金属氧化物电催化剂来说，金属氧化物由于可能存在的氧空位或吸附的含氧物种，是重要的有机小分子氧化反应催化剂。金属氧化物对 Pt 催化甲醇氧化的行为有较大的影响，例如 $CoMoO_4$、MoO_2、MoO_3 及含 W 氧化物对 CO 的氧化呈现较高的活性，ⅣB 族的金属氧化物（TiO_2、ZrO_2）对有机小分子的电催化氧化反应的影响跟 Pt 催化剂是相似的，在低电位区氧化物起促进作用，高电位区氧化物起阻碍作用。还有ⅤB 族金属氧化物

（Nb_2O_5、Ta_2O_5）和ⅦB族的金属氧化物 WO_3 在所有电位范围内对甲醇氧化也均起促进作用。

目前有机小分子电催化氧化仍面临不小的挑战。Pt 作为最有效的电催化剂，仍达不到实用要求，表现在两个方面：有机小分子在 Pt 电极上氧化的表观电流密度很小，Pt 的用量较大，造成成本非常昂贵；Pt 催化剂容易被产生的吸附 CO 的物种毒化。为了实现最大规模的商业化，提高电催化剂的活性和降低 Pt 催化剂用量至关重要。此外，必须提高贵金属在载体中的分散度，降低催化剂的毒化，减小有机小分子氧化的超电位，引入能和 Pt 等贵金属起协同作用的其他物种（如 Ru、Sn、WO_3 等）非常必要。

6.3　有机电合成的反应类型

有机电合成主要分为三类，分别是电化学氧化反应、电化学还原反应和电化学氟化反应。其中电化学氧化又分为直接氧化和间接氧化，电化学还原也分为直接还原和间接还原。近年来一些新的电化学合成方法不断涌现，如电化学氟化等。下面分别介绍电化学氧化、电化学还原和电化学氟化三种反应。

6.3.1　电化学氧化

电化学直接氧化是一种比较传统的方法。1834 年首次发现的 Knobe 偶联就是这方面的经典例子。近年来利用电极直接参与反应物的氧化有了很大发展，具体表现在阳极偶联反应及在阳极形成碳正离子然后再发生亲核加成反应。例如苯酚因为在电极上极易氧化，从而可以参与很多有机反应。在阳极苯酚很容易氧化为苯基正离子或者醌类化合物，而这些化合物极易和一些亲核试剂发生反应。在这方面北京工业大学的曾程初教授做了大量的工作，该课题组实现了在苯环上的 C—C、C—N 及 C—S 的构建。他们报道了邻苯二酚类化合物与不饱和酮化合物的偶联，如图 6-13 所示。

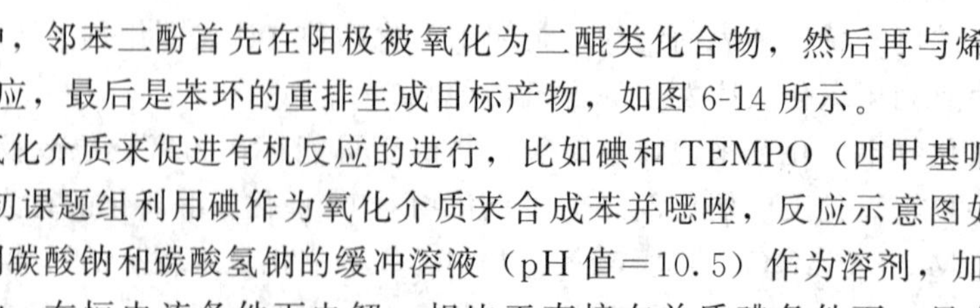

图 6-13　邻苯二酚类化合物与不饱和酮化合物的偶联反应

在该反应中，邻苯二酚首先在阳极被氧化为二醌类化合物，然后再与烯酮化合物发生Michael 加成反应，最后是苯环的重排生成目标产物，如图 6-14 所示。

通过利用氧化介质来促进有机反应的进行，比如碘和 TEMPO（四甲基哌啶氮氧化物）。2013 年，曾程初课题组利用碘作为氧化介质来合成苯并噁唑，反应示意图如图 6-15 所示。在该反应中使用碳酸钠和碳酸氢钠的缓冲溶液（pH 值＝10.5）作为溶剂，加入 10%（摩尔分数）的碘化钠，在恒电流条件下电解。相比于直接在单质碘条件下，只有 64% 的产率，电化学条件下可以得到 95% 的产率。该反应的机理主要是利用阳极把碘负离子氧化为碘单质，碘单质在碱性条件下可进一步歧化为次碘酸负离子或者过碘酸负离子，而这三者都可以催化该关环反应。

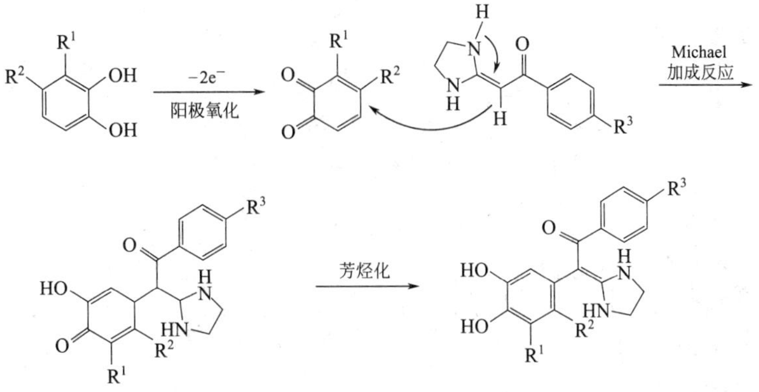

图 6-14　邻苯二酚类化合物与不饱和酮化合物的反应过程

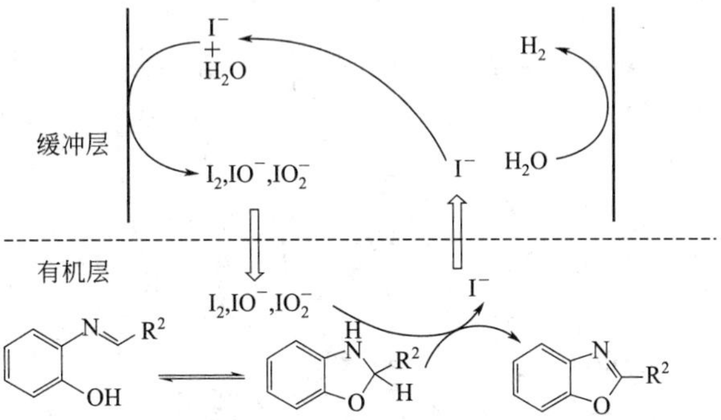

图 6-15　苯并噁唑合成反应示意图

　　间接电化学利用中间介质来传输电子，相较于直接电化学氧化，其反应适用范围更为广泛，是现代有机电化学的一种发展趋势。在 2012 年，曾程初教授报道了三苯基咪唑催化苄基的氧化，如图 6-16 所示。在该反应中，利用三苯基咪唑来传递电子，相比于直接氧化，该方法选择性及产率都非常不错。其机理就是利用三苯基咪唑这个比较好的电子供体，在阳极失去电子形成碳正离子自由基，而后者可以进一步夺取苄基的电子，从而达到氧化苄基的目的。

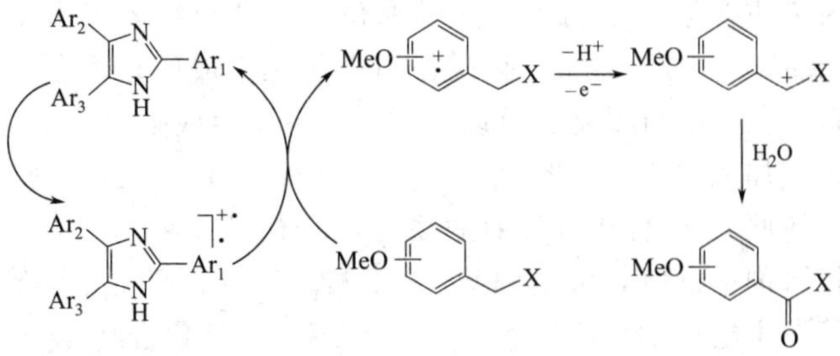

图 6-16　间接电化学氧化反应示意图

　　此外，比较典型的电化学氧化反应还有：

（1）Kolbe 脱羧二聚反应

$$RCOO^- \xrightarrow{e^-} RCOO\cdot \xrightarrow{CO_2} R\cdot \xrightarrow{\text{二聚}} R\text{—}R$$

（2）烃类的电氧化

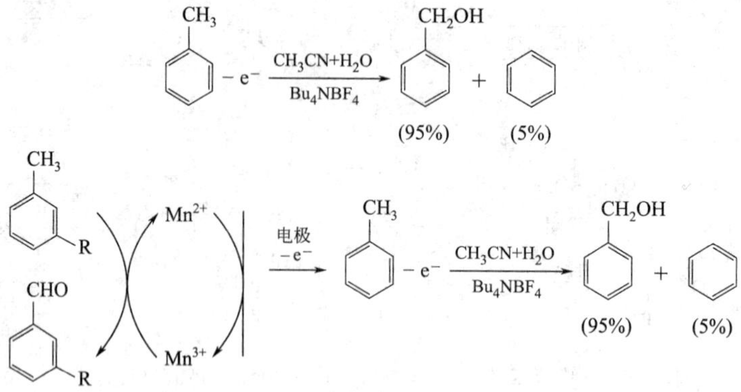

（95%）　　（5%）

（95%）　　（5%）

（3）羟基化合物的电氧化

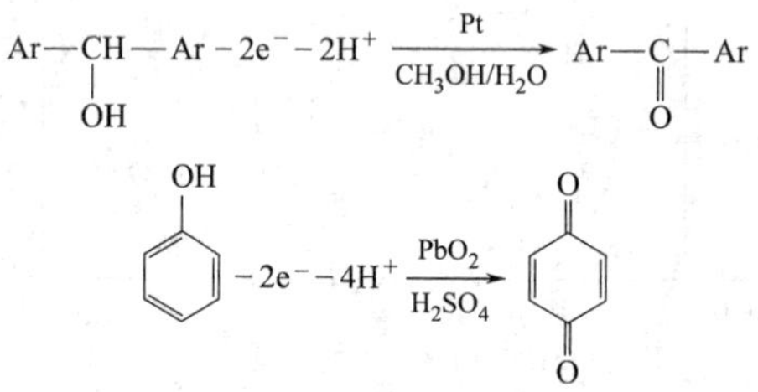

$$Ar\text{—}CH\text{—}Ar - 2e^- - 2H^+ \xrightarrow[CH_3OH/H_2O]{Pt} Ar\text{—}C\text{—}Ar$$

（4）含杂原子化合物的电氧化

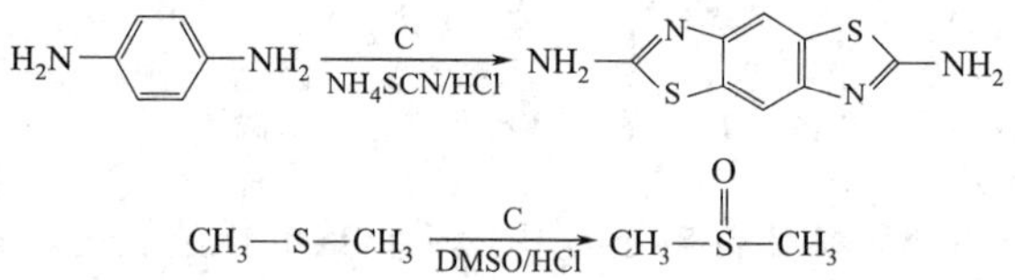

$$CH_3\text{—}S\text{—}CH_3 \xrightarrow[DMSO/HCl]{C} CH_3\text{—}S\text{—}CH_3$$

6.3.2　电化学还原

　　电化学还原反应是利用阴极传递电子给反应物从而达到还原的目的，传统的电化学还原主要集中于苯环和金属的还原，特别是利用电化学来制备各种金属纳米材料。近年来，有机电化学还原反应的研究主要集中于利用电化学原位产生的负离子或者金属来促进反应的进行。2001 年，日本东京大学的 Yoshida 教授在阳极氧化生成碳正离子的条件下，进一步把碳正离子还原为碳自由基，碳自由基也可以再得一个电子生成碳负离子，然后利用碳自由基或者碳负离子进行亲核加成反应，如图 6-17 所示。

　　利用电化学方法还原 CO_2 合成有价值的物质，已有很多文献报道。例如，CO_2 直接在水溶液或甲醇等有机溶剂中电解，可生成 CO、甲酸、乙烷、甲烷、甲醇、乙醇等；与不饱和烃、有机卤化物等发生电化学反应可生成酸；与醇、胺类化合物生成酯类；但是 CO_2 的电化学还原机理尚不明确，需要深入研究。利用电化学还原有机化合物产生碳负离子，然后与 CO_2 发生亲核反应生成对应的单酸或多酸，操作简便，反应条件温和，能制备含各种易反应基团（F、CN、COOR、CO 和 OR 等）的羧酸化合物。能够实现这一反应类型的有机

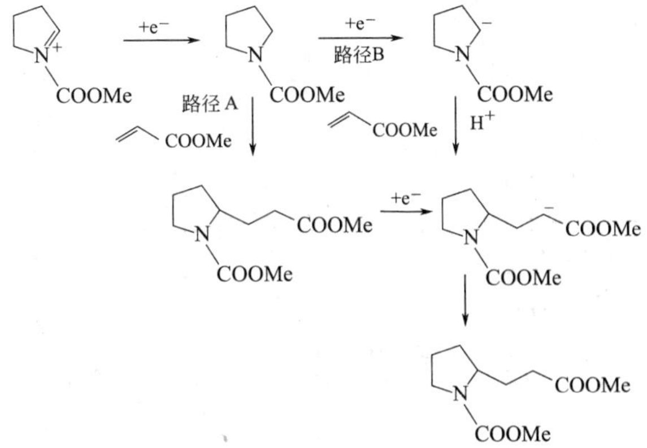

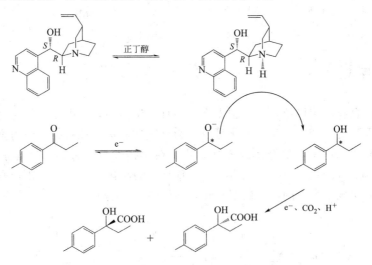

图 6-17　电化学还原反应示意图

物有很多，如果在体系中引入手性基团，则可以得到具有手性的羧酸化合物。在这方面，华东师范大学的陆嘉星教授做了不少工作。在 2011 年，该课题组用金鸡纳碱及其衍生物作为催化剂，实现了手性羟基羧酸的合成。在该反应中，使用过量的金鸡纳碱来促进反应的进行，值得注意的是反应中正丁醇的加入也是不可或缺的。该反应的反应机理如图 6-18 所示。

首先金鸡纳碱很容易附着在阴极表面，金鸡纳碱中的氮原子可以和正丁醇中的羟基氢形成类似于氢键的结构（CN—H），而对甲基苯丙酮在阴极得到一个电子生成负离子自由基，该负离子自由基可以与金鸡纳碱作用，从而控制其下一步的反应。在该反应的同时，二氧化碳在阴极也被还原生成二氧化碳负离子自由基，该负离子自由基与苯丙醇上的碳自由基发生聚合，因为苯丙醇上氧与金鸡纳碱的作用，从而使该聚合反应有一定的选择性，同时因为该反应是一个自由基过程，也导致其立体选择性不是很好控制。

图 6-18　羟基羧酸的合成反应机理示意图

此外，比较典型的电化学还原反应还有以下几种。

（1）不饱和烃的电还原

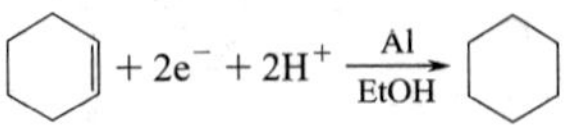

$$CH_3CH=CH_2+2e^-+2H^+ \Longrightarrow CH_3CH_2CH_3 （90\%）$$

（2）有机卤化物的电还原

$$CH_3I + 2e^- + H^+ \xrightarrow[\text{二噁烷}]{Hg} CH_4 + I^-$$

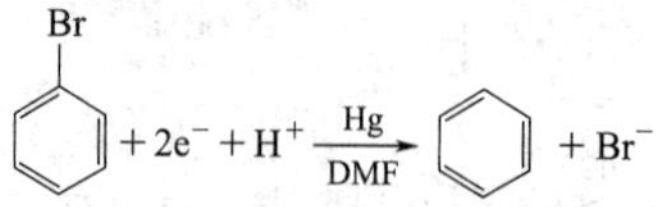

$$\text{（苯基Br）} + 2e^- + H^+ \xrightarrow[\text{DMF}]{Hg} \text{（苯）} + Br^-$$

（3）羰基化合物的电还原

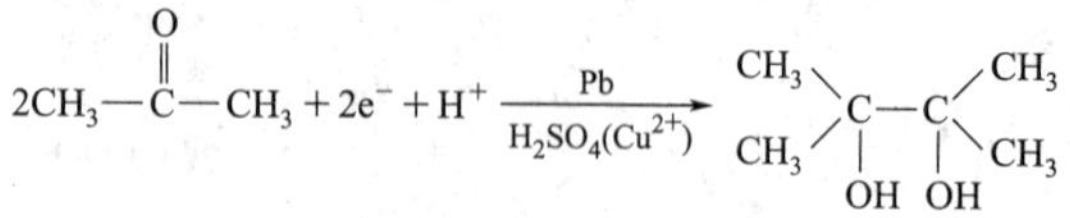

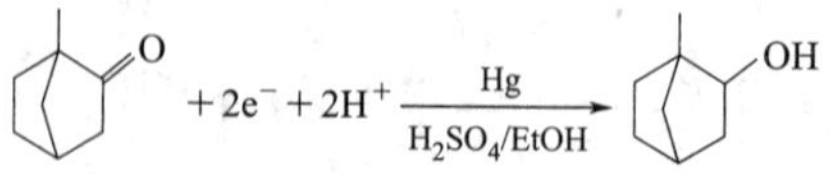

$$2CH_3-\overset{O}{\overset{\|}{C}}-CH_3 + 2e^- + H^+ \xrightarrow[H_2SO_4(Cu^{2+})]{Pb} CH_3-\overset{CH_3}{\underset{OH}{\overset{|}{C}}}-\overset{CH_3}{\underset{OH}{\overset{|}{C}}}-CH_3$$

$$\text{（酮）} + 2e^- + 2H^+ \xrightarrow[H_2SO_4/EtOH]{Hg} \text{（醇）}$$

（4）硝基化合物的电还原

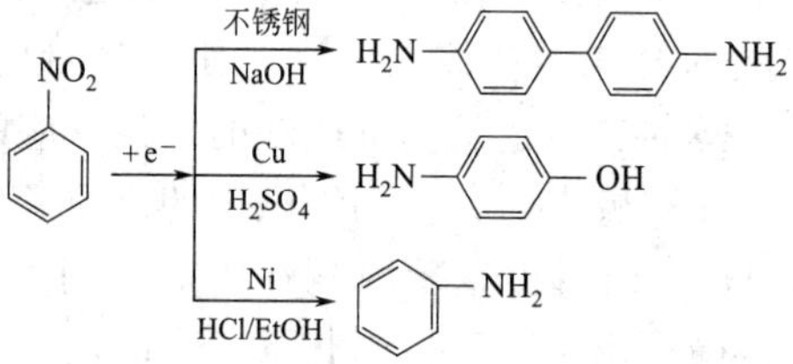

（5）含硫化合物的电还原

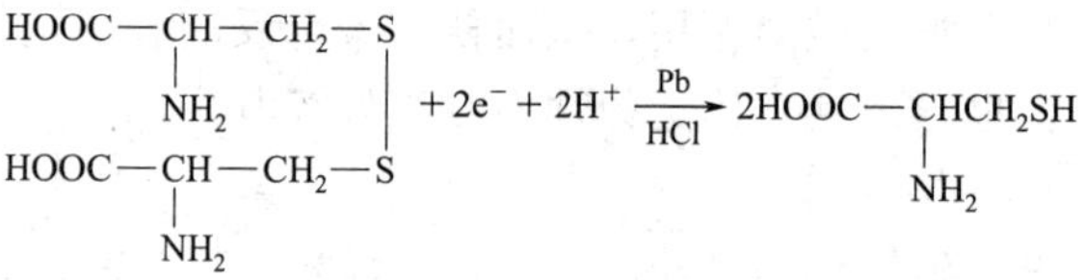

$$\begin{array}{c} HOOC-\underset{NH_2}{\overset{|}{CH}}-CH_2-S \\ HOOC-\underset{NH_2}{\overset{|}{CH}}-CH_2-S \end{array} + 2e^- + 2H^+ \xrightarrow[HCl]{Pb} 2HOOC-\underset{NH_2}{\overset{|}{CH}}CH_2SH$$

6.3.3 电化学氟化

含氟有机化合物应用广泛，已经融入人们的日常生活中，而电化学氟化是有机化合物氟化的一种非常重要的方法。电化学氟化可以分为全氟化和选择性氟化，因为全氟化更多地应用于工业生产，所以这里主要介绍选择性氟化。在选择性氟化方面，日本东京工业大学的Fuchgami 教授做了很多杰出的工作。在 2006 年吡咯的氟化是其中一个比较典型的例子。在该报道中，作者实现了吡咯的 2 位的双氟化，如图 6-19 所示。

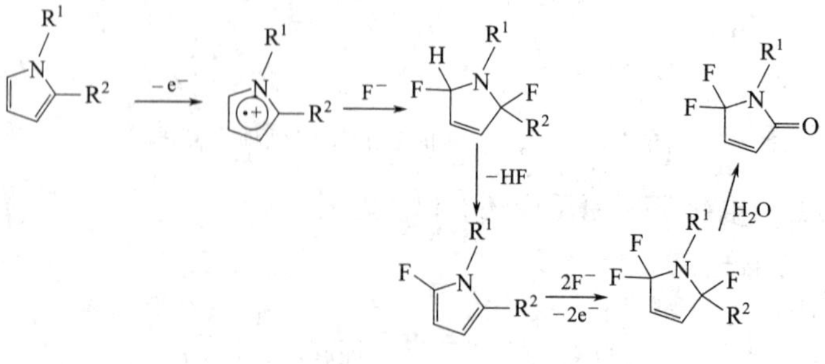

图 6-19　电化学氟化反应

6.4　有机电合成技术

常见的有机电合成技术有恒电流法和恒电位法。相较于恒电位法，恒电流过程更容易实行，更易于工业放大，且不需要特殊的恒电位设备。

6.4.1　恒电流电解法

恒电流电解法是指在恒电流电路和恒电流仪的保证下，控制电极的极化电流按照人们预想的规律变化，不受电解池阻抗变化的影响，同时测量相应电极电位的方法。恒电流电解法的示意图如图 6-20 所示。

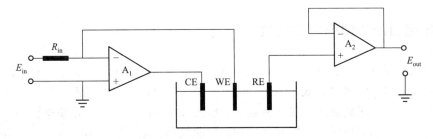

图 6-20　恒电流电解法的示意图

维持电流恒定的方法有两种：一种是经典恒流法；另一种是电子恒流法。经典恒流法是指利用高压大电阻控制通过电解池的电流。经典恒流法的精度取决于串联的大电阻，若串联大电阻大于或等于 1000 倍的电解池电阻，恒流误差小于 0.1%。尽管经典恒流法电路简单，恒流特性较好，但恒流范围较窄，控制电流较小，控制大的电流需要更高的电源电压，这会带来很多不便。电子恒流法是利用电子恒流装置，调节电极的电流按人们预想的规律变化，以达到控制电流的目的。可以使用晶体管恒电流源或专用的恒电流仪，另外，恒电位仪通常也具有恒电流功能。

6.4.2　恒电位法

恒电位法是在恒电位仪的保证下，控制研究电极的电位按照人们预想的规律变化，不受电极系统阻抗变化的影响，同时测量相应电流的方法。需要注意的是，这里所谓的恒电位法并非只是把电极电位控制在某一电位值之下不变，而是指控制电极电位按照一定的预定规律变化。恒电位电解法的示意图如图 6-21 所示。

目前，在电化学研究中，如要进行控制电极实验，必须要使用恒电位仪。恒电位仪的工作原理是应用负载电路，调整流过电解池的极化电流，改变研究电极的极化状态，从而将研究电极相对于参比电极的电位控制在某一预定规律下变化，这与恒压电源简单地将两点之间的电压维持恒定是完全不同的。

好的恒电位仪应该具有控制精度高、输入阻抗大、频率响应快、输出功率高、温漂和时漂小等特点。通用型的恒电位仪往往能够具备较高的上述性能指标，满足一般的科研和生产

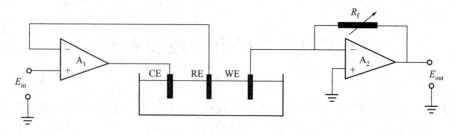

图 6-21　恒电位电解法示意图

应用场合。但在不同的应用领域中，这些性能指标往往各有侧重，要求也各不相同，这时可能需要选择相应的产品型号。例如，在电分析领域中，通常只需较小的输出电流和控制电流范围，如使用超微电极，还需要有测量超小电流的能力和良好的屏蔽干扰功能；相反，如果用于电池、燃料电池的研究和开发，则要求有大电流的输出能力。总之，应该根据实验对象的具体要求选择不同性能的恒电位仪。

6.4.3　恒电流法和恒电位法比较

恒电流法和恒电位法各有特点，要根据具体情况选用。对于单调函数的极化曲线，即一个电流密度只对应一个电位，或者一个电位只对应一个电流密度的情况，恒电流法与恒电位法可得到同样的稳态极化曲线。极化曲线中有电流极大值时，只能采用恒电位法。例如测定具有阳极钝化行为的阳极钝化曲线时，这种极化曲线具有电流极大值，对于一个电流有几个电位值，故只能采用恒电位法。反之，如果极化曲线中有电位极大值，对于一个电位有几个电流值，就应选用恒电流法。其实质就是选择自变量，使得在每一个自变量下，有且仅有一个函数值。

6.4.4　影响有机电合成的因素

影响有机电合成的因素很多，主要有电极、隔膜、支持电解质和温度等。

电极的要求需要满足以下五个条件：

① 电流分布尽量均匀；

② 具有良好的催化活性；

③ 具有良好的稳定性；

④ 具有优良的导电性；

⑤ 具有一定的机械强度。

隔膜的要求需要满足以下四个条件：

① 电阻率低；

② 有效防止某些反应物的扩散渗透；

③ 有足够的稳定性；

④ 价廉、易加工、无污染；

电解质的要求需要满足以下四个条件：

① 对反应物的溶解度好；

② 较宽的可用电位范围；

③ 满足所需的反应要求，特别是电解质与产物不应发生反应；

④ 导电性良好，为此需要加入足够量的导电盐。

反应温度对有机电合成的反应速率有重要影响。提高温度对降低过电位、提高电流密度有益，然而温度过高会使某些副反应加速，同时有可能使产物分解。因此，适宜的温度是非常必要的。

6.5 电化学有机合成工业化实例

6.5.1 己二腈的电合成

己二腈是制造尼龙66的中间体，同时又可作为橡胶生产的助剂和防锈剂。生产尼龙66首先由己二腈生产己二酸和己二胺，反应式如下：

$$(CH_2)_4 \begin{array}{c} CN \\ CN \end{array} \xrightarrow{H_2O} (CH_2)_4 \begin{array}{c} COOH \\ COOH \end{array}$$

$$\xrightarrow[\text{H}_2,80\sim90℃]{\text{Ni-Cr-Al}} (CH_2)_6 \begin{array}{c} NH_2 \\ NH_2 \end{array}$$

再由己二酸和己二胺经缩聚反应制得尼龙66。反应式为：

$$n(CH_2)_6 \begin{array}{c} NH_2 \\ NH_2 \end{array} + n(CH_2)_4 \begin{array}{c} COOH \\ COOH \end{array} \longrightarrow 2nH_2O + \left[\begin{array}{c} C-(CH_2)_4-C-NH-(CH_2)_6-NH \\ \| \quad\quad\quad\quad \| \\ O \quad\quad\quad\quad O \end{array} \right]_n$$

己二腈的化学合成方法有己二酸法、丁二烯氯化-氰化法、丁二烯直接氢氰化法和丙烯腈加氢二聚法。传统的己二腈化学合成路线有两个：一个是从环己烷出发的合成路线，反应式如下：

$$\bigcirc \xrightarrow[\text{催化剂}]{O_2} \bigcirc-OH \xrightarrow{HNO_3} (CH_2CH_2COOH)_2 \xrightarrow{NH_3} (CH_2CH_2CN)_2$$

另一个是从丁烯出发的合成路线，反应式如下：

$$CH_2=CH-CH_2-CH_3 \xrightarrow[\text{催化剂}]{-H_2} CH_2=CH-CH=CH_2 \xrightarrow[\text{催化剂}]{HCN} (CH_2CH_2CN)_2$$

这两个路线的缺点是污染严重和损耗大，而且环己烷路线中硝酸的氧化作用是比较难控制的。

己二腈的电合成方法有丙烯腈加氢二聚法，该方法由 Baizer 于 1959 年提出，将丙烯腈通过阴极加氢生成己二腈。1965 年，美国的孟山都（Monsanto）公司将这一方法实现工业化，建成了产量为 15000t/a 的己二腈生产车间，后来又扩大到 100000t/a。由于这一方法原料价廉易得，反应易控制，很快得到推广，成为现今世界规模最大的有机电合成工业。

己二腈的电合成分为两步：

（1）以丙烯为原料经氨氧化加工成丙烯腈，反应为

$$2CH_2=CH-CH_3+2NH_3+3O_2 \longrightarrow 2CH_2=CH-CN+6H_2O$$

（2）通过电解，在阴极表面加氢二聚成己二腈：

阳极	$2CH_2\!=\!CH\!-\!CN + 2H_2O + 2e^- \longrightarrow NC(CH_2)_4CN + 2OH^-$
阴极	$H_2O \longrightarrow 2e^- + 2H^+ + \dfrac{1}{2}O_2$
总反应	$2CH_2\!=\!CH\!-\!CN + H_2O \longrightarrow NC(CH_2)_4CN + \dfrac{1}{2}O_2$

电解反应式第一步中所用原料氨气、丙烯和空气比化学合成中所用 HCN 和烃类要便宜很多。在合成己二腈过程中有若干副反应产生，主要表现在三个方面：①生成丙腈及三聚物的反应；②由于阴极附近 pH 值提高，生成羟基丙腈和双氰基乙基醚；③由于丙烯腈还原电位很负（$-1.9V$），阴极可能发生析氢反应。为提高反应的选择性和产率，Baizer 提出用季铵盐作为电解质，其阳离子可在阴极表面吸附，形成缺水层，可避免丙烯腈游离基阴离子的直接质子化，抑制其生成丙腈的副反应。同时它还能有效提高丙烯腈在含水介质中的溶解度。

工业合成己二腈有如下特点：

① 阴极液含有高浓度的丙烯腈和季铵盐，而阳极液则为 5％的硫酸；
② 为防止阴极区物质进入阳极液中，采用阳离子交换膜作为隔膜；
③ 采用析氢过电位高的阴极材料，防止析氢；
④ 阳极采用 Pb、Ag 合金，可降低析氧的过电位，且提高电极的抗蚀性；
⑤ 为避免阴极副反应的发生，需将 OH^- 尽快移出阴极区。

孟山都公司合成己二腈的工艺流程如图 6-22 所示。

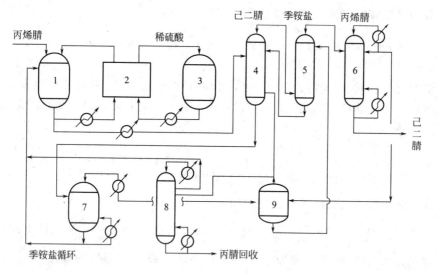

图 6-22　孟山都公司合成己二腈的工艺流程

1—阴极液加料塔；2—电解槽；3—阳极液加料塔；4—AND 萃取塔；5—QAS 萃取塔；

6—AN 分离塔；7—QAS 浓缩塔；8—PN 回收塔；9—分析器

(注：AND—己二腈，QAS—季铵盐；AN—丙烯腈；PN—丙腈)

该生产工艺的缺点为：①能耗高，因采用隔膜和阴极液的电导率低导致能耗高，研究表明：槽压中 70％是由这两部分压降构成；②大量采用季铵盐，成本高，回收麻烦；③电解槽结构复杂，需定时更换隔膜。

第二代电解槽及生产工艺的开发，使工艺大为改进，并降低了投资和能耗。第二代电解槽所用电解介质为由丙烯腈和含 10％～15％ Na_2HPO_4 支持电解质的水溶液组成的乳浊液。

水溶液中仅含 0.4% 的季铵盐，而丙烯腈在水溶液中却达到饱和（7%），季铵盐采用磷酸六亚甲基双乙基二丁基铵后，产物收率提高，同时较易用水萃取，便于与有机相分离。值得注意的是，一般的 PbO_2 阳极会使丙烯腈降解；贵金属和过渡金属虽然不耐蚀，但是所溶解的金属离子还会促进阴极析氢反应，降低电流效率。为此，孟山都公司采用碳钢阳极，同时在溶液中加入 2% 的硼砂和 0.5% 的 EDTA，使阳极腐蚀降低了 95% 左右。

综上，孟山都公司第一代和第二代电合成己二腈工艺的比较如表 6-4 所示。

表 6-4　孟山都第一代和第二代电合成己二腈工艺的比较

工艺特点及指标		第一代(1965 年)采用隔膜	第二代(1978 年)不用隔膜
己二腈选择性/%		92	88
极间距/cm		0.7	0.18
电解液电阻率/$\Omega \cdot cm$		38(阴极液)	12
电解液流速/(m/s)		2	1～1.5
电流密度/(A/cm^2)		0.45	0.20
槽电压	理论分解电压估算值/V	2.50	2.50
	过电位/V	1.22	0.87
	电解液中欧姆压降/V	6.24	0.47
	隔膜欧姆压降/V	1.69	—
	总和/V	11.65	3.84
能耗/(kW·h/t)		6700	2500
温度/℃		30～50	—

此外，日本旭化成公司致力于电解质的改进，如加入异丙醇防止丙烯腈和季铵盐在阳极氧化，同时维持电解液的 pH 稳定，并可起助溶剂作用。德国巴斯夫公司提出复极式毛细间隙电解槽，极间距可降至 0.2mm 以下，结构紧凑，电解液中的季铵盐可降至 0.5% 以下，收率仍大于 90%，能耗低于 3000kW·h/t。

6.5.2　四乙基铅的电合成

四乙基铅 $[Pb(C_2H_5)_4]$ 是应用最广泛的汽油抗爆剂，它可提高汽油的辛烷值，改善其燃烧特性，过去耗用量很大。近年来，为防止铅对环境的污染，用量有所限制（如美国限定应低于 130mg/L），但世界产量仍达 50 万吨/年。四乙基铅的合成方法有化学合成法和电解合成法。传统的化学氧化法使用钠铅合金与氯乙烷反应生成四乙基铅，反应后残渣中含铅量高，且难以回收。1964 年美国纳尔科公司用格利雅（Grignard）试剂和铅丸电解合成制得四乙基铅。反应历程如下：

在 Pb 阳极上：　　　　$4C_2H_5^- + Pb \longrightarrow Pb(C_2H_5)_4 + 4e^-$

在钢管阴极上：　　　　$4MgCl^+ + 4e^- \longrightarrow 2Mg + 2MgCl_2$

反应过程中，不断向溶液中加入的氯乙烷可与阴极析出的镁重新生成格利雅试剂，总反应为：

$$4C_2H_5Cl + Pb + 2Mg \longrightarrow Pb(C_2H_5)_4 + 2MgCl_2$$

早期的四乙基铅电合成反应器是高比电极面积的固定床电解槽，每槽的容积为 3m^3，共

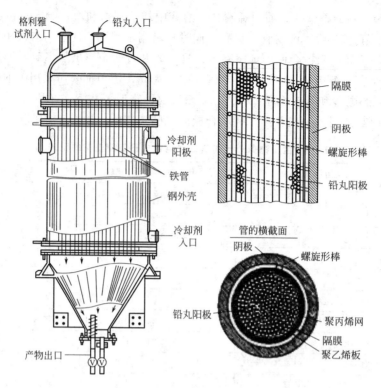

图 6-23　用于四乙基铅合成的固定床电化学反应器

10 个，槽内装有内径为 5cm、长 75cm 和内衬多孔隔膜的钢管，管内装满作为阳极的铅丸，而钢管的内壁则作为阴极，如图 6-23 所示。格利雅试剂和过量的卤代烷从管内通过，管外则通冷却液，使电解温度维持在 40~50℃。反应物从顶部加入，这种结构提高了生产能力。

这种反应器的创新之处是以添加的铅粒为消耗性阳极。不过，在电解槽中电流是不均匀的。只有靠近阴极的铅表面是具有反应活性的，而在填充物的中心只有铅粒的相互作用，实际生产中用一铅条作为馈电电极，以增加与铅粒的电接触。在电解过程中需添加铅粒，以补偿被消耗的部分，造成了严重的环境负担。

纳尔科公司对电解槽进行了改进。铅丸不再放在钢管里，而是装满整个电化学反应器。由许多矩形钢片组成的阴极则垂直地插入铅球组成的固定床内。阴极表面覆盖一层钢丝网，既可增加阴极的比表面积，又可提高阴极附近的电解液流速，钢丝网外覆盖的玻璃纤维布，则使阴极与铅丸阳极绝缘。这种电解槽的面积约 3~6m³，高为 6m，在 70000A 电流下工作，阴极电流密度为 50~100A/m²，阳极材料为纯度达 99.8% 的纯铅，阴极则为碳钢，电解液则采用醚类为溶剂。改进后的电解槽，产品的产率得到较大提高。

6.5.3　有机氟化物的电合成

有机氟化物是指有机化合物分子中与碳原子连接的氢被氟取代生成的化合物。有机氟化物分为全氟有机化合物、单氟有机化合物和多氟有机化合物。有机氟化物由于具有极好的耐蚀性、耐湿性、电性能和表面性能，因而应用十分广泛。例如，生产塑料王（聚四氟乙烯）采用一种乳液聚合法，其中需要用到全氟化合物作为表面活性剂。有一种含有全氟化合物的所谓"轻水"是高效灭火剂，它能迅速形成大量泡沫，扩展到燃烧着的石油上面，把火扑灭，广泛应用于炼厂、飞机等。电氟化过程在制造全氟烷基磺酸方面获得最广泛的应用。全氟烷基磺酸是在铬酐介质中稳定而有效的表面活性剂，是镀铬用的添加剂，可明显减少铬酐在电解槽中的损耗。氟的活泼性和毒性都很高，用一般化学方法生产全氟化合物是十分困难的。传统的化学氟化的缺点为反应和操作均较复杂，不易控制加氟量，并且因操作不当可能引起爆炸等。而电解氟化的优点是可在较安全和温和的条件下进行，反应过程及加氟量均较易控制，生产设备亦较简单。从 1949 年实现小规模电解生产以来，此法已有很大发展，生产的一些典型产品如表 6-5 所示。

表 6-5   通过电解氟化得到的一些典型产品

原料	主产品	评价
$CH_3(CH_2)_nCH_3$	$CF_3(CF_2)_nCF_3$	产率低
$CF_2(CH_2)_nCH_3$ 或 $CH_3(CF_2)(CH_2)_{n-1}CH_3$	$CF_3(CF_2)_nCF_3$	产率较高
$CCl_2=CCl_2$	$CFCl_2CFCl_2$	产率和电流效率高
$CH_3(CH_2)_nOH$	全氟化碳、全氟代酰氯、全氟代醚	产率低
环醚、聚醚	全氟代同型物	产率较低
羧酸、酸酐	全氟代酰氯、全氟化碳、全氟代醚[①]	产率低
酰氯、酰氟	全氟化碳、全氟代酰氯、全氟代醚[①]	产率中等
醚	全氟代酰氯等	不生产全氟代醚
伯胺，仲胺	N-氟化的全氟代胺和 NF_3	产率中等
叔胺	全氟代叔胺和 NF_3	产率中等
硫醚	$(Rf)_2SF_4$、$RfSF_5$	产率中等
$CH_3(CH_2)_nSO_2F$	$CF_3(CF_2)_nSO_2F$	高于全氟羧酸酰氟的产率

① 含六个或六个以上碳原子的羧酸给出全氟环醚，常是主要的产物；在产物中可能有 NF_2H 和 NFH_2，它们很不稳定，当 NF_2H 处于液态时可能自发爆炸。

电化学氟化有两种方法。一是 Simons 法，即 Ni 为阳极，在无水氟化氢中电解制备全氟化物，主要合成全氟有机物，可制备特种表面活性剂。二是 Rozhkov 法，Pt 为阳极，以有机溶剂为介质，制备单氟化物，主要用于芳烃的选择性氟化，可制备新型药物（如环丙沙星、洛美沙星）和活性染料的中间体等。电化学氟化过程是指将有机化合物溶于无水氟化氢中（有时加入少量支持电解质，以提高导电能力），通电后阴极加氢，而有机化合物的碳氢键则在阳极转化为碳氟键，多重键被氟饱和，并可能发生一些降解反应。

电解氟化反应必须考虑以下因素。

① 溶剂   常用无水氟化氢（沸点为 19.5℃），它既能溶解无机物，又可溶大多数有机物，并有良好的导电性能。无水 HF 的电解氟化，常形成全氟有机化合物。近年来也使用有机溶剂，如乙腈、砜等进行电解氟化，得到的是部分氟化物，电解液中常加入支持电解质，如四乙基氟化铵、四烷基四氟硼酸铵等。

② 电极材料   电解氟化时，阳极材料易损耗。常用的阳极材料有镍、镍合金、铂和多孔碳，耐蚀性较好，反应收率较高。阳极材料最好是镍。

③ 电流密度   要达到既使反应物氟化，又不产生 F_2。在采用镍阳极和 HF 介质时，最佳电流密度为 $20\sim50mA/cm^2$，对应的槽压为 $5\sim8V$。

④ 反应物浓度   一般以 5%～15% 为宜。在此范围内若使浓度较高，有利于部分氟化反应；反之，若使反应物浓度较低，则有利于全氟化反应。

⑤ 反应温度   大部分氟化反应一般在 $-10\sim25℃$，这样可以保留某些官能团，如—COF、—SO_2F 等，在较高的温度下直接氟化时，容易失去这类官能团。

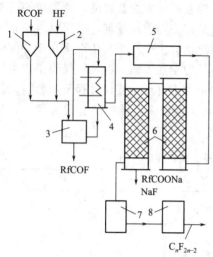

图 6-24　电化学氟化工艺流程

1,2—供料料斗；3—电解槽；4—回流冷却器；
5—HF 吸收塔；6—碱性洗涤塔；
7—压缩机；8—冷凝器

通用的电化学氟化工艺流程如图 6-24 所示。氟化时形成的气体混合物含有氢和氟有机产物，由电解槽 3 经过回流冷却器 4，使自电解槽带出的氟化氢冷凝。然后气体混合物送入吸收塔 5。用氟化钠捕集氟化氢蒸气，接着送入碱性洗涤塔 6。在这里含活泼氟原子的产物发生水解。低沸点产物压缩后发生凝聚，氢气则排入大气。

6.5.4　癸二酸的电合成

这是 Kolbe 反应的典型应用，以己二酸单甲酯为原料，通过阳极氧化制得癸二酸二甲酯，再经碱解，即得癸二酸。反应是在无隔膜电解槽中进行的，包括己二酸单甲酯的合成、电解、水解三部分。由于羧基离子的放电电位很正，需采用 Pt 或 Ti/Pt 阳极，阴极则可用 Ti 或不锈钢。电解液为己二酸单甲酯、甲醇和 Na_2CO_3 水溶液的混合物。在温度 50～60℃、电流密度 $10A/dm^2$ 时，电流效率为 70%。

第7章

电化学冶金

7.1 概 述

金属和合金材料在国民经济中占有重要地位。在已知的 118 种元素中，金属元素有 84 种，准金属有 6 种，非金属有 18 种。

7.1.1 金属的分类

一般将金属分为黑色金属和有色金属两大类。

黑色金属：铁、锰和铬以及它们的合金，主要是铁碳合金（钢铁）。除此之外，其他的金属都是有色金属。

有色金属：有时也称非铁金属，其产量仅占世界金属产量的 5%，产值却很高。

按密度、价格、储量等分类方式，有色金属又可分为重金属、轻金属、贵金属和稀有金属等。

重金属：一般密度＞$4.5g/cm^3$，包括铜、铅、锌、镍、钴、锡、锑、汞、镉、铋、铬、锰等。

轻金属：密度＜$4.5g/cm^3$，如铝、镁、锂、钾、钠、钡、钙、锶等。

贵金属：包括金、银和铂族元素，由于它们稳定、含量少、开采和提取困难、价格贵，因而得名贵金属，如钌、铑、钯、锇、铱、铂等。

稀有金属：自然界中含量很少，分布稀散、发现较晚，难以从原料中提取的或在工业上制备和应用较晚的金属，如钨、钼、铌、铍及稀土金属。

放射性金属：能够放射出 α、β、γ 三种射线的天然放射性金属元素，如镭、铀、钍、钋等。

7.1.2 金属的存在

活泼金属以化合态形式存在，不活泼的金属往往以单质的形式存在。有些金属如铜、银等既能以单质又能以化合态形式存在。

在地壳中存在的金属化合物具有低溶解性，而易溶的化合物则主要存在于海水中和海水蒸发后形成的大盐床上。

轻有色金属主要以碳酸盐、磷酸盐、硫酸盐和氯化物的形式存在；重有色金属主要以硫化物和氧化物的形式存在。

① 丰度的概念　化学元素在地壳中的平均含量称为丰度。

② 克拉克值　为纪念美国科学家克拉克计算地壳中元素平均含量所做的贡献，将各元素在地壳中含量的百分比称为"克拉克值"，如以质量百分比表示，称为"质量克拉克值"，简称"克拉克值"；如以原子百分数表示，则称为"原子克拉克值"。

7.1.3　金属的性质

金属与非金属的比较见表7-1。

表 7-1　金属与非金属的比较

金属	非金属
常温时，除了汞是液体外，其他金属都是固体	常温时，除了溴是液体外，有些是气体，有些是固体
一般密度比较大	一般密度比较小
有金属光泽	大多没有金属光泽
大多是热及电的良导体，电阻通常随着温度的升高而增大	大多是热和电的不良导体，电阻通常随着温度的升高而减小
大多具有展性和延性	大多不具有展性和延性
固体大多属金属晶体	固体大多属分子型晶体
蒸气分子大多是单原子的	蒸气（或气体）分子大多是双原子或多原子的

（1）物理性质

① 金属光泽　绝大多数金属呈现钢灰色至银白色光泽，如金显黄色，铜显赤红色，铋为淡红色，铯为淡黄色，铅是灰蓝色。

许多金属在光的照射下能放出电子（光电效应）。有些金属在加热到高温时能放出电子（热电现象）。

② 金属的导电性和导热性　大多数金属有良好的导电性和导热性。常见金属的导电和导热能力由大到小的顺序排列如下：

Ag，Cu，Au，Al，Zn，Pt，Sn，Fe，Pb，Hg。

③ 超导电性　金属材料的电阻通常随温度的降低而减小。1911年首次发现汞冷到低于4.2K时，其电阻突然消失，导电性几乎是无限大，这种性质称为超导电性。具有超导电性质的物体称为超导体。

超导体电阻突然消失时的温度称为临界温度（T_0）。超导体的电阻为零，也就是说电流在超导体中通过时没有任何损失。

超导材料大致可分为纯金属、合金和化合物三类。

超导材料可以制成大功率超导发电机、磁流发电机、超导储能器、超导电缆、超导磁悬浮列车等。

④ 金属的延展性　金属有延性，可以抽成细丝。例如最细的白金丝直径为1/5000mm。

金属还有展性，可以压成薄片。例如最薄的金箔，厚度可达 1/10000mm。

⑤ 金属的密度　锂、钠、钾比水轻，锂的密度甚至比煤油还轻，所以锂保存在石蜡里，钠和钾保存在煤油中。

大多数金属的密度较大。

⑥ 金属的硬度　一般较大，有的坚硬，如铬、钨等；但ⅠA、ⅡA（铍、镁除外）都是较软的金属，可用小刀切割。

⑦ 金属的熔点　金属的熔点一般较高，但差别较大。最难熔的是钨，最易熔的是汞、铯和镓。汞在常温下是液体，铯和镓在手上受热就能熔化。

⑧ 金属玻璃（非晶态金属）　将某些金属熔融后，以极快的速度淬冷。由于冷却速度极快，高温时金属原子的无序状态被"冻结"，不能形成密堆积结构，得到与玻璃类似结构的物质，故称为金属玻璃。

金属玻璃同时具有高强度、高韧性、优良的耐腐蚀性和良好的磁学性能，因此它有许多重要的用途。

典型的金属玻璃有两大类：一类是过渡金属与某些非金属形成的合金；另一类是过渡金属间组成的合金。

（2）化学性质

① 与非金属反应　位于金属活动顺序表较前面的一些金属很容易与氧化合形成氧化物，钠、钾的氧化很快，铷、铯会发生自燃。

位于金属活动顺序表后面的一些金属，如铜、汞等必须在加热情况下才能与氧化合，而银、金即使在炽热的情况下也很难与氧等非金属化合。

铝、铬形成致密的氧化膜，防止金属继续被氧化，即钝化。

在空气中铁表面生成的氧化物结构疏松，因此，铁在空气中易被腐蚀。

② 与水、酸反应　在常温下纯水的 $[H^+]=1 \times 10^{-7} mol/L$，其 $\varphi_{H^+,H_2}^{\ominus}=-0.41V$。因此，$\varphi^{\ominus} < -0.41V$ 的金属都可能与水反应。

钠、钾与水剧烈反应。钙与水的作用比较缓和，镁只能与沸水起反应，铁则需在炽热的状态下与水蒸气发生反应。如镁等与水反应生成的氢氧化物不溶于水，覆盖在金属表面，在常温时使反应难于继续进行。

一般 $\varphi^{\ominus} < 0$ 的金属都可以与非氧化性酸反应放出氢气。有一些金属"钝化"，如铅与硫酸反应生成难溶物。

$\varphi^{\ominus} > 0$ 的金属一般不容易被酸中的氢离子氧化，只能被氧化性的酸氧化，或在氧化剂的存在下，与非氧化性酸反应。如铜不和稀盐酸反应，却能与硝酸反应。

③ 与碱反应　金属除了少数显两性以外，一般都不与碱起作用。锌、铝与强碱反应，生成氢和锌酸盐或铝酸盐，反应如下：

$$Zn + 2NaOH + 2H_2O \longrightarrow Na_2[Zn(OH)_4] + H_2 \uparrow$$

$$2Al + 2NaOH + 6H_2O \longrightarrow Na_2[Al(OH)_4]_2 + 3H_2 \uparrow$$

铍、镓、铟、锡等也能与强碱反应。

④ 与配位剂反应　由于配合物的形成，改变了金属的 $\varphi^{\ominus}$ 值，从而影响元素的性质。如铜不能从水中置换出氢气，但在适当配位剂存在时，反应就能够进行：

$$2Cu + 2H_2O + 4CN^- \longrightarrow 2[Cu(CN)_2]^- + 2OH^- + H_2 \uparrow$$

如有氧参加，这类反应更易进行。

$$4M+2H_2O+8CN^-+O_2 \longrightarrow 4[M(CN)_2]^-+4OH^- \ (M=Cu、Ag、Au)$$

这个反应是从矿石中提炼银和金的基本反应。王水与金、铂的反应都与形成配合物有关。

7.2 金属材料的制备——冶金

7.2.1 冶金工艺概述

绝大多数金属元素（除 Au、Ag、Pt 外）都以氧化物、碳化物等化合物的形式存在于地壳之中。

因此，要获得各种金属及其合金材料，必须首先通过各种方法将金属元素从矿物中提取出来，接着对粗炼金属产品进行精炼提纯和合金化处理，然后浇注成锭，加工成形，这样才能得到所需成分、组织和规格的金属材料。工业上的还原过程称为冶炼，即把金属从化合物中还原成单质。

冶金作为一门古老的技术，已有几千年的历史。人类从使用石器、陶器到使用金属，这是人类文明的一次飞跃。根据冶金史的研究，大约在公元前 30 世纪，人类开始大量使用青铜，此时代被称为"青铜器时代"；到公元前 13 世纪，铁器的应用在埃及已占一定比例，通常认为这是人类进入"铁器时代"的开端。人类同金属材料及其制品的关系日益密切。中国古代冶金技术的发展要比欧洲早，尤其是在掌握铸铁及热处理技术方面。就金属种类而言，中国在春秋战国之际（公元前 7 世纪），已经能够提取铜、铁、锡、铅、汞、金和银 7 种常用金属。

由于金属的化学活泼性不同，要把金属还原成单质，需采取不同的冶炼方法，工业上提炼金属的冶金工艺一般可以分为火法（干法）冶金、湿法冶金、电冶金及真空冶金等。

7.2.2 火法冶金

火法冶金是利用高温从矿石中提取金属或其化合物的方法。火法冶金是提炼金属的主要方法，目前工业上大规模的钢铁冶炼、主要的有色金属冶炼和某些稀有金属的提取，都是用火法冶金方法生产的。

火法冶金的流程一般包括原料准备、熔炼过程和精炼过程等主要程序。选矿主要包括原矿石的粉碎（破碎、筛分、磨矿、分级等）、分选、产品处理工序。分选作业是选矿的主体部分。焙烧是将原矿石或选矿后的精矿在低于炉料熔点温度下进行加热，发生氧化、还原或其他化学变化的预处理过程，目的是改变炉料中提取对象的化学组成或物理状态，使其便于下一步冶炼处理。例如氧化焙烧是使矿石中一部分或者全部硫化物转变为氧化物，同时除去矿石中易于挥发的砷、锑、硒等杂质，如含砷、硫的难处理金矿用氧化焙烧法预处理脱掉砷、硫，然后再用氰化法提取金。在氧化焙烧硫化物精矿时，含有二氧化硫的烟气排出，经净化除尘后，可用于制取硫酸。

（1）工艺方法分类

① 热分解法 有一些金属仅用加热矿石的方法就可以得到。在金属活动顺序中，在氢

后面的金属，其氧化物受热就容易分解，如 HgO 和 Ag$_2$O 加热发生分解反应。

$$2HgO \xrightarrow{\quad} 2Hg + O_2 \uparrow$$

将辰砂（硫化汞）加热也可以得到汞。

$$HgS + O_2 \xrightarrow{\quad} Hg + SO_2 \uparrow$$

② 热还原法

a. 用焦炭作还原剂：$SnO_2 + 2C \xrightarrow{\quad} Sn + 2CO \uparrow$

反应若需要高温，常在高炉和电炉中进行。所以这种冶炼金属的方法又称为火法冶金，例如：

$$MgO + C \xrightarrow{\quad} Mg + CO \uparrow$$

如果矿石主要成分是碳酸盐，也可以用这种方法冶炼。因为一般重金属的碳酸盐受热时都能分解为氧化物，再用焦炭还原即可得到金属。

如矿石是硫化物，那么先在空气中煅烧，使它变成氧化物，再用焦炭还原，如从方铅矿中提取铅：

$$2PbS + 3O_2 \xrightarrow{\quad} 2PbO + 2SO_2 \uparrow$$
$$PbO + C \xrightarrow{\quad} Pb + CO \uparrow$$

b. 用氢气作还原剂。工业上要制取不含碳的金属常用氢还原法。

生成热较小的氧化物，例如，氧化铜、氧化铁等容易被氢还原成金属。具有很大生成热的氧化物，例如，氧化铝、氧化镁等基本上不能被氢还原成金属。用高纯氢和纯的金属氧化物为原料，可以制得很纯的金属。

c. 用比较活泼的金属作还原剂。选择哪一种金属作还原剂，除用 $\Delta_r G^{\ominus}$ 来判断外还要注意以下几方面情况：还原力强；容易处理；不和产品金属生成合金；可以得到高纯度的金属；其他产物容易和生成金属分离；成本尽可能低等。

通常用铝、钙、镁、钠等作还原剂，铝是最常用的还原剂，这种方法即铝热法。例如，将铝粉和氧化铁作用可得到铁，这个是我们较熟悉的。

铝容易和许多金属生成合金，可采用调节反应物配比来尽量使铝完全反应而不残留在生成的金属中。

钙、镁一般不和各种金属生成合金，因此可用作钛、锆、铪、钒、铌、钽等氧化物的还原剂。

有些金属氧化物很稳定，金属难被还原出来，可以用活泼金属还原金属卤化物来制备，如：

$$TiCl_4 + 4Na \xrightarrow{\quad} Ti + 4NaCl$$
$$TiCl_4 + 2Mg \xrightarrow{\quad} Ti + 2MgCl_2$$

（2）金属还原过程的热力学

金属氧化物越稳定，还原成金属就越困难，比较它们的生成自由能就可以知道。氧化物的生成自由能越负，该氧化物越稳定，而金属就越难被还原。

艾林汉在 1944 年首先用消耗 1mol O$_2$ 生成氧化物过程的自由能变化对温度作图。根据：$\Delta_r G^{\ominus} = \Delta_r H^{\ominus} - T\Delta_r S^{\ominus}$，只要 $\Delta_r S^{\ominus}$ 不等于零，则 $\Delta_r G^{\ominus}$ 将随温度的改变而改变。假如 $\Delta_r H^{\ominus}$ 和 $\Delta_r S^{\ominus}$ 为定值，则 $\Delta_r G^{\ominus}$ 对热力学温度作图便得到一直线。直线的斜率等于反应的熵变。只要反应物或生成物不发生相变（熔化、汽化、相转变），$\Delta_r G^{\ominus}$ 对 T 作图都是直线。

图 7-1 为某些金属还原过程的自由能变化与温度的关系图。从图中可以看出凡 $\Delta_r G^{\ominus}$ 为

负值区域内的所有金属都能自动被氧气氧化；凡在这个区域以上的金属则不能自动被氧气氧化。由图可知约在773K以上Hg就不被氧所氧化，而HgO只需稍微加热，超过773K就可以分解得到金属。

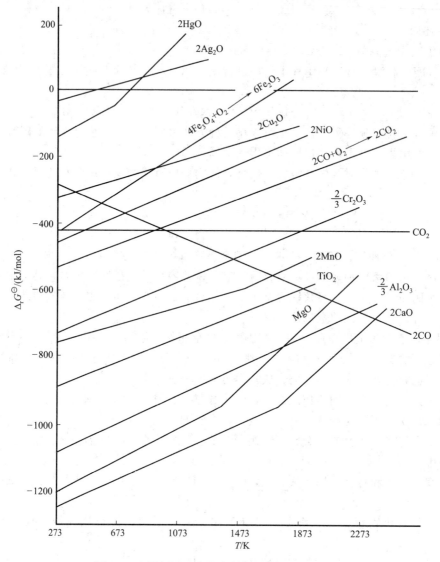

图 7-1　金属还原过程的自由能变化与温度的关系

稳定性差的氧化物 $\Delta_r G^\ominus$ 负值小，$\Delta_r G^\ominus$-T 直线位于图上方，如 HgO；稳定性高的氧化物 $\Delta_r G^\ominus$ 负值大，$\Delta_r G^\ominus$-T 直线位于图下方，如 MgO。在自由能图中，一种氧化物能被位于其下面的那些金属所还原，因为这个反应的 $\Delta_r G^\ominus < 0$。例如，铝热法，在1073K时 Cr_2O_3 能被 Al 还原。

图 7-1 中，反应 $C+O_2 \rightleftharpoons CO_2$ 的 $\Delta_r S^\ominus \approx 0$；反应 $2C+O_2 \rightleftharpoons 2CO$ 的 $\Delta_r S^\ominus > 0$；反应 $2CO+O_2 \rightleftharpoons 2CO_2$ 的 $\Delta_r S^\ominus < 0$。三条直线交于983K，高于此温度，$2C+O_2 \rightleftharpoons 2CO$ 的反应倾向大；低于此温度，$2CO+O_2 \rightleftharpoons 2CO_2$ 的反应倾向更大。生成 CO 的直线向下倾斜，这使得几乎所有金属的 $\Delta_r G^\ominus$-T 直线在高温下都能与生成 CO 的直线相交，能够被碳还原，碳为一种广泛应用的优良的还原剂。

7.2.3　湿法冶金

湿法冶金是指利用一些化学溶剂的化学作用，在水溶液或非水溶液中进行包括氧化、还原、中和、水解和络合等反应，对原料、中间产物或二次再生资源中的金属进行提取和分离的冶金过程。

古代的湿法冶金技术，在中国可以追溯到北宋时期用胆铜法生产铜。关于铁自硫酸铜溶液中置换铜的电化学作用，我国早在公元前 2 世纪就已经发现。根据历史记载，这种自硫酸铜中置换提炼铜的方法，在北宋时期已大规模使用。宋朝沈括所著《梦溪笔谈》里有记载。这种古老的湿法冶金，主要从天然矿水或废铜堆的雨林浸液中提铜。其特征是以工场规模进行，生产周期以年或月为单位计算。例如二百多年前，有的国家开采出来的铜矿石品位很低，进行直接火法冶炼有困难，经济上不合算，扔掉了又太可惜，于是就把废石堆成堆，喷洒、浇灌矿水或废水，水自矿堆顶部流下来之后又定期地再洒上去，这样反复处理数月后，水中铜含量愈来愈高，然后将其澄清，去掉泥渣及脏物，往溶液中加入铁屑，铜就置换出来了。这样做可以回收大量便宜的铜粉，有的矿山年产几千吨铜粉。这种就地浸取或堆垒浸取的生产方法，在许多国家的大型铜矿山上仍然部分采用。

湿法冶金工艺生成温度相对较低，产品纯度高，冶炼过程对环境友好，特别适用于复杂、低品位矿石资源的开发和利用、有价金属的综合回收与再生，在有色金属冶金中得到广泛应用。

7.2.4　电化学冶金

电化学冶金也就是电解提取金属，包括电解水溶液提取金属、电解熔融盐提取金属和金属的电解精炼。电解水溶液主要是电解金属硫酸盐或氯化物的水溶液，其电流效率高并且操作条件简单。但是对于一些活泼金属，例如铝、镁、钛、碱金属、碱土金属以及稀有金属等，在电解其水溶液时，金属还原电位高于析氢电位，从而难以得到这些金属。因此这类金属常用电解其熔融盐提取。

电解法是冶金工业中提取有价金属的主要方法之一，在许多情况下也是一系列冶金过程的完成阶段。元素周期表中几乎所有的金属都可以用电解的方法提取。

例如可用电解水溶液方法制取的金属有：Zn、Cu、Ni、Co、Ag、Fe、Cr、Mn、Cd、Pb、In、Sn、Sb、Ga 等；可用电解熔融盐提取的金属有：Li、Na、K、Ca、Sr、Ba、Be、Al、Mg、Ti、Nb、Ta、Mo、Zr、Hf、La、Se、U 等；可用于电解精炼提纯的金属有 Cu、Ag、Au、Ni、Co、Sn、Pb 等。尽管大部分金属都能采用电解的方法制得，但是目前能进行工业生产的金属并不多。有色金属产量最高的金属 Al，电解其熔融盐是其唯一的生产方法。对于 Zn 来说，电解水溶液生产的产量占其总产量的一半以上。而 Cu 采用电解水溶液生产的产量只占总产量的一小部分。电解精炼主要用来生产高纯度金属，如 Cu、Ag 和 Ni 等。

与火法冶金相比，电化学冶金的优点是具有较高的选择性，可获得高纯金属；能回收有用的金属，因此可处理组分复杂的多金属矿及低品位的矿物，有利于资源的综合利用；除此之外，电化学冶金一般对环境的污染较小，生产也较易实现自动化和连续化，但能耗较高。

一种金属采用什么提炼方法进行提炼与它们的化学性质、矿石的类型和经济效益等有关。金属常用提炼方法与其在元素周期表中的位置大致关系见图 7-2。

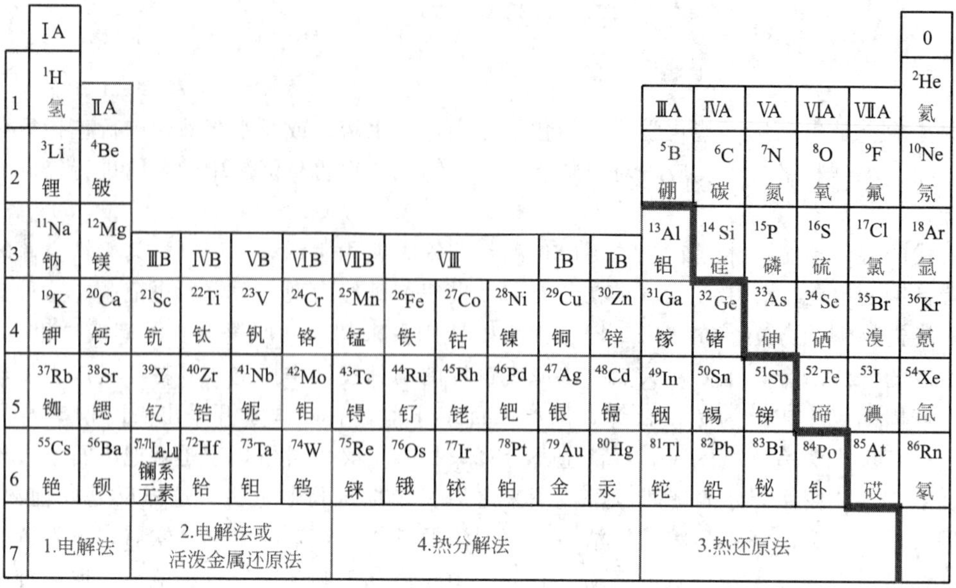

图 7-2　金属常用提炼方法与其在元素周期表中的位置

7.3　电解水溶液提取金属

7.3.1　电解水溶液提取金属的基本原理

电化学提取金属的基本过程是金属离子的阴极还原。当采用电解水溶液提取金属时，溶液中主要存在三种类型离子，即待电解析出的金属离子、氢离子和其他杂质离子。这些氢离子和其他杂质离子或多或少地会在阴极上还原，即离子共析。离子共析包括以下两种情况。

第一，金属离子和氢离子的共析。当采用的电解液为酸性水溶液时，更容易发生这一现象。电解水溶液提取金属时最常见的是氢离子的还原。氢离子在阴极还原不仅会改变沉积物的结晶形式，还会降低电流效率。

第二，待析出的金属离子与其他杂质离子的共析。这些杂质离子的存在是不可避免的。这一点与电镀不同，电镀所采用的电解液一般是由试剂配制的溶液，而电解提取时采用的电解液一般是原矿石的浸出、净化后的溶液。因此其溶液中不可避免地会存在一些杂质离子。

对于析出电位与氢接近或更负的金属，应考虑第一种离子共析；而当电解液中存在与待析出的金属离子电位接近，甚至电位更正的杂质离子时，则容易发生第二种共析。

每一种离子的析出电位是由其平衡电极电位和过电位决定的，阳离子放电时的电位近似由下式决定：

$$\varphi_{析出} = \varphi_{平衡} - \eta_{k} = \varphi^{\ominus} + \frac{RT}{nF}\ln c - \eta_{k}$$

可以看出，影响离子析出的因素可分为两类。

① 热力学因素　也就是影响离子平衡电极电位的各种因素，包括标准电极电位（$\varphi^{\ominus}$）、温度和浓度，可通过 Nernst 方程表示：

$$\varphi_{平衡} = \varphi^{\ominus} + \frac{RT}{nF}\ln c$$

一般来说标准电极电位 $\varphi^{\ominus}$ 是一个比较重要的因素。例如 H/H^+ 的标准电极电位为 0V，而 Na/Na^+ 的标准电极电位为 -2.713V，因此在惰性阴极上电解钠盐的水溶液时，只能在阴极上析出 H_2。浓度 c 固然可以改变平衡电极电位 $\varphi_{平衡}$，但其影响不是很大。

② 动力学因素　即影响离子析出过电位的诸多因素。过电位可由电化学极化、浓差极化或电结晶过程产生，因此其影响因素较多，包括：反应特点，如电子转移步骤的动力学参数（β、i_0 等）；反应条件，如电解液组成、温度、浓度、电极材料的电催化性能、电流密度、表面性质和传质条件等。

氢电极的过电位受电流密度、电极材料等因素的影响较大，平衡电极电位比氢负的金属也能在水溶液中电沉积。

通常一价或二价金属在其简单盐溶液中电沉积的过电位是较小的（Fe、Co、Ni 元素除外）。例如在 25℃、0.05mol/L 硫酸溶液（pH 值为 3~3.5）中，测得在电流密度为 200A/m^2 时，Tl 和 Sn 的析出过电位分别为 17mV 和 16mV；Cu、Zn 和 Cd 的析出过电位分别为 86mV、64mV 和 23mV；Ni、Co 和 Fe 的析出过电位则为 662mV、255mV 和 202mV。

表 7-2 为不同电流密度下氢在某些金属上的过电位。一般情况下氢在金属上析出的过电位都较大，而且随电极材料的不同有明显的变化，除此之外，过电位随电流密度的增加而增大。因此，平衡电极电位相对于标准氢电极来说，大于零的金属，只要其离子浓度不太低，则总是首先在阴极上沉积，例如 Cu、Ag、Au。而平衡电极电位小于零的金属，只要平衡电极电位不太负，就可通过选择适当的电解条件，将该金属从水溶液中电沉积出来，如 Zn、Cd、In、Sn、Pb 等。

表 7-2　不同电流密度下氢在某些金属上的过电位　　　　　　　单位：V

电极材料 \ 电流密度/(A/m²)	100	500	1000	2000
Al	0.826	0.968	1.066	1.176
Zn	0.746	0.926	1.064	1.168
Pt	0.068	0.186	0.288	0.355
Au	0.390	0.507	0.588	0.688
Ag	0.762	0.830	0.875	0.940
Fe	0.557	0.700	0.818	0.985
Pb	1.09	1.168	1.179	1.217
Ni	0.747	0.890	1.048	1.130
Cu	0.584	—	0.801	0.988
Sn	1.077	1.185	1.223	1.234

7.3.2　锌的电解提取

（1）概述

① 锌的性质和用途　锌是应用最广泛的有色金属之一，其产量仅次于铝和铜。锌的用途较广，由于锌有较好的抗腐蚀性能，因而大量用于钢铁的保护层，如镀锌管、镀锌板等。在工业中以镀锌工业用锌量为最大，世界上锌的全部消费中大约有一半用于镀锌。锌的标准电极电位较负（水溶液中为 -0.762V）并且廉价易得，是化学电源中用得较多的一种负极

材料，约13%的锌用于制造化学电源，如锌-锰干电池、锌-氧化银电池、锌空气电池等；锌能与许多金属形成合金，约10%的锌用于黄铜和青铜，如由锌铜组成的黄铜、由锌铜锡组成的青铜等；锌的压铸合金具有熔点低、流动性好、易压铸成形的特点，将近10%的锌用于锌基合金，锌本身的强度和硬度不高，但加入铝、铜等合金元素后，其强度和硬度均大为提高，例如锌铜钛合金，其抗蠕变性能大幅提高，并且综合力学性能已接近或达到黄铜、铝合金、灰铸铁的水平；约7.5%的锌用于化学制品，例如锌粉、锌钡白、锌铬黄可作颜料；氧化锌还可用于医药、橡胶、油漆等工业，硫酸锌可用于纺织、皮革和医药工业，氯化锌可用于木材防腐等。

② 制取锌的原料　自然界中的锌多以硫化物状态存在，并且常与其他元素共生。最常见和最重要的锌矿为闪锌矿（ZnS）、铁闪锌矿（nZnS·mFeS）；也有少量的氧化矿存在，如菱锌矿、异极矿等。现在炼锌工业原料中最重要的矿产是锌的硫化物，主要含锌、铁和硫，其中锌含量为40%～60%，硫含量为30%，铁含量为2%～12%。为了节约能源和保护环境，锌的二次资源在锌的生产中也日益重要。

③ 锌的冶炼方法　在锌的冶炼方法中，有火法与电化学法两种生产工艺。火法炼锌应用较早，其中有横罐炼锌、竖罐炼锌、鼓风炉炼锌及电热法炼锌等方法。电化学法炼锌兴起较晚，18世纪90年代出现了第一个半工业性电化学法炼锌实验，直到第一次世界大战中期，电化学法炼锌才正式开始工业生产。目前，电化学炼锌已经成为生产锌的主要方法，在世界锌总产量中，约80%是用电化学法生产的。我国除早期使用火法外，新建的多数厂家均使用电化学法炼锌工艺。

（2）电解提取锌

① 电解提取锌的流程　电解水溶液提取锌的主要生产流程如图7-3所示。

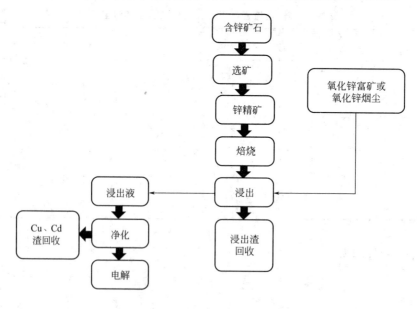

图 7-3　电解提取锌的主要生产流程图

② 锌精矿的焙烧　锌精矿中锌与硫的含量约占总量的80%以上，其中锌占40%～60%，除此之外还含有少量的铅、铜、镉等。焙烧锌精矿的目的主要是提取锌和硫。焙烧通常在沸腾炉中进行，温度达850～900℃。锌精矿的焙烧属于氧化焙烧，即在高温下借助空

气中的氧气进行。焙烧时硫以二氧化硫的形态进入气相后，送去制备硫酸；锌主要以 ZnO 的形态留在焙砂中进入下一步的稀硫酸溶液浸出工序。焙烧后得到由 ZnO 和其他金属氧化物以及非金属矿物（脉石）组成的锌焙砂。

③ 锌焙砂的浸取　浸取是电化学法提取锌的主要过程。此过程的目的一方面是要将原料中的锌尽可能地完全溶解进入电解液，以求得到高的金属回收率；另一方面使一些有害杂质（如 Fe、Sb、As、Si 等）在浸出终了阶段从锌浸液中分离留在浸出渣中。在锌焙砂浸取的时候还要获得沉降速率快、过滤性能好并且易于液固分离的浸出矿浆。

一般用稀硫酸溶液浸出锌焙砂：

$$MO + H_2SO_4 \Longrightarrow MSO_4 + H_2O$$

在浸取时，锌、铁、镉、铜、钴、镍的氧化物都能与硫酸作用生成硫酸盐而溶解在水中；铅生成的硫酸盐难溶于水而完全进入渣中；钙、镁的硫酸盐也因溶解度不大而少部分溶解在浸取液中。由此可知，仅通过酸性浸出只能得到含有多种杂质金属离子的复杂电解液，这些杂质金属离子在电解提取锌的时候可能在阴极首先析出，影响锌的纯度及电流效率。因此，在电解提取锌之前还必须将浸取液中除锌以外的杂质金属离子分离出来。最简单的方法就是中和沉淀分离杂质金属离子。原则上可以通过控制溶液的 pH 值使溶解进入溶液的上述杂质金属离子沉淀下来，但由于溶液 pH 值高于 5 时锌也开始沉淀而达不到锌与杂质金属离子分离的目的。溶液 pH 值控制在 5.0～5.5 时，只有 Fe^{3+} 可以完全沉淀，进入溶液中的砷和锑可以与 Fe^{3+} 共同沉淀进入渣中。

现代冶金企业的浸出工序分为中性浸出和酸性浸出。中性浸出采用电解槽中的电解液及各种过滤返回液，可得含锌量为 120～170g/L 浸出液，pH 值为 5.2～5.4，温度为 55～60℃，时间约为 60min。中性浸出矿浆中残余的氧化锌还需酸性浸出，温度为 60～75℃，时间为 120～150min，终点残酸量为 3～5g/L。

④ 硫酸锌溶液的净化　对锌焙砂进行浸出后得到的浸出液，虽然除去了一些杂质如铁和铅等，并且降低了其他许多杂质的含量，但仍有一些杂质，如 Cu、Ni、Co、Cd 等，含量不符合电解锌的要求而必须进行净化处理。

a. 置换沉淀法除 Cu、Ni、Co、Cd。置换沉淀法也就是在水溶液中用一种金属取代另一种金属的过程。从热力学讲，只能用较负电性金属去置换溶液中的较正电性金属。例如，用金属锌能置换出溶液中的铜：

$$Zn + Cu^{2+} \longrightarrow Zn^{2+} + Cu$$

金属在水溶液中的电位次序决定了置换的次序，两种金属的电位差决定了它们置换趋势的大小，参与反应的两种金属的平衡电极电势差的大小决定了反应进行的完全程度。

b. 药剂除去 Co、Ni。采用锌粉置换除去电解液中的 Cu 和 Cd 比较容易，而净化除去 Co 和 Ni 并不是很容易。实际生产中用理论量的锌粉很容易沉淀除 Cu，用几倍于理论量的锌粉也可以使 Cd 除去，但是用甚至几百倍于理论量的锌粉也难以将 Co 除去，使其符合电解提取锌的要求。Co 难以除去的原因，国内外较多的文献都解释为 Co^{2+} 还原析出时具有高的超电位，同时反应速率慢。

在实际生产中常用的除 Co 剂有黄药和 β-萘酚。黄药是一种有机试剂，包括黄酸钠 $C_4H_9OCSSNa$ 和黄酸钾 C_4H_9OCSSK 等。黄药除 Co 实质上是在有硫酸铜存在的条件下，溶液中的硫酸钴与黄药作用，生成不溶解的黄酸钴沉淀，其主要反应为：

$$8C_4H_9OCSSNa + 4CuSO_4 + 2CoSO_4 \longrightarrow$$
$$2Cu_2SO_4 + 4Na_2SO_4 + 2Co(C_4H_9OCSS)_3 + (C_4H_9OCSS)_2$$

β-萘酚除 Co 是在溶液中加入碱性 β-萘酚形成亚硝基-β-萘酚钴沉淀：

$$13C_{10}H_6ONO^- + 4Co^{2+} + 5H^+ \longrightarrow C_{10}H_6NH_2OH + 4Co(C_{10}H_6ONO)_3 + 2H_2O$$

（3）硫酸锌水溶液的电解

① 工艺条件　电解液：$1.2mol/L\ H_2SO_4 + (0.5\sim1.0)mol/L\ ZnSO_4$；

常用添加剂：硅酸盐或动物胶（例如每生产 1t 锌约添加 0.8kg 骨胶），添加剂的目的是增大析氢过电位；

电解温度：$40\sim45℃$；

电流密度：$300\sim750A/m^2$；

槽压：约 3V。

阳极主反应：

$$2H_2O \longrightarrow O_2 + 4H^+ + 4e^-$$

阴极主反应：

$$Zn^{2+} + 2e^- \longrightarrow Zn$$

电解总反应：

$$2Zn^{2+} + 2H_2O \longrightarrow 2Zn + O_2 + 4H^+$$

电解时提高电解液中锌离子的含量，降低溶液的酸度，可减少氢的析出和锌的溶解。但是为了提高溶液的电导，必须加入适量的硫酸。

若温度升高，则析氢过电位降低，杂质的危害性增大，析出锌的溶解度也增加，从而导致电流效率降低，因此电解温度不宜过高。

电流密度增加，析氢过电位增大，锌的相对溶解也减少，有利于提高电流效率。但在生产实践中，电流密度也不能太高，因为提高电流密度，则相应的新电解液的补充速率要加快，并要保证电解液的冷却。

② 阳极过程　目前电解提取锌工业上所用阳极为不溶性阳极，一般为含银 $0.5\%\sim1\%$ 的铅合金板。对电解前未使用过的铅合金阳极而言，通电电解时，在发生正常阳极反应以前，会出现以下几个反应。

a. 铅的阳极溶解，形成硫酸铅覆盖在阳极表面上：

$$Pb + SO_4^{2-} \longrightarrow PbSO_4 + 2e^-$$

b. 未被硫酸铅覆盖的铅合金阳极表面上，铅也可以直接氧化成 PbO_2：

$$Pb + 2H_2O \longrightarrow PbO_2 + 4H^+ + 4e^-$$

c. 阳极还有可能发生其他反应：

$$Mn^{2+} + 2H_2O \longrightarrow MnO_2 + 4H^+ + 2e^-$$

$$Mn^{2+} + 4H_2O \longrightarrow MnO_4^- + 8H^+ + 5e^-$$

$$2Cl^- \longrightarrow Cl_2 + 2e^-$$

待铅合金基本上被覆盖后，电解进入正常的阳极反应。铅的阳极反应关系着阳极寿命及阴极析出锌质量。电解液中阴离子如氟、氯是有害的，它们不仅加剧铅阳极腐蚀，增加铅阳极消耗，还导致阴极锌含铅量升高，以及电解槽上空含氟、氯升高，使操作条件恶化，严重影响工人的身体健康。所以在电解提取锌的工业生产中一般要求电解液中含氟、氯尽可能低。

此外，在铅阳极表面覆盖的 $PbSO_4$ 和 PbO_2 层可能存在孔隙，甚至部分脱落。这是由于铅及其氧化物的密度不同（铅为 $0.09g/cm^3$，$PbSO_4$ 为 $0.16g/cm^3$，PbO_2 为 $0.11g/cm^3$）造成的。在正常生产条件下，铅阳极生成 $PbSO_4$ 的反应仍有少量进行，并且 $PbSO_4$ 在电解液中有一定的溶解量，导致电解液中含有少量 Pb^{2+}，在工业电解液中 Pb^{2+} 含量最高可达 $5\sim10mg/L$，这样会缩短阳极寿命，并降低析出锌的质量。由于电解液中的 Mn^{2+} 在阳极被氧化成 MnO_2，黏附在阳极表面形成保护膜，能阻碍铅的溶解，在工业生产中，可通过控制电解液中 Mn^{2+} 浓度来减缓铅阳极的电化学腐蚀，即在锌电解过程中始终维持 $Mn^{2+}+2H_2O \longrightarrow MnO_2+4H^++2e^-$ 的进行。但是，若阳极过多析出 MnO_2，一方面会使浸出工序负担增加，另一方面会引起电解液中 Mn^{2+} 贫化而直接影响析出锌的质量。

③ 阴极过程　在电解提取锌的工业生产条件下，电解液中 Zn^{2+} 含量为 $50\sim60g/L$，H_2SO_4 的含量为 $120\sim180g/L$。如果不考虑电解液中的杂质，通电时，在阴极上仅可能发生两个过程：Zn^{2+} 还原，即在阴极上析出金属锌 $Zn^{2+}+2e^- \longrightarrow Zn$；$H^+$ 还原，即在阴极上析出氢气 $2H^++2e^- \longrightarrow H_2$。

在这两个反应中，究竟哪一种离子优先还原，对于电解提取锌而言是至关重要的。氢具有比锌更大的正电性，氢将从溶液中优先还原，而不析出金属锌。

$298K$ 时，Zn 和 H_2 的平衡电极电位分别为：

$$\varphi_{Zn}=\varphi_{Zn}^{\ominus}+\frac{RT}{2F}\lg c_{Zn^{2+}}=-0.761+0.0592\lg c_{Zn^{2+}}$$

$$\varphi_{H_2}=\frac{RT}{nF}\lg c_{H^+}=0.0592\lg c_{H^+}$$

仅从热力学上分析，显然在 Zn 析出前，电位较正的 H_2 应首先析出，Zn 的电解似乎不可能。然而考虑动力学因素，即极化引起过电位，Zn 和 H_2 的实际放电电位应为：

$$\varphi_{Zn}=-0.761+0.0592\lg c_{Zn^{2+}}-\eta_{Zn}$$

$$\varphi_{H_2}=0.0592\lg c_{H^+}-\eta_{H_2}$$

由于 $Zn^{2+}\longrightarrow Zn$ 的极化程度很小，即 η_{Zn} 值可忽略。而锌属于析 H_2 过电位高的一类电极材料，其过电位 φ_{H_2} 达 $0.7V$，这就导致 φ_{Zn} 与 φ_{H_2} 很接近，通常电解液中 Zn^{2+} 浓度都是很大的，结果就使得 φ_{Zn} 比 φ_{H_2} 更正，所以不会有氢气先析出，只有 Zn^{2+} 浓度足够低时，才可能有 H_2 析出。

电解提取锌时，溶液中的 H^+ 含量约为 $2mol/L$，Zn^{2+} 含量约为 $1mol/L$，阴极材料是锌（开始是铝，但通电后沉积了锌），电流密度约为 $500A/m^2$。已知在此条件下氢析出过电位为 $0.926V$，锌析出过电位为 $0.1V$。经计算可知 $298K$ 时氢和锌的析出电位分别为 $-0.908V$ 和 $-0.863V$。由于锌析出电位比氢析出电位正，所以 Zn^{2+} 首先在阴极上析出。在这里二者析出电位较接近，因此必须适当控制电解条件，尽量减少氢的析出。

电解提取锌时，阴极电流效率可达 90% 以上。电解沉积的锌本身具有抑制析氢的动力学特点，在工业生产中无需采用特殊措施，即可获得高的电流效率，这也是电解提取锌电极过程的一大特点。

（4）锌的熔铸

在低频感应炉中将阴极电解制得的锌加热至 $450\sim500℃$，使之熔化，铸成锌锭。

7.4　电解熔融盐提取金属

熔融盐电解在现代工业中占有重要地位。对于一些电极电位很负的金属，由于水溶液中电解首先析氢，则无法从其水溶液中将金属还原析出。熔融盐电解即在熔融盐电解质中金属的电解过程可将电极电位较负的金属还原。例如产量最大的有色金属铝，就是采用电解熔融盐法生产的。电极电位很负的碱金属和碱土金属、稀土金属、高熔点金属（钽、铌、锆、钛）以及锕系金属（钍、铀）等都可采用电解熔融盐制取。除此之外熔融盐电解也用于生产非金属，例如氟、硅、硼等。其中氟、铝、钠、镁、混合轻稀土金属，熔融盐电解法是其唯一的或主要的生产手段。熔融盐电解还可以进行精炼金属和制取合金。

7.4.1 熔融盐电解理论

建立在水溶液体系电解质的电化学基础理论，一般也可用于熔融盐体系。但是熔融盐电解质又有自身的一系列特点。

（1）熔融盐电解质

熔融盐电解质一般指熔融状态的盐类。盐类在常温下是晶体，当温度升至接近其熔点使其熔融时，该盐的结构仍然和晶体有类似之处。一般情况下大多数盐熔融后，体积相对膨胀较小，例如 KCl 为 17.3%，$CaCl_2$ 为 0.9%，KNO_3 为 3.3%；并且熔融后盐的热容只比固体的热容稍大一些，例如 KCl 熔融态和固态的热容仅相差 0.8cal/K。研究表明熔融盐中粒子间的平均距离与固态盐中粒子间的平均距离接近，盐的熔化对各质点间的结合力削弱不大，也就是说熔融盐中离子的热运动性质仍保持着固态粒子热运动的性质。根据 XRD 分析，结晶温度很近的熔融态的晶体结构性质和固态的相近。虽然现在对熔融盐结构仍未弄清，但是一般认为熔融盐是完全离解的离子液体。处于熔融态盐的电离度大，并且温度高，使离子运动速度增加，故其电导率一般比水溶液大得多。

（2）熔融盐的电极电位

由于熔融盐没有像水溶液那样有共同的溶剂，其体系各异，故金属在不同熔融盐体系具有不同的电极电位。为了生产需要，人们根据实践确定了在不同种类溶剂中的电位序。例如根据生产金属氯化物的自由能进行热力学计算，得出单一氯化物熔融盐作电解质的电化学电池的电动势，并把 Cl^-/Cl_2 电极电位规定为零，求得各种温度下金属的电极电位数值如表 7-3 所示。

表 7-3 某些金属在氯化物中不同温度的电极电位—$\varphi^{\ominus}$ 单位：V

温度/℃ 电极	100	200	400	600	800	1000
K^+/K	4.153	4.056	3.854	3.656	3.441	3.115
Li^+/Li	3.955	3.881	3.722	3.571	3.457	3.352
Na^+/Na	3.910	3.810	3.615	3.424	3.240	3.019
Ca^{2+}/Ca	3.830	3.754	3.605	3.462	3.323	3.208
La^{3+}/La	3.504	3.426	3.227	3.134	2.997	2.876
Mg^{2+}/Mg	3.006	2.922	2.760	2.602	2.460	2.346
Ti^{2+}/Ti	2.202	2.134	2.006	1.885		
Zn^{2+}/Zn	1.854	1.776	1.665	1.552		
Fe^{2+}/Fe	1.516	1.451	1.327	1.207	1.118	1.050

虽然金属在熔融盐中的电位序在氯化物和氟化物中略有差异，但是排序和水溶液相似，例如，碱金属（Li、Na、K）、碱土金属（Be、Mg、Ca、Sr、Ba）在熔融盐中的电位仍是最负的，排在电位序前面；稀土金属（Sc、Y、La、Ce）、轻金属（Al、Ti）、难熔金属

（W、Ta、Mo、Nb、Hf、Cr、V、Zr 和 Ti）的排序次之；有色重金属（Cu、Pb、Zn、Sn、Ni、Co、Ti、Hg、Cd 和 Bi）、贵金属电位仍是最正的，排在电位序后面。在选择电解质时，应首先考虑碱金属和碱土金属的盐，因为它们不会首先析出来。氟化物主要用在以金属氧化物为原料的电解，氯化物主要用在以金属氯化物为原料的电解。

在熔融盐研究中可用熔融盐的分解电压来判断电极反应的可能性，以及一些物质的氧化还原能力。例如，可通过对比同一种阴离子与不同金属离子组成的熔融盐的分解电压，判断这些金属离子的氧化还原能力。表 7-4 为一些熔融氟化物和氯化物的分解电压。分解电压同样受温度的影响，因此在计算熔融盐中电化学反应的分解电压时，不能直接引用常温下的热力学数据，要考虑到温度以及每一种物质的状态。

表 7-4　一些熔融氟化物和氯化物的分解电压

氟化物	温度/℃	分解电压/V	氯化物	温度/℃	分解电压/V
LiF	1000	2.20	LiCl	650	3.41
NaF	1000	2.76	NaCl	877	3.35
KF	1000	2.54	KCl	700	3.53
MgF_2	1400	2.25	$CaCl_2$	700	3.38
CaF_2	1400	2.40	$MgCl_2$	700	2.51
SrF_2	1440	2.43	$SrCl_2$	800	3.30
MgF_2	1400	2.25	$BaCl_2$	700	3.62
BaF_2	1000	2.63	$ZnCl_2$	427	1.60
ZnF_2	1000	2.16	$AlCl_3$	277	1.90
AlF_3	1000	2.25	CsCl	700	3.68
BiF_3	1000	1.36	$PbCl_2$	500	1.27
PbF_2	1000	1.74	RbCl	700	3.62
NiF_2	1000	1.58	$CoCl_2$	700	0.97
CoF_2	1000	1.72	$SnCl_2$	700	1.15
FeF_3	1000	1.00			

（3）影响熔融盐电解的因素

① 熔融盐的物理化学性质对电解的影响

a. 温度。在实际生产中总希望电解在较低温度下进行，从而使金属在熔融盐中的溶解度减小，产品氧化减少，熔融盐的挥发损失减少和设备腐蚀降低等。但是温度过低会使电解质黏度升高，金属的机械损失增大。温度与电流效率的关系如图 7-4 所示。通常为了降低熔点，熔融盐电解体系常常由两种或两种以上的盐类组成，并且生产实践中几乎不用单一组分电解质进行熔融盐电解。氯化物和氟化物是目前常用的熔融盐体系，例如 NaCl 熔点为 801℃，KCl 熔点为 776℃，二者等摩尔的熔融盐熔点则为 663℃，即二者构成低共熔点体。电解所使用的熔融盐温度通常要高出其熔点约 50℃。

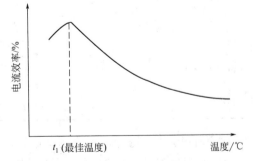

图 7-4　熔融盐电解时温度与电流效率的关系

b. 密度。熔融盐电解时其产物一般也呈熔融态，熔融盐的密度影响产物的分离。当液体产物的密度小于熔融盐的密度时，产物就能浮于熔融盐上部，如钠、镁。当液体产物的密度大于熔融盐的密度时，产物就能沉到电解槽底部，如铝、稀土金属。当二者密度相接近时，产物就会在熔融盐中悬浮而不易分离，对生产不利。另外，所制取产物密度与熔融盐密度的相对大小，在很大程度上决定电解槽的结构。

c. 黏度。熔融盐的黏度同样也会影响析出的金属。熔融盐黏度大，流动性低时，其导电性也差，导致阴极析出的金属小颗粒难收集，并且阳极析出的气体难排出，因此熔融盐黏度太大不能用于电解制取金属。但黏度太小，熔融盐对流严重，使电流效率降低。所以要求熔融盐有适当的黏度。熔融盐黏度与温度有关，一般随温度升高而降低。熔融电解质的黏度一般在 $10^{-3} \sim 1 Pa \cdot s$ 范围之内。另外，影响黏度的因素相当复杂，因而混合盐的黏度随组成变化，多数不能用加和规则来计算。

d. 电导率。在生产中人们力求增大熔融盐电导率以降低槽压及电能消耗。熔融盐的电导率取决于其组成、结构、离子的特性以及熔融盐温度。通常熔融盐的电导比室温下水溶液的电导大得多，这是由于在水溶液中盐的电离是靠溶剂化作用来实现的，但这不是使离子晶体电离的唯一方式，升高温度可以克服离子键的吸引力而形成离子熔体。表 7-5 为某些物质的电导率。因为熔融盐的单位体积中离子数目比水溶液要多，因此其电导率高。故熔融盐电解可采取较高的电流密度。

表 7-5　某些物质的电导率

类别	物质	电导率/(S/m)	电导率范围
金属	银	6.2×10^7(18℃)	一般为 $10^5 \sim 10^8$
	铜	5.7×10^7	
	汞	1.0×10^6	
半导体	硅	2.52×10^{-4}	一般为 $10^{-6} \sim 10^{-4}$
	锗	1.7×10^{-4}	
电解质水溶液	0.1mol/L KCl	1.288(25℃)	一般为 $10^{-6} \sim 10$
	0.1mol/L NH$_4$OH	3.1×10^{-2}(18℃)	
	30%（质量分数）H$_2$SO$_4$	73.88(18℃)	
熔融盐	LiCl	585(620℃)	
	KCl	224(800℃)	
	NaF	495(1000℃)	
	NaCl	354(805℃)	
	KF	414(860℃)	
	PbCl$_2$	148(505℃)	
	NaBr	306(800℃)	
	NaI	256(700℃)	
	KOH	252(400℃)	
固态电解质	K$_4$[AgI$_5$]	24(25℃)	
	AgBr	4×10^{-7}(25℃)	
绝缘体	云母	10^{-13}	一般为 $10^{-20} \sim 10^{-8}$
	石蜡	10^{-14}	

e. 表面张力。熔融盐电解质在电极表面的润湿性，即表面张力，直接影响了电解时金属的溶解和阳极效应。通常金属与熔融盐间的界面张力越大，金属在熔融盐中的溶解度就越小，阴极析出的液态金属便易于凝聚，使金属的损失减小。

f. 蒸气压。熔融盐的蒸气压对电解生产具有实际意义，因为电解时温度往往较高，熔融盐容易从电解槽中蒸发出来，这不仅造成熔融盐的损失，还会对生产车间造成一定的大气污染。因此，应选择蒸气压较低、挥发性小的熔融盐作电解质，但挥发性小的盐类往往熔点较高。采用二元或多元体系，电解可在较低温度下进行，以减少盐类的挥发。

g. 熔融盐结构。熔融盐结构介于气态和固态之间，并更接近于固态，具有"近程有序，远程无序"的特点。虽然对气体或固体的结构都有比较成熟的研究，但是液态结构理论尚有待进一步阐明；高温熔融盐的种类繁多，它与常温下的水溶液结构又有所不同，加上高温实验技术上的困难，因此目前还未能建立起一个统一的熔融盐结构理论；研究熔融盐性质的实验手段常常是借用研究固体或研究气体的方法进行的。

② 阳极效应　当熔融盐电解的电流密度达到一定值后（临界电流密度），电解槽槽压突然升高（达 12～120V），电流密度剧烈下降，并且能观察到炭阳极周围出现细微电火花放电的光圈，阳极停止析出气泡，熔融盐和阳极间好像被一层气体膜隔开，这一现象叫阳极效应。阳极效应不仅增大了能耗，还严重影响熔融盐电解的正常进行。各种熔融盐发生阳极效应的临界电流密度受电解质组成、电解温度、阳极材料的影响而不同。氟化物的临界电流密度比氯化物低，碱土金属氯化物又比碱金属氯化物低。例如 NaCl 的临界电流密度为 $1.08A/cm^2$，NaF＋KF 为 $0.25A/cm^2$，$CaCl_2＋BaCl_2$ 为 $0.7A/cm^2$。

电解制取钠、钾、镁时，常在低于临界电流密度下进行，一般看不到阳极效应。电解 Na_3AlF_6（六氟铝酸钠）-Al_2O_3 熔体制取铝是在接近临界电流密度下进行的，所以会周期性出现阳极效应。

（4）熔融盐电极反应的特点

熔融盐电解时电极也发生极化现象，但与水溶液中的电极反应相比，又有自身的一些特点。

① 极化小　熔融盐电解温度高，其电极转移步骤的速率比水溶液中的电极过程要高很多，因此其电化学极化非常小。例如大多数金属在水溶液中的交换电流密度 i_0 一般为 $10^{-6}～10^{-2}kA/m^2$，而在熔融盐中的交换电流密度高达 $5～33kA/m^2$。同样，由于电极反应是在高温下进行，离子在熔融盐介质中的运动速率很快，减小了由传质迟缓引起的浓差极化。

② 一般不存在结晶过电位，由于电解在高温下进行，通常阴极的产物呈液态，因此几乎不存在结晶过电位。

③ 易发生各种副反应。

④ 电极材料往往受到高温电解质的腐蚀。

7.4.2　铝的电解提取

铝及铝合金是当前经济适用、用途十分广泛的材料之一。世界铝产量从 1956 年开始超过铜产量并一直居有色金属之首。当前铝产量和用量（按吨计算）是仅次于钢材的第二大金属。

（1）铝的性质和用途

物质的性质很大程度上决定了其用途。由于铝有多种优良性能，因而用途非常广泛。表 7-6 为铝的性质与应用领域。

（2）铝的发现和提取

铝是地壳中储量最多的金属元素，其含量约为 8%，仅次于氧和硅。但自然界中的铝均是以化合物的形式存在，未发现游离状态的金属铝。铝的化学性质非常活泼，从其矿石中提炼铝十分困难，所以铝在人类历史上出现和应用得比较晚。

表 7-6　铝的性质与应用领域

基本特征	主要特点	主要应用领域
质量轻	铝的密度为 2.7g/cm³,铜的密度为 8.9g/cm³,铁的密度为 7.9g/cm³	制造飞机、轨道车辆、汽车、船舶、桥梁、高层建筑和质量轻的容器等
比强度高	铝的力学性能不如钢铁,但其比强度高,经热处理的铝合金强度比普通钢好,甚至可以与特殊钢媲美	压力容器、集装箱、建筑结构材料、小五金等
容易加工	铝的延展性优良,易于挤出形状复杂的中空型材,适于拉伸加工及其他各种冷热塑性成形	受力结构部件框架,一般用品及各种容器,光学仪器及其他形状复杂的精密零件
易于表面处理	铝及铝合金表面有氧化膜,呈白色,如果经过氧化处理,其表面的氧化膜更加牢固,而且可以用染色和涂刷等方法,制造出各种颜色和光泽的表面	建筑用壁板、器具装饰、装饰品、标牌、门窗、幕墙、汽车和飞机蒙皮、仪表外壳及室内外装修材料
耐蚀性、耐候性好	铝及铝合金,因为表面能生产硬且致密的氧化膜,很多物质对它不产生腐蚀作用	门板、车辆、船舶外部覆盖材料,厨房器具,化学装置,屋顶瓦板,洗衣机,海水淡化,化工石油,化学药品包装
导热、导电性好	电导率和热导率仅次于铜,为钢铁的 3～4 倍	电线、母线接头、电饭锅、热交换器、汽车散热器、电子元件等
对光、热、电波的反射	对光的反射率,抛光率为 70%,高纯度铝经过电解抛光以后为 94%,比银(92%)还高	照明器具、反光镜、屋顶瓦板、抛物面天线、冷藏库、冷冻库、投光器、冷暖器的隔热材料等
无磁控	铝是非磁性体	船用罗盘、天线、操舵室内的器具等
无毒	与大多数食品接触时溶出量很微小,同时由于表面光滑容易清洗,细菌不易停留繁殖	食品包装、鱼罐、鱼舱、医疗器械、食品容器等
吸音性	铝对声音是非传播体,有吸收声波的性能	室内天棚板等

1746 年德国人波特(J. H-Pott)用明矾制得一种氧化物,当时并不知道这是一种什么氧化物。18 世纪法国的拉瓦锡(A. L. Lavoisier)认为这是一种未知金属的氧化物,它与氧的亲和力极大,以致不可能用碳和当时已知的其他还原剂将它还原出来。1807 年英国人戴维(H. Davy)试图电解熔融的氧化铝以获得金属,没有成功。1809 年他将这种想象中的金属命名为 alumium,后来改为 aluminium。1825 年丹麦人奥斯特(H. C. Oersted)用钾汞齐还原无水氯化铝,第一次得到几毫克金属铝,指出它具有与锡相同的颜色和光泽。1827 年德国人沃勒用钾还原无水氯化铝得到少量金属粉末。1845 年他用氯化铝气体通过熔融金属钾的表面,得到一些铝珠,每颗质量约 10～15mg,从而对铝的密度和延展性做了初步测定,指出铝的熔点不高。1854 年德国人本森(R. Bunsen)用电解 $NaAlCl_4$ 熔融盐制得了金属铝。当时,电价格太高而且不能获得大电流,因而不能进行工业电解实验。1867 年发明了发电机并在 1880 年加以改进,这种电源才可用于工业生产。1883 年美国人布拉雷(Bradley)提出冰晶石-氧化铝熔融盐电解方案。3 年之后即 1886 年,美国的霍尔和法国的埃鲁特都通过实验申请了冰晶石-氧化铝熔融盐电解法的专利,这就是霍尔-埃鲁特法。这一方法的要点仍是近代铝电解工业的基础。

1888 年 8 月奥地利科学家拜耳(K. J. Bayer)申请了从铝土矿提取氧化铝的专利。与此同时,瑞士冶金公司利用莱茵河上的水力发电,获得了廉价的电力。由此,霍尔-埃鲁特法、拜耳法以及廉价的电力推动了美国和欧洲铝工业的发展,于是,电解法很快取代了化学法。化学法总共生产了约 200t 铝,前后约 30 年,该工艺在 19 世纪末逐渐被淘汰。

以后,其他各国相继采用冰晶石-氧化铝熔融盐电解法炼铝,如英国开始于 1890 年,德国为 1898 年,奥地利为 1899 年,挪威为 1906 年,意大利为 1907 年,西班牙为 1927 年,苏联为 1931 年，中国为 1938 年。自冰晶石-氧化铝熔盐电解法发明 120 多年来，全世界的铝产量已有极大的增长。1890 年是化学法和电解法的交替时代，原铝的产量只有 180t 左右。1970 年达到 1000 万吨，1980 年为 1625 万吨，2000 年突破了 2400 万吨，2007 年已超过 2500 万吨，2015 年达 5642.6 万吨。

电解冰晶石-氧化铝熔盐法仍然是目前工业炼铝的唯一方法。

（3）铝电解槽的发展

铝电解槽的发展分为三个阶段。

第一阶段，在铝工业初期采用小型预焙阳极，这跟碳阳极工业的生产水平相适应。20 世纪 20 年代，铝工业开始采用自焙阳极电解槽，在电解过程中只要定期地补充阳极糊，阳极就可以连续使用。特点是没有残极，连续的阳极和电解过程的连续性相适应，缺点是劳动条件差、污染严重。

第二阶段，按照当时铁合金电炉上的连续自焙电极形式，在铝电解槽上装设了连续自焙阳极，自焙阳极的采用，使铝电解槽结构形式发展进入第二个阶段。

第三阶段，在 20 世纪 50 年代中期，改造了原来的小型预焙槽，使之大型化和现代化，成为新式大型预焙槽。

（4）铝电解工艺

电解法提取金属铝必须包括两个环节：一是从含铝的矿石中制取纯净的氧化铝；二是采用熔融盐电解氧化铝得到纯铝。

① 氧化铝的生产　铝矿石主要有一水硬铝石、一水软铝石和三水铝石。从铝矿石或其他含铝原料中提取氧化铝的方法有很多，这些方法可归纳为四类，即碱法、酸法、酸碱联合法与热法。

用酸法生产氧化铝时，是用硝酸、盐酸、硫酸等无机酸处理含铝矿石而得到含铝盐的酸性水溶液。然后通过蒸发结晶或水解结晶（碱式铝盐）使这些铝盐或水合物晶体从溶液中析出；也可用碱中和这些铝盐水溶液，使铝盐以氢氧化铝形式析出，然后煅烧各种铝盐的水合物、碱式铝盐或氢氧化铝，便可得到氧化铝。

对氧化铝的酸法生产研究已进行了半个多世纪。与碱法比较，它存在一些重大缺点，例如，由于采用强酸，需要昂贵的耐酸设备；回收酸工序比较复杂，并且除去铝盐溶液中的铁也较困难等。在原则上酸法可用于处理分布很广的高硅低铁铝矿，一些铝土矿资源缺乏的国家，用以处理非铝土矿原料生产氧化铝的酸法工艺作为技术储备。

酸碱联合法是先用酸法从高硅铝矿中制取含铁等杂质的不纯氢氧化铝，然后再用碱法处理。

热法适于处理高硅高铁铝土矿，其实质是在电炉或高炉内进行矿石的还原熔炼，同时获得硅铁合金（或生铁）与含氧化铝的炉渣，二者通过相对密度差分开，再用碱法从炉渣中提取氧化铝。

拜耳法是由奥地利化学家拜耳发明的一种从铝土矿中提取氧化铝的方法。该方法包括两个主要过程：在一定条件下氧化铝自铝土矿中的溶出（氧化铝工业习惯使用的术语，即浸出，下同）过程；氢氧化铝自过饱和的铝酸钠溶液中水解析出的过程，这就是拜耳提出的两项专利。拜耳发现，在常温下向 Na_2O 与 Al_2O_3 的物质的量浓度比为 1：8 的铝酸钠溶液中加入氢氧化铝作为晶种并不断搅拌，溶液中的 Al_2O_3 便以 $Al(OH)_3$（三水铝石）结晶形式析出，直到溶液中的 Na_2O 与 Al_2O_3 的物质的量浓度比提高到大约 1：6 时，$Al(OH)_3$ 不再析出。同时他还发现，已经析出大部分氢氧化铝的铝酸钠溶液，在加热时又可以溶出铝土矿中的氧化铝水合物，这就是用循环母液溶出铝土矿的过程。这两个过程交替进行，就能不断地处理铝土矿，得到氢氧化铝产品，构成拜耳法循环。

拜耳法的实质就是以湿法冶金的方法，从铝土矿中浸出提取 Al_2O_3。提取过程是通过下列反应在不同条件下正逆方向的交替进行而实现的：

$$Al_2O_3 \cdot 3H_2O + 2NaOH \underset{\text{分解}}{\overset{\text{溶出}}{\rightleftharpoons}} 2NaAl(OH)_4$$

式中，正反应为溶出过程，逆反应为加晶种分解过程。

尽管一百多年来氧化铝工艺技术已经有了许多改进，但基本原理并未发生变化。为纪念拜耳这一伟大贡献，该方法一直沿用拜耳法这一名称。

② 冰晶石-氧化铝熔融盐的结构　冰晶石（Na_3AlF_6）熔点为 1010℃，属于单斜晶系。工业上采用的多为合成冰晶石。氧化铝（Al_2O_3）熔点为 2050℃。向冰晶石中加入氧化铝，其熔点下降。例如，冰晶石含 18% 的氧化铝时形成低共熔混合物，其熔点为 962℃。冰晶石熔化后或在冰晶石中再融入氧化铝，产生可传导电流的离子而具有良好的导电性。有关熔盐离子结构的研究表明，冰晶石熔融时产生 AlF_6^{3-}、AlF_4^-、Na^+、F^- 四种离子。冰晶石含有 0%～2% 的氧化铝时，熔融时还可能存在两种 Al-O-F 络离子形式：$Al_2OF_{10}^{6-}$ 和 $Al_2OF_6^{2-}$；冰晶石含有 2%～5% 的氧化铝时，熔融时可能存在 Al-O-F 络离子形式：$AlOF_5^{4-}$ 和 $AlOF_3^{4-}$；冰晶石中氧化铝浓度大于 5% 时，熔融时可能存在 Al-O-F 络离子形式：$AlOF_5^{4-}$ 和 $AlOF_3^{2-}$ 等。冰晶石可以看成是由摩尔比等于 3 的 NaF 和 AlF_3 组成。当二者的摩尔比小于 3 时，为酸性电解质；摩尔比大于 3 时，为碱性电解质。酸性电解质中 AlF_3 超出在冰晶石中的含量，其组成与 Na_3AlF_4-AlF_3-Al_2O_3 熔融盐体系相当。

Al_2O_3 含量直接影响着熔融电解质的物理化学性质。在电解过程中，Al_2O_3 含量是不断变化的，即随着电解的进行，Al_2O_3 含量逐渐减少。根据电解槽的工作情况，可分为开始阶段（添加 Al_2O_3 后 1～2h）、中间阶段和最后阶段（发生阳极效应之前 1～2h），这三个阶段中熔融盐电解铝电解质的物理和化学性质如表 7-7 所示。

表 7-7　熔融盐电解铝电解质的特性

性质	开始阶段	中间阶段	最后阶段
Al_2O_3 质量分数/%	8.0	5.0	1.7
开始结晶温度/℃	940～945	955～980	970～975
密度×10^{-3}/(kg/m³)	2085～2105	2090～2110	2105～2125
黏度/mPa·s	3.50～3.65	3.10～3.26	2.85～2.95
电导率/(S/m)	175～185	195～205	215～225

③ 熔融盐电解铝工艺条件　电解制取铝的电解质为 Na_3AlF_6-Al_2O_3（3%～10%，质量分数），Na_3AlF_6 中 NaF 与 AlF_3 的分子比为 2.6～2.8（由于这两种氟化物都可以蒸发或参与其他副反应，故两者的比例并非与冰晶石的组成相当）。加入添加剂，如 LiF、KF、CaF_2 等，以降低电解质的熔点，提高熔融盐的电导率以及减少产物铝的损失。电解时具体的工艺参数如下。

电解温度：950～970℃，此时熔融盐的密度为 2.15g/cm³，铝的熔点为 660℃，在该电解温度下呈液态（密度为 2.36g/cm³），因此铝沉于槽底而成为阴极。碳阳极在阴极之上。

极间距：约 4～5cm。

阳极电流密度：约为 $1A/cm^2$。

阴极电流密度：约 $0.5A/cm^2$。

现代电解槽的规模可达 10 万安培。图 7-5 为一种电解铝设备图。

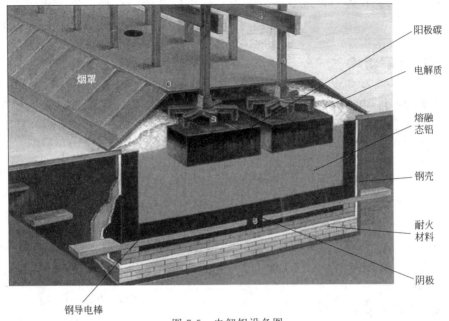

图 7-5　电解铝设备图

④ 电解的电极反应　熔融盐电解铝的电解槽内反应机理相当复杂，至今仍未有定论，但是总的反应可概括地用下列反应来表示。

冰晶石-氧化铝熔融盐电解反应主要是氧化铝的分解反应，采用碳材料作阳极时的反应表示式为：

$$2Al_2O_3+3C \longrightarrow 4Al+3CO_2$$
$$Al_2O_3+3C \longrightarrow 2Al+3CO$$

电解的最终结果是消耗 Al_2O_3 和碳阳极，产生金属铝、CO_2 或 CO。根据热力学数据进行计算，得到这两个反应的电动势分别为 1.167V 和 1.034V。

电解温度为 977℃时 $\Delta G=-338.9kJ/mol$，由此算出分解电压为 1.17V；而单独 Al_2O_3 分解为 Al 和 O_2 的 $\Delta G^{\ominus}=-640kJ/mol$，其分解电压为 2.21V；由此可见，消耗碳阳极可降低氧化铝的分解电压。实际上电解时槽压高达 4～5V，因为其中还包括电位，金属和熔融盐部分的欧姆电压降，以及阳极效应引起的电压增加。熔融盐电解铝的电流效率为 85%～90%，电能消耗为 14000～16000kW·h/t，因此，降低电耗是电解铝的重要课题。

7.5　金属的电解精炼

7.5.1　概述

金属的电解精炼是利用不同元素的阳极溶解或阴极析出难易程度的差异而提取纯金属的

技术。电解时用高温还原得到的粗金属铸成阳极，用含有欲制金属的盐溶液作电解液，控制一定电位使溶解电位比精炼金属正的杂质存留在阳极或沉积在阳极泥中（其中往往含有贵金属），用其他方法分离回收。而溶解电位比精炼金属负的杂质则溶入溶液，不在阴极上析出，从而在阴极上可得到精炼的高纯金属。利用电解精炼的金属有铜、金、银、铂、镍、铁、铅、锑、锡、铋等。

7.5.2 铜的电解精炼

一般火法冶炼得到的粗铜中含有多种杂质（如锌、铁、镍、银、金等），这种粗铜的导电性远不能满足电气工业的要求，如果用以制电线，就会大大降低电线的导电能力。因此必须利用电解的方法精炼粗铜。

粗铜含杂质 Zn、Fe、Ni、Ag、Au 等。铜的精炼原理如图 7-6 所示。所对应的电极反应如下。

阳极：

$$Zn - 2e^- \longrightarrow Zn^{2+}$$
$$Fe - 2e^- \longrightarrow Fe^{2+}$$
$$Ni - 2e^- \longrightarrow Ni^{2+}$$
$$Cu - 2e^- \longrightarrow Cu^{2+}$$

阳极泥：Ag、Au。

阴极：

$$Cu^{2+} + 2e^- \longrightarrow Cu \downarrow$$

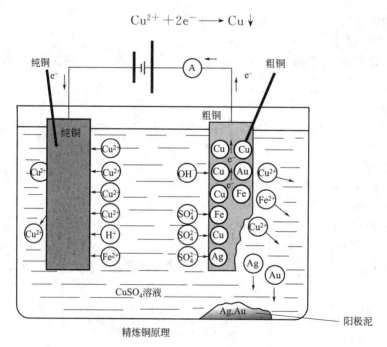

图 7-6　铜的精炼原理

电解条件与主要技术经济指标如下：

电流密度：200～300A/cm²；

电流效率：95％～98％；

槽压：0.23～0.28V；

直流电耗：225～250kW·h/t(铜)；

残极率：14%～15%；

硫酸单耗：3.4～4.2kg/t（铜）；

电解液温度：60～65℃；

同极中心距：70～100mm；

电解总回收率：99.7%～99.9%

7.5.3 铝的电解精炼

高纯铝主要应用于半导体工业，约占95%。铝的最低纯度为99.999%，每种杂质的最大含量为$0.4×10^{-9}$。例如：计算机存储硬盘通常是用高纯铝或高纯铝合金制造的。

工业上铝的电解精炼是在包含三层熔体的特殊电解槽中进行的。上层是阴极，由熔融的精铝构成，其密度为$2.35g/cm^3$。中间层是熔融电解质，其密度为$2.7g/cm^3$。熔融电解质可以是氟化物，也可以是氟氯化物。电解槽下层是阳极，由进行氯化处理和初步精炼后的生铝构成，为了使该层熔体的密度变大，可加入30%～40%金属铜形成合金。

电解精炼的总过程是金属铝从阳极合金中溶解进入熔融电解质，然后再在阴极上析出。电解精炼可以得到99.95%～99.999%的高纯金属铝。

第8章

电化学加工

8.1 概　述

电化学加工（electrochemical machining，ECM）是通过电化学反应去除工件材料或在其上镀覆金属材料等的一种加工方式。法拉第（Faraday）在 1834 年就提出了著名的法拉第定律，即电化学反应过程中金属阳极溶解（或析出气体）及阴极沉积（或析出气体）物质质量与所通过电量成正比，奠定了电化学学科和相关工程技术的理论基础。电化学加工相较于其他机械加工方法出现得较晚。从法拉第定律的提出，到电化学应用于加工领域中间经历了一百多年的时间。20 世纪 30 年代，才开始出现电解抛光，以及后来的电镀。在 20 世纪 50 年代、60 年代，相继出现了能够满足零件几何尺寸、几何形状和精度加工需要的电解、电解磨削、电铸成形等工艺技术。随着科学技术的发展，电化学加工技术得到不断的发展、应用和创新，目前已成为一门先进制造技术。

8.1.1 电化学加工分类

根据加工原理和主要加工作用，可将电化学加工方法分为以下三大类。

① 利用电化学阳极溶解来进行加工，包括电解加工、电解抛光。所对应的阳极溶解反应为：

$$M - e^- \longrightarrow M^+$$
$$M + OH^- \longrightarrow M(OH)\downarrow$$

② 利用电化学阴极沉积、涂覆进行加工，主要有电镀、电铸等。所对应的阴极反应为：

$$M^+ + e^- \longrightarrow M$$

③ 利用电化学加工与其他加工方法相结合的电化学复合加工，如电解磨削、电化学阳极机械加工。

电化学加工的分类如表 8-1 所示。

表 8-1　电化学加工的分类表

类别	加工方法（及原理）	加工类型
I	电解加工（阳极溶解） 电解抛光（阳极溶解）	用于形状、尺寸加工 用于表面加工，去毛边
II	电镀（阴极沉积） 局部涂镀（阴极沉积） 复合电镀（阴极沉积） 电铸（阴极沉积）	用于表面加工，装饰 用于表面加工，尺寸修复 用于表面加工，磨具制造 用于制造复杂形状的电极
III	电解磨削，包括电解研磨（阳极溶解、机械刮除） 电解放电复合加工（阳极溶解、放电蚀除） 电化学阳极机械加工（阳极溶解、机械刮除）	用于形状、尺寸加工，超精、光整加工，镜面加工 用于形状、尺寸加工 用于形状、尺寸加工，高速切断、下料

8.1.2　电化学加工的特点

电化学加工具有以下特点。

① 不受材料强度、韧性及硬度限制，可加工的范围广。

② 加工的工件表面无淬火层、残余应力、毛边或棱角。

③ 可在大面积上同时进行电化学加工。

④ 废气或废液会对环境造成污染，也会对设备产生腐蚀作用。

8.2　电解加工

8.2.1　概述

（1）电解和电解加工

电解是指在一定外加电压下，对电解池通以直流电流，在两极分别发生还原反应和氧化反应的电化学过程。以在 NaCl 水溶液中电解铁基合金为例，其电解池基本组成与电解过程如图 8-1 所示。

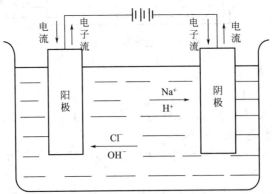

图 8-1　电解池基本组成和电解过程

NaCl 在水中可以解离为 H^+、Na^+、OH^- 和 Cl^- 等。电解时阳极发生溶解的氧化反应，即铁失去电子被氧化，二价或三价铁离子溶解进入电解液中。

$$Fe \longrightarrow Fe^{2+} + 2e^-$$

生成的 Fe^{2+} 与溶液中的 OH^- 反应：

$$Fe^{2+} + 2OH^- \longrightarrow Fe(OH)_2 \downarrow$$

生成的 $Fe(OH)_2$（墨绿色絮状物），在有氧气存在的情况下会继续氧化为 $Fe(OH)_3$（黄褐色沉淀）：

$$4Fe(OH)_2 + 2H_2O + O_2 \longrightarrow 4Fe(OH)_3 \downarrow$$

阴极则发生析氢反应，即 H^+ 得到电子被还原：

$$2H^+ + 2e^- \longrightarrow H_2 \uparrow$$

电解加工是基于电解过程的阳极溶解原理并借助于特定的阴极形状，获得一定尺寸精度和表面粗糙度零件的特种加工。电解加工起源于 20 世纪 50 年代苏联科学家进行的实验研究——"以金属局部高速溶解为基础的电化学加工"。1956 年，在美国芝加哥工业博览会上展出了第一台电解加工机床，揭开了电解加工机床商品化的序幕。我国最早发展电解加工时称之为"电液压加工"。顾名思义，这是一种在高压力、高流速条件下进行的电化学过程。电解加工示意图如图 8-2 所示。加工时，待加工的工件作为阳极（接电源的正极），工具为阴极（接电源的负极），电解时金属工件的溶解在阳极和阴极之间的距离很小的间隙中进行。

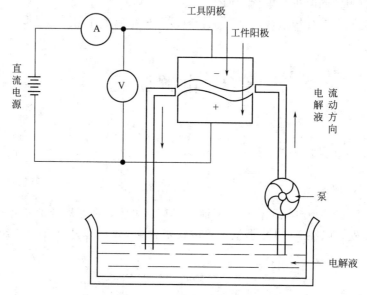

图 8-2　电解加工示意图

（2）电解加工的特点

电解加工与机械加工的区别如下。

① 电解加工属于非接触式加工，工件与所谓的"刀具"（阴极）不接触，因此不产生切削应力和热，可避免产生毛刺和切削应力。

② 电解加工不受工件材料的机械性质如硬度、韧性和强度等影响，可加工高硬度、高韧性材料以及高强度合金等。

③ 能同时进行三维加工，一次加工出形状复杂的型孔、型面和型腔。

电解加工不同于其他工业电化学过程的特点如下。

① 电极间距很小，一般为 0.05～1mm。为了保持高的加工电流密度，需要依靠阴极进

给，维持两极间均匀细小的间隙。

② 电极反应速率高，电流密度一般高达 $500 \sim 800 \mathrm{A/cm^2}$，高出一般工业电化学过程的数十倍，甚至数百倍。

③ 电解液流速高、流量大。电解加工时电极反应速率快，因此需要高流速、大流量的电解液，提供足够的反应物，减小传质过程引起的浓差极化，同时排出阳极的溶解产物和电化学反应产生的大量焦耳热。

电解加工的主要缺点如下。

① 加工精度和加工稳定性还不够高。比如打孔或者套料加工，可保证加工偏差在 $\pm(0.05 \sim 0.025)\mathrm{mm}$ 范围内；电解加工三维型面和型腔，保持在 $0.10 \mathrm{mm}$ 以内的偏差就有较大困难。这是因为机械加工时刀具与工件直接接触，刀具的位置精度基本可决定工件的尺寸精度（仅考虑弹性让刀等因素即可）；而在电解加工时，工件与阴极不接触，是通过阴、阳两极的间隙对工件进行蚀除，间隙状态受电化学、电场、流场等多种因素交互影响，情况非常复杂，因此较难得到均匀和稳定的间隙，从而影响加工稳定性。

② 阴极的研制周期长，参数控制比较困难，自动化程度有待提高，这也是目前电解加工行业内努力攻关的课题。

③ 电解加工附属设备多，占地面积较大，因为要与有腐蚀性的电解液接触，就要求机床有足够的刚性和防腐蚀性，其成本较高，不适宜于单间小批量生产。

④ 需要解决三废处理问题，防止环境污染。关于环保问题，实际电解加工生产中电解液是循环使用的，有固液分离的环节，则电解液可以用很长时间，分离出来的废渣应回收处理。电解液本身不含有毒物质，但是在加工含 Ni、Cr 量较高的材料时，电解液会富含 Ni、Cr，更应注意回收。目前，对含 Ni、Cr、Fe 废渣的回收具有相应的方法，只要管理好，不会对环境造成危害。

8.2.2 电解加工的电极电位

电解加工的电化学反应较为复杂，它随工件材料、电解液成分、工艺参数等不同而不同。以下以 NaCl 水溶液为电解液电解加工铁基合金为例，讨论电解加工的电极电位。

在电解加工时阳极除了铁溶解，还存在 $\mathrm{OH^-}$ 和 $\mathrm{Cl^-}$，这两种阴离子若在阳极放电，则会有氧气和氯气析出：

$$4\mathrm{OH^-} - 4\mathrm{e^-} \longrightarrow \mathrm{O_2} \uparrow + 2\mathrm{H_2O} \qquad \varphi = 0.401\mathrm{V}$$
$$2\mathrm{Cl^-} - 2\mathrm{e^-} \longrightarrow \mathrm{Cl_2} \uparrow \qquad \varphi = 1.358\mathrm{V}$$

在阴极除了有 $\mathrm{H^+}$，还有 $\mathrm{Na^+}$ 被吸引到阴极表面，$\mathrm{Na^+}$ 能否进行再还原呢？即

$$\mathrm{Na^+} + \mathrm{e^-} \longrightarrow \mathrm{Na} \downarrow \qquad \varphi = -1.713\mathrm{V}$$

电极电位决定了每种电极反应的顺序。

（1）电极和电极电位

电极是可以接受电子和放出电子，成为中介的导电物质，考虑到电解时两相界面双电层的存在，此处的电极更确切地说应该是与电解质溶液接触的电子导体及其邻近的电解液所组成的整个体系。典型的金属/溶液界面双电层的结构如图 8-3 所示。

金属是由金属离子和自由电子以一定的排布规律（点阵形式）排列而构成晶体，金属离子和自由电子间的静电吸引力形成了晶格间的结合力，称之为金属键力。在金属/溶液界面

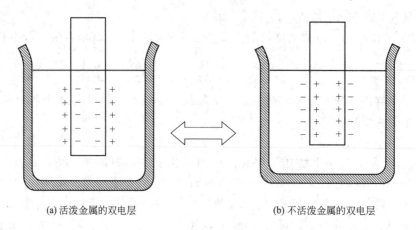

(a) 活泼金属的双电层　　　　　　　　(b) 不活泼金属的双电层

图 8-3　金属/溶液界面双电层结构示意图

上，金属键力起到两方面的作用，即吸引界面附近溶液中的金属离子脱离溶液而沉积到金属表面和阻碍金属表面离子脱离晶格而溶解到溶液中去。溶液中的水分子具有极性，也起到两方面的作用，即阻止界面附近溶液中的金属离子脱离溶液而沉积到金属表面和吸引金属表面的金属离子进入溶液。对于活泼性强的金属，其金属键力小，在金属/溶液界面上"水化作用"占优，自由电子在金属界面一侧规则排列，金属离子则在溶液界面一侧排列，所形成的

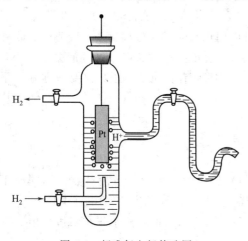

图 8-4　标准氢电极构造图

双电层如图 8-3（a）所示。反之，金属的活泼性差，其金属键力强，所形成的双电层如图 8-3（b）所示。由于双电层的形成，在金属/溶液界面上就产生了一定的电位差，即金属的电极电位 E。

（2）标准电极电位

电极电位的绝对值无法测量，为了能科学地比较不同金属的电极电位值，需要选定某种电极作为标准，其他电极与之比较，可知电极电位的相对值。在电化学理论与实践中，统一以标准氢电极电位为标准。将镀有铂黑的铂片置于 H^+ 活度为 1mol/L 的硫酸溶液（25℃）中，并不断通入气体分压为一个标准大气压的纯 H_2，使铂黑吸附 H_2 达到饱和，形成一个氢电极，如图 8-4

所示。其电极反应方程式为：

$$2H^+ + 2e^- \longrightarrow H_2 \uparrow$$

这时产生在氢电极和硫酸溶液之间的电位，称为标准氢电极电位，将该电位作为电极的电位参考基准，令其值为零，即"零电位"。某材料的标准电极电位都是在该材料离子活度为 1mol/L 溶液中、25℃和气体分压为一个标准大气压力的条件下，相对标准氢电极电位的代数值。表 8-2 为一些材料的标准电极电位（$\varphi^{\ominus}$）。

（3）平衡电极电位

对于给定的电极，将其与标准氢电极组合为可逆电池，其可逆的电极反应可以表示为：

$$\text{Ox(氧化态)} + ne^- \rightleftharpoons \text{Red(还原态)}$$

若该可逆反应的氧化反应与还原反应的速率相等，即电极/溶液界面上没有电流通过，也没

有物质溶解或析出，则相应电极电位称作平衡电极电位（φ_e）。平衡电极电位不仅与电极性质和电极反应形式有关，而且与溶液温度和离子浓度有关，可以用能斯特（Nernst）方程表示：

$$\varphi_e = \varphi^\ominus + \frac{RT}{nF}\ln\frac{a_{氧化态}}{a_{还原态}}$$

式中　φ_e——平衡电极电位，V；

$\quad\quad\varphi^\ominus$——标准电极电位，V；

$\quad\quad R$——摩尔气体常数，8.3141J/(mol·K)；

$\quad\quad F$——法拉第常数，96500C/mol；

$\quad\quad T$——热力学温度，K；

$\quad\quad n$——电子反应中得失电子数；

$\quad\quad a$——离子的活度（有效浓度），mol/L。

表 8-2　一些材料的标准电极电位

元素氧化态/还原态	电极反应	标准电极电位（$\varphi^\ominus$）/V
Li^+/Li	$Li^+ + e^- \rightleftharpoons Li$	-3.01
Rb^+/Rb	$Rb^+ + e^- \rightleftharpoons Rb$	-2.98
K^+/K	$K^+ + e^- \rightleftharpoons K$	-2.925
Ba^{2+}/Ba	$Ba^{2+} + 2e^- \rightleftharpoons Ba$	-2.92
Ca^{2+}/Ca	$Ca^{2+} + 2e^- \rightleftharpoons Ca$	-2.84
Na^+/Na	$Na^+ + e^- \rightleftharpoons Na$	-2.713
Mg^{2+}/Mg	$Mg^{2+} + 2e^- \rightleftharpoons Mg$	-2.38
Ti^{2+}/Ti	$Ti^{2+} + 2e^- \rightleftharpoons Ti$	-1.75
Al^{3+}/Al	$Al^{3+} + 3e^- \rightleftharpoons Al$	-1.66
V^{3+}/V	$V^{3+} + 3e^- \rightleftharpoons V$	-1.5
Mn^{2+}/Mn	$Mn^{2+} + 2e^- \rightleftharpoons Mn$	-1.05
Zn^{2+}/Zn	$Zn^{2+} + 2e^- \rightleftharpoons Zn$	-0.763
Cr^{3+}/Cr	$Cr^{3+} + 3e^- \rightleftharpoons Cr$	-0.71
Fe^{2+}/Fe	$Fe^{2+} + 2e^- \rightleftharpoons Fe$	-0.44
Cd^{2+}/Cd	$Cd^{2+} + 2e^- \rightleftharpoons Cd$	-0.402
Co^{2+}/Co	$Co^{2+} + 2e^- \rightleftharpoons Co$	-0.27
Ni^{2+}/Ni	$Ni^{2+} + 2e^- \rightleftharpoons Ni$	-0.23
Mo^{3+}/Mo	$Mo^{3+} + 3e^- \rightleftharpoons Mo$	-0.20
Sn^{2+}/Sn	$Sn^{2+} + 2e^- \rightleftharpoons Sn$	-0.140
Pb^{2+}/Pb	$Pb^{2+} + 2e^- \rightleftharpoons Pb$	-0.126
Fe^{3+}/Fe	$Fe^{3+} + 3e^- \rightleftharpoons Fe$	-0.036
H^+/H	$2H^+ + 2e^- \rightleftharpoons H_2$	0
S/S^{2-}	$S + 2H^+ + 2e^- \rightleftharpoons H_2S$	0.141
Cu^{2+}/Cu	$Cu^{2+} + 2e^- \rightleftharpoons Cu$	0.34
O_2/OH^-	$H_2O + 1/2O_2 + 2e^- \rightleftharpoons 2OH^-$	0.401
Cu^+/Cu	$Cu^+ + e^- \rightleftharpoons Cu$	0.522
I_2/I^-	$I_2 + 2e^- \rightleftharpoons 2I^-$	0.535
Fe^{3+}/Fe^{2+}	$Fe^{3+} + e^- \rightleftharpoons Fe^{2+}$	0.771
Hg^{2+}/Hg	$Hg^{2+} + 2e^- \rightleftharpoons Hg$	0.7961
Ag^+/Ag	$Ag^+ + e^- \rightleftharpoons Ag$	0.7996
Br_2/Br^-	$Br_2 + 2e^- \rightleftharpoons 2Br^-$	1.068
Mn^{4+}/Mn^{2+}	$MnO_2 + 4H^+ + 2e^- \rightleftharpoons Mn^{2+} + 2H_2O$	1.208
Cr^{6+}/Cr^{3+}	$Cr_2O_7^{2-} + 14H^+ + 6e^- \rightleftharpoons 2Cr^{3+} + 7H_2O$	1.33
Cl_2/Cl^-	$Cl_2 + 2e^- \rightleftharpoons 2Cl^-$	1.3583
Mn^{7+}/Mn^{2+}	$MnO_4^- + 8H^+ + 5e^- \rightleftharpoons Mn^{2+} + 4H_2O$	1.491
S^{7+}/S^{6+}	$S_2O_8^{2-} + 2e^- \rightleftharpoons 2SO_4^{2-}$	2.01
F_2/F^-	$F_2 + 2e^- \rightleftharpoons 2F^-$	2.87

（4）电极反应的顺序

电极电位的高低与金属的活泼性或非金属的惰性有密切关系。标准电极电位由低到高的排序反映了金属活泼性的顺序，即金属越活泼其标准电极电位越低，在一定条件下越容易失去电子被氧化；反之金属越不活泼其标准电极电位越高，越容易得到电子被还原。在电解加工过程中，电极电位越负的金属越容易参与氧化反应；电极电位越正的金属或金属离子，越容易参与还原反应。

在实际电解加工时，其电极反应不是在平衡可逆条件下进行的，而是在一定的外加电场，通以电流密度高达 $10\sim100A/cm^2$ 数量级的强电流条件下进行的。此时电极电位值会偏离平衡电极电位值，即发生电极的极化，偏离的值称为过电位。随着电极电流密度的增大，阳极过电位向正向偏离，而阴极过电位向负向偏离。实际电解加工生产中，由于电流密度较高，电极上进行的反应不能仅仅由平衡电极电位的高低决定，而取决于极化后的实际电位的高低。电极电位随电流密度变化的曲线称为极化曲线。电解加工是在大电流密度条件下进行的，可根据实测的极化曲线选择合适的工艺参数，分析加工中产生的问题。

8.2.3 电解液

8.2.3.1 电解液的作用

电解液是电解加工中阳极溶解的载体，是电解池的基本组成部分，其主要作用如下。

① 是电解池中传送电流的介质，与工具阴极及工件阳极组成电化学反应体系，实现所要求的电解加工过程。

② 及时排出电解产物和电解加工过程所产生的热量，控制极化，保证阳极溶解正常连续进行。

8.2.3.2 对电解液的基本要求

（1）电化学特性方面

① 在工件阳极上优先进行金属离子的阳极溶解反应，并且生成难溶性钝化膜，以确保正常加工。

② 在工具阴极上只发生析氢反应而不会沉积阳离子，以免破坏工具阴极型面，影响加工精度。

③ 集中蚀除能力强、杂散腐蚀能力弱。集中蚀除能力又称定域能力，是指工件加工区小间隙处与大间隙处阳极溶解能力的差异程度，即加工区阳极蚀除量集中在小间隙处的程度。杂散腐蚀能力又称匀镀能力，是指大间隙处阳极金属蚀除的能力，也就是加工区阳极蚀除分散的程度。集中蚀除能力是影响加工精度的关键因素之一，因为它影响成形速度/整平比。散蚀能力则影响侧壁的二次扩张、棱边锐度、转接圆角半径的大小以及非加工面的杂散腐蚀。图 8-5 为 NaCl 电解液和 $NaNO_3$ 电解液杂散腐蚀能力的比较。

④ 为了便于净化处理，并且不影响电极过程，要求阳极反应最终形成不溶性氢氧化物产物。但在某些特殊情况下，例如深细小孔加工，为避免在加工间隙区出现沉淀等异物，则要求产物为易溶性氢氧化物。

（2）物理特性方面

① 具有高的溶解度和大的解离度，一般为强电解质。用于尺寸加工时，为了得到高去

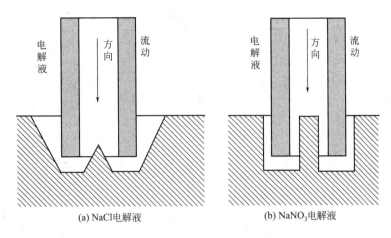

(a) NaCl电解液　　　　　　(b) NaNO₃电解液

图 8-5　杂散腐蚀能力的比较

除率，所用电解液应具有高电导率，以便采用高电流密度。而精加工时为了提高加工精度，则采用低浓度、低电导率电解液。常用电解液的电导率与温度和浓度的关系见表 8-3。

表 8-3　常用电解液的电导率与温度和浓度的关系　　　单位：$1/(\Omega \cdot cm)$

名称 温度/℃ 电导率 浓度	NaCl				NaNO₃				NaClO₃			
	30	40	50	60	30	40	50	60	30	40	50	60
5%	0.083	0.099	0.115	0.132	0.054	0.064	0.074	0.085	0.042	0.050	0.058	0.066
10%	0.151	0.178	0.207	0.237	0.095	0.115	0.134	0.152	0.076	0.092	0.106	0.122
15%	0.207	0.245	0.285	0.328	0.130	0.152	0.176	0.203	0.108	0.128	0.151	0.174
20%	0.247	0.295	0.343	0.393	0.162	0.192	0.222	0.252	0.133	0.158	0.184	0.212

②　具有尽可能低的黏度，以减少流动压力损失及加快热量和产物的迁移过程，便于实现小间隙加工。

③　具有高的热容，以减小温升，防止沸腾和形成空穴，也有利于实现小间隙、高电流密度加工。

（3）稳定性方面

在加工过程中，电解液的性能应保持稳定，以保证加工过程和加工结果的稳定。

①　电解液中消耗性组分应尽量少，使其具有足够的缓冲容量以保持稳定的最佳 pH 值。

②　黏度及电导率应具有小的温度系数。

（4）实用性方面

①　价格低廉，易于购得。

②　使用寿命长、污染小、腐蚀性小。

③　无毒、安全，应尽量避免 Cr^{6+} 及 NO_2^- 等有害离子产生。

8.2.3.3　电解液的类型

NaCl、NaNO₃ 和 NaClO₃ 为当前生产中常用的三种电解液，在复合电解液中也以三者的相互复合居多。三种电解液的性能、特点及应用范围如表 8-4 所示。

表 8-4　电解加工用 NaCl、NaNO₃ 和 NaClO₃ 电解液

表 8-4　电解加工用 $NaCl$、$NaNO_3$ 和 $NaClO_3$ 电解液

项目	NaCl	NaNO₃	NaClO₃
常用浓度	250g/L 以内	400g/L 以内	450g/L 以内
表面粗糙度	与电流密度、流速及加工材料有关，一般为 $Ra = 0.8 \sim 6.3 \mu m$	在同样条件下低于 NaCl 电解液	在同样条件下低于 NaCl 和 NaNO₃ 电解液
加工精度	较低	较高	高
表面质量	加工镍基合金易产生晶界腐蚀，加工钛基合金易产生点蚀坑	一般不产生晶界腐蚀，但电流密度低时也会产生点蚀	杂散腐蚀最小，一般不会产生点蚀，已加工面耐蚀性较好
耐蚀性	强	较弱	弱
安全性	安全、无毒	助燃（氧化剂）	助燃（强氧化剂）
稳定性	加工过程较稳定，组分及性能基本不变	加工过程 pH 值缓慢增加，应定时调整使之≤9	加工过程缓慢分解，Cl⁻增加，ClO₃⁻减少，加工一段时间后要适当补充电解质
应用范围	精度要求不很高的铁基、镍基、钴基合金等，应用范围最广	精度要求较高的铁基、镍基、钴基合金，有色金属（铜、铝等）	加工精度要求较高的零件，固定阴极加工

　　NaCl 电解液早期得到普遍应用，其优点是成本低、高效、稳定、通用性好，但是存在加工精度不够高、对设备腐蚀性较大等缺点。NaNO₃ 电解液的应用面较宽，是英国 R. R. 公司的标准电解液，其优点是加工精度较高、对设备腐蚀性较小，但是存在以下缺点：加工效率低；NaNO₃ 可助燃，必须存储在阴凉通风的地方；具有氧化性，与有机物摩擦或撞击能引起燃烧或爆炸；有刺激性，虽然毒性很小，但对人体有危害。NaClO₃ 电解液加工精度高，在使用初期发展较快，但其成本较高，使用过程较复杂，并且干燥状态易燃，因而未能广泛应用。

8.2.4　电解加工的基本工艺规律

　　（1）电化学当量对生产率的影响

　　电化学当量愈大，生产率愈高。一些常见金属的电化学当量见表 8-5。

表 8-5　一些常见金属的电化学当量

金属名称	密度/(g/cm³)	电化学当量		
		$K/[g/(A \cdot h)]$	$\omega/[mm^3/(A \cdot h)]$	$\omega/[mm^3/(A \cdot min)]$
铁	7.86	1.024（二价）	133	2.22
		0.696（三价）	89	1.48
镍	8.80	1.095	124	2.07
铜	8.93	1.188（二价）	133	2.22
钴	8.73	1.099	126	2.10
铬	6.90	0.648（三价）	94	1.56
		0.324（六价）	47	0.78
铝	2.69	0.335	124	2.07

（2）电流密度对生产率的影响

电流密度是电解加工的重要参数，它直接影响了加工效率、工件表面粗糙度。电流密度越高，生产率越高，但在增加电流密度的同时，电压也随着增高，极化现象严重，导致加工异常，甚至加工中断。因此选择电流密度时应以不击穿加工间隙、引起火花放电、造成局部短路为前提。表 8-6 为实际应用中直流电解加工的电流密度范围。

表 8-6　实际应用中直流电解加工的电流密度范围

加工对象	电流密度/(A/cm²)
大面积型面、型腔	10～30
中小面积型面、型腔	20～100
中小孔、套形	150～400
小孔、套形	200～500

（3）加工电压对电解加工的影响

加工电压是施加在工件和阴极间的极间电压，是建立极间电场、使电解加工得以进行的原动势能，它用来克服阳极压降、阴极压降和溶液欧姆压降（如图 8-6 所示），建立必要的极间电流场，确保电解时所需的电流密度。对分解电压较低的电极体系如铁基合金/金属、耐热合金的活性溶解，所需的加工电压较低，一般为 10～15V。对于分解电压较高的电极体系，加工电压一般偏高，如对于钛合金的钝性溶解，其加工电压一般高于 20V。

在选定的电流密度下，加工电压升高，将会导致加工误差加大，并且间隙热损失加大，能耗增加。因此在确保所要求的电流密度下，加工电压值应选取下限值，从而得到正常加工的最小间隙，以降低能耗。

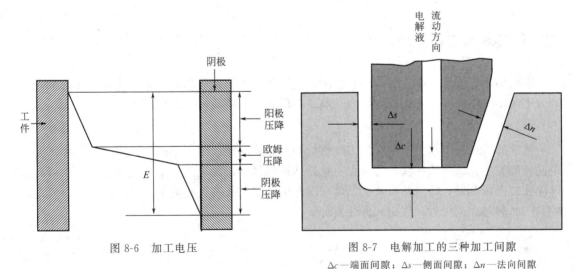

图 8-6　加工电压　　　　　图 8-7　电解加工的三种加工间隙

Δc—端面间隙；Δs—侧面间隙；Δn—法向间隙

（4）加工间隙对电解加工的影响

电解加工是一种非接触式加工，加工过程中阳极和阴极之间的距离称为加工间隙。加工间隙可分为端面间隙、侧面间隙及法向间隙三种，如图 8-7 所示。加工间隙越小，电解液的电阻越小，电流密度越大，腐蚀速率也就越高。但间隙太小会引起火花放电或间隙通道内电解液流动受阻、腐蚀物排出不畅，以致产生局部短路，反而使生产率下降，因此间隙较小时应加大电解液的流速和压力。除此之外，加工间隙还决定了加工精度，即加工间隙越小，越均匀，加工精度就越高。可以说加工间隙是电解加工水平的表征之一。早期电解加工的间隙只能达到 0.2～0.5mm，而现在的加工间隙已经能够小到 0.05～0.1mm。

（5）电解液对电解加工的影响

电解液的流速及流向对加工过程的影响：电解液要具有足够的流速，以便把氢气、金属氢氧化物电解产物携离，并把加工区的大量热能带走。电解液的流向有三种情况：中央喷流法、中央吸流法和侧流法，见图 8-8。中央喷流法的优点是密封装置简单，缺点是加工精度和表面粗糙度差。中央吸流法与中央喷流法的电解液流向正好相反，其优点是加工精度高，但是装置和密封复杂。侧流法一般用于较浅的型膜腔，例如用于发动机、汽轮机等叶片的加工。

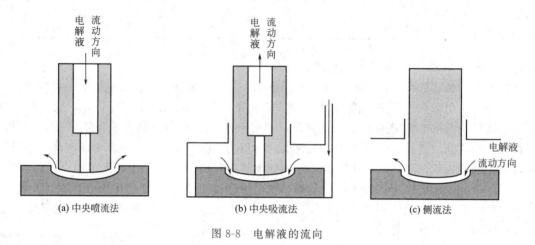

(a) 中央喷流法　　　　　(b) 中央吸流法　　　　　(c) 侧流法

图 8-8　电解液的流向

8.2.5　电解加工的应用

电解加工主要应用在孔加工、型面加工、型腔加工、管件内孔抛光、各种型孔的倒圆角和去毛边、整体叶片的加工、炮管内孔及膛线的加工、螺旋花键孔的加工等。

（1）孔加工

传统的机械加工孔主要存在加工效率低和加工质量难以保证等问题，因此孔的加工尤其是高硬度的小孔、深孔和复杂成型孔一直是传统机械加工的难点。采用电解加工方法可有效解决孔加工精度低、质量差和效率低等问题。电解加工孔按阴极的运动形式，可分为固定式（图 8-9）和移动式两种。固定式的优点如下。

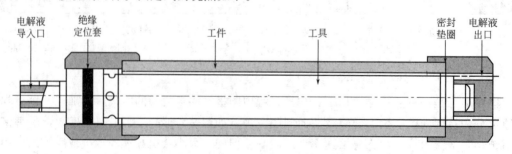

图 8-9　固定式阴极深孔扩孔原理图

① 设备简单，只需套夹具来保持阴极与工件的同心及起导电和引进电解液的作用。

② 操作简单，但是阴极要比工件长一些，所需电源的功率较大。

对于形状复杂、尺寸较小的四方、六方、椭圆、半圆等形状的通孔和不通孔，机械加工很困难。如采用电解加工，则可以提高生产效率及加工质量。加工一般采用端面进给方式，为避免锥度，阴极侧面必须绝缘，如图 8-10 所示。

（2）杆型腔模的电解加工

杆型腔模的电解加工为加工连杆、拨叉类锻模，阴极端面上开有两孔，孔间有一长槽贯通，电解液从孔及长槽中喷出，如图 8-11 所示。一般加工参数条件为：电压 8～15V，电流密度 20～90A/cm²，进给速度 0.4～1.5mm/min，电解液为 8%～12% 的氯化钠溶液，压力为 0.5～2MPa。

（3）叶片加工

叶片是航空发动机制造中最关键的零件。传统的切削加工存在加工难、加工时长、薄壁易变形和一致性差等问题。而电解加工不受零件材料硬度限制并且无加工应力，适用

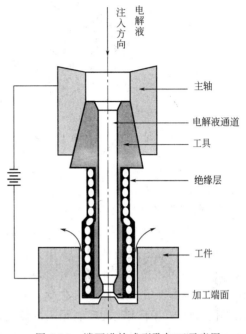

图 8-10　端面进给式型孔加工示意图

于涡轮叶片加工。目前电解加工已成为涡轮叶片加工的主要工艺。例如英国 R. R. 公司加工 RB211 涡轮叶片的机动时间仅需 2min/片，我国某航空发动机厂涡轮叶片加工由电解加工替代传统的切削加工工艺，单件工时降到原有的 1/10。图 8-12 为电解加工涡轮叶片的示意图。涡轮叶片上的叶片是逐个加工的，加工完一个叶片，退出阴极，分度后再加工下一个叶片。加工前的叶片经精密铸造、机械加工、抛光后镶到叶轮轮缘的榫槽中，再焊接而成。

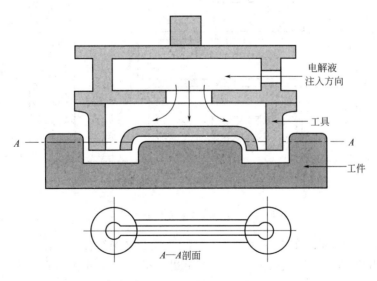

图 8-11　杆型腔模的电解加工

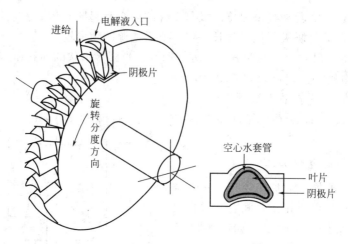

图 8-12　电解加工涡轮叶片示意图

（4）电解倒棱角去毛刺

一般机械加工的各种零件不可避免地会产生毛刺，毛刺的存在对产品质量及产品装配、尺寸精度、形位精度以及使用影响很大，严重时毛刺的存在会导致整套产品报废，整部机器无法运转。采用机械方式如钳工去除毛刺，耗时费事，但用电解方法则容易去除，尤其适用于深孔底部及交叉孔部位的毛刺去除。其原理如图 8-13 所示，将阴极固定放置在工件有毛刺的部位附近，由于突起的毛刺距阴极最近，电流密度集中，因此首先溶解，仅需数秒至数十秒钟。为了保护工件不受腐蚀，最好采用腐蚀性较小、分散力更低的硝酸钠或氯酸钠电解液，并在加工后及时清洗。电解去毛刺常用于齿轮、花键、阀体和曲轴油孔等。该方法也可用于零件的倒角。

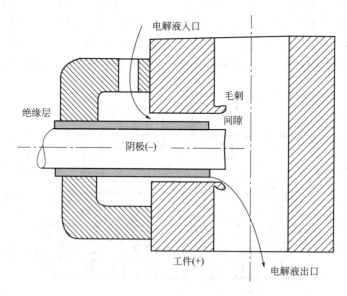

图 8-13　零件电解去毛刺原理示意图

齿轮的电解去毛刺装置如图 8-14 所示，工件齿轮套在绝缘柱上，环形电极工具也靠绝缘柱定位安放在齿轮上面，保持适当间隙（根据毛边大小而定），电解液在阴极端部和齿轮的端面齿面间流过，阴极和工件间通上 20V 以上的电压（电压高些，间隙可大些）即可去除毛刺。

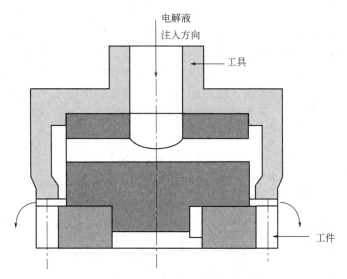

图 8-14　齿轮的电解去毛刺装置示意图

（5）电解刻字

电解刻字的示意图如图 8-15 所示，电解刻字时，字头接阴极，工件接阳极，二者保持大约 0.1mm 的电解间隙，中间滴注少量的钝化型电解液，即可在短时间内完成工件表面的刻字工作。目前可以做到在金属表面刻出黑色的印记，也可在经过发蓝处理的表面上刻出白色的印记。

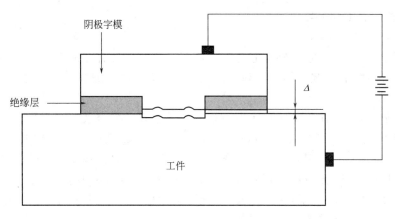

图 8-15　电解刻字示意图

8.3　电解磨削

8.3.1　电解磨削基本原理

电解磨削是结合电解作用（占 95%～98%）与机械磨削（占 2%～5%）的复合加工法。电解磨削比电解加工具有更好的加工精度和表面粗糙度，比机械磨削有较高的生产率。电解磨削的加工原理如图 8-16 所示，导电磨轮与电源的负极相连，待加工工件接电源正极，在一定压力下与导电磨轮相接触。往加工区域通入电解液，凸出于磨轮表面的非导电性磨料使工件表面与磨轮导电基体之间形成一定的电解间隙（约 $0.02\sim0.05\text{mm}$），同时向间隙中供给电解液。在直流电的作用下，工件表面金属由于电解作用生成离子化合物和阳极膜。这些电解产物不断被旋转的磨轮所刮除，使新的金属表面露出，继续产生电解作用，于是工件表面就不断被去除，直到达到一定的尺寸精度和表面粗糙度。

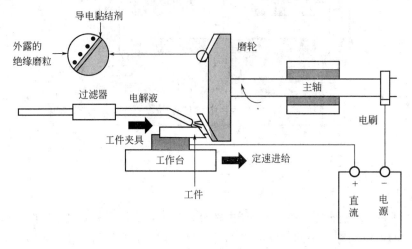

图 8-16　电解磨削的加工原理

8.3.2　电解磨削的特点

① 加工范围广　由于它主要是电解作用，因此只要选择合适的电解液就可以用来加工任何高硬度与高物性的金属材料，例如磨硬质合金时，与普通的金刚石砂轮磨削相比较，电解磨削的加工效率要高 3～5 倍。

② 加工精度高，表面质量好　因为砂轮并不是主要磨削金属，磨削力和磨削热都比较小，不会产生磨削毛刺、裂纹、烧伤等现象。一般表面粗糙度可优于 $0.16\mu\text{m}$。

③ 砂轮的磨损量小　例如，磨削硬质合金、普通刀刃时，碳化硅砂轮的磨损量为切除硬质合金质量的 4～6 倍。电解磨削时，砂轮的磨损量不超过硬质合金切除量的 50%～100%。与普通金刚石砂轮磨削相比较，电解磨削用的金刚石砂轮的损耗速度仅为它们的 1/10～1/5，可显著降低成本。

8.3.3　电解磨削的主要设备

（1）电解磨削设备

电解磨削设备可分为电解工具磨床、立式或卧式电解平面磨床、电解内圆磨床、电解外圆磨床和电解成形磨床。电解磨削机床与普通磨床的主要区别是：带有直流电源及电解液供给系统，工具与工件间绝缘，机床有防腐蚀处理和抽风装置。

（2）导电磨轮

电解磨削需要用到导电磨轮，导电磨轮的作用主要是使阴极导电及去除钝化膜。导电磨轮由导电性基体（结合剂）与磨料结合而成，主要为金属结合剂金刚石导电磨轮、电镀金刚石导电磨轮、铜基树脂结合剂导电磨轮、陶瓷渗银导电磨轮和碳素结合剂导电磨轮等，按不同用途选用。常用的几种导电磨轮的特性如表 8-7 所示。

表 8-7　几种导电磨轮的特性

种类	金属结合剂金刚石导电磨轮	树脂结合剂导电磨轮	陶瓷渗银导电磨轮	石墨、碳素结合剂导电磨轮
磨料粒度	80～100 号（$w=75\%\sim100\%$）	120～150 号	80～100 号（砂轮气孔的尺寸：60～120 号，气孔率：55%左右）	不含磨料
性能及特点	磨料的形状规则、硬度高、磨削效率高、电解间隙均匀，使用寿命长，成本较高，修整困难	磨轮不需进行反极性处理，具有抗电弧和防止短路的性能，磨削效率低，使用寿命短，修整方便	磨轮不需进行反极性处理，拥有较好的抗弧能力，可用一般机械磨削的修整方法来修整磨轮	成形最方便，可用车刀修整成任何形状，有良好的抗弧能力，磨削效率、精度较低，使用寿命较短
用途	模具、刀具、内外圆磨削	模具、内外圆、成形磨削（简单形状）	模具、叶片、刀具、成形磨削	成形磨削（一般粗加工）

（3）电解液

电解液一般采用硝酸钠、亚硝酸钠和硝酸钾等混合的水溶液，不同的工件材料所用电解液的成分也不同。电解磨削所使用的电解液应具有下列特性。

① 能使金属表面生成结构紧密、黏附力强的钝化膜。

② 导电性好，生产效率高。

③ 机床及夹具的腐蚀性要小。

④ 对人体无害。

⑤ 来源丰富、价格低廉，在加工中不易消耗。

同时满足以上要求比较困难，在实际生产中，可根据不同产品的技术要求、不同的材料选择恰当的电解液。表 8-8 列出了几种常用电解磨削电解液。

表 8-8　几种常用的电解磨削用电解液

电解液	1#	2#	3#	4#	5#
硝酸钠（$NaNO_3$）	0.3	1			
亚硝酸钠（$NaNO_2$）	9.6	6			
氯化钠（$NaCl$）		1.5	1.0		
次氯酸钠（$NaClO$）			1.5		
磷酸氢二钠（Na_2HPO_4）	0.3	0.5			
重铬酸钾（$K_2Cr_2O_7$）	0.1		0.3		0.2
硅酸钠（Na_2SiO_3）			0.7		
氟化钠（NaF）				5	
苯甲酸钠（$NaCOOC_6H_5$）			0.2	3	0.2
氯化铵（NH_4Cl）				2	2
柠檬酸钠（$Na_3C_6H_5O_7$）			5	1	1
甘油［$C_3H_5(OH)_3$］	0.05			0.5	0.5
pH 值	7～8	8～9	11～13	14	7～8
表面粗糙度 $Ra/\mu m$	0.08～0.16	0.16～0.32	0.63～2.5	0.08～0.32	0.32～0.63
适用材料	硬质合金	可同时磨削硬质合金、刀具及其合金	铁基、镍基高温合金		铸造磁钢

8.3.4　电解磨削的应用

电解磨削的主要加工参数如表 8-9 所示。电解磨削集中了机械磨削和电解加工的优点，生产中主要用来磨削高硬度的工件，如各种硬质合金刀具、量具、挤压拉丝模具以及轧辊等。例如硬质合金刀具的电解磨削，用氧化铝导电磨轮磨削，其表面粗糙度 Ra 可达 $0.2\sim$ $0.1\mu m$，刃口半径小于 $0.2mm$，平直度也比普通砂轮磨削得好；采用金刚石导电磨轮可使加工后的硬质合金刀具的表面粗糙度 $Ra < 0.016\mu m$，刃口非常锋利，完全达到精车精密丝杠的要求。实践表明，采用金刚石导电磨轮的电解磨削比单纯用金刚石磨轮磨削的效率提高 $2\sim3$ 倍，并且还大大节省了金刚石砂轮，一个金刚石导电磨轮可用将近 6 年。

表 8-9　电解磨削的主要加工参数

应用	电流密度 /(A/cm²)	加工电压 /V	磨削压力 /MPa	磨轮线速度 /(m/s)	电解液		
					流量/(L/min)	温度/℃	湿度/%
一般值	30～50	8～12(精加工取低值)	0.2～0.4	20～30	1～1.5	20～30	5～30
最大值	100	18		约 50			

8.4　电　铸

8.4.1　电铸原理

电铸成形（electroforming，EF）是电化学加工技术中的一项增材、精密制造技术，是电镀的特殊应用。

电铸加工的原理与电解加工过程，即电化学阳极溶解过程相反，如图 8-17 所示，用可导电的原模（芯模）作阴极，用电铸材料（例如红铜）作阳极，用电铸材料的金属盐（例如

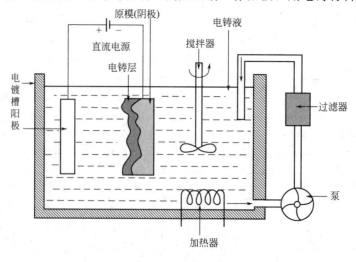

图 8-17　电铸原理

硫酸铜）溶液作电铸镀液，在直流电场下，电铸液中的金属离子（正离子）在阴极（工件）上得到电子后还原为金属沉积于原模表面。当达到预定厚度时，设法将电铸成形件与原模分离，就得到与原模相复制的成形零件。

8.4.2 电铸特点

基于上述加工原理，电铸成形加工具有以下工艺特点。

（1）优点

① 一次成形 基于电铸复制成形的原理，可以像翻拍、印制照片那样，利用石膏、石蜡、环氧树脂甚至橡皮泥等作为原模材料，将难以电铸成形的零件复杂内表面复制为外表面，然后在此外表面上电铸复制与零件复杂内表面完全一致的电铸成形件。

② 电铸加工能准确、精密地复制复杂的型面和细微的纹路 误差在 $\pm 2.5\mu m$，表面粗糙度 $Ra \leqslant 0.1\mu m$。采用同一原模成形的电铸件重复精度高，特别适用于批量精密成形加工。

③ 电铸设备简单。

④ 原模可重复使用。

（2）缺点

① 加工时间长。

② 原模的制作往往需要精密加工以及照相制版的技术。

③ 电铸件较不易脱离原模。

8.4.3 电铸加工的设备和工艺

电铸设备主要包括电解槽、直流电源、搅拌和循环过滤系统、加热和冷却系统等。电铸成形工艺过程：模型制作→原模表面处理→电铸成形→脱模加固→清洗干燥→成品。

模型制作：电铸模型又称母模，其形状与所需型腔相反。制作模型的材料可是金属材料如铜、铝、低碳钢以及低熔点合金等，也可是非金属材料如石蜡、塑料和石膏等。

原模表面处理：原模电铸前，必须进行清洗以去掉表面的油污和脏物，保证金属离子能沉积到原模表面上。对金属原模表面要进行钝化处理，使金属表面形成一层钝化膜，以利于脱模而对非金属原模的表面，必须进行导电化处理，使模型具有导电能力。

电铸成形：模型经过上述处理后，进行包扎并连接导线。电铸常用的金属材料有镍、铜、铁。电铸铜的溶液有硫酸盐、氟硼酸盐和焦磷酸盐溶液；电铸镍的溶液有硫酸盐、氟硼酸盐和氨基碘磺酸盐溶液；电铸铁的溶液主要有氯化物和氟硼酸盐溶液。电铸成形采用直流电源，采用低电压、大电流的方式加工。

脱模加固：电铸件成形后，因其强度低，需用其他材料进行加固以防止变形。加固的方法一般是采用模套进行衬背，然后再对电铸件进行脱模和机械加工。脱模的方法视原模材料而定，对于耐久性原模，采用加力、加热或冷却的方法分离；对于临时性原模，可采用加热熔化或化学溶剂溶解的方法脱模。

8.4.4 电铸应用

电铸成形已经在精密微细加工中得到大量应用：如复制非常精密的图形、花纹；以样件、标准件为原模，电铸成形能复制样件、标准件的模具；采用"翻拍、印制方法"，制造形状复杂且精度高的空心零件和薄壁零件等。但是，电铸成形加工的速度很低，一般电铸金属层的厚度只能达到 0.02～0.5mm/h，精密、高速电铸工艺还在不断研究中。另外，总的电铸层厚度也不能太大。因此，电铸成形加工还只是在精密、微细加工领域应用较多。

8.5 电刷镀

8.5.1 电刷镀的原理

电刷镀称为涂镀或无槽电镀，也是利用阴极沉积的原理在工件表面的一小部分区域快速镀上一层所需要的金属层。电刷镀的原理如图 8-18 所示，电源的负极接于工件，正极接于镀笔，镀笔上的不溶性阳极用棉花、海绵或泡沫塑料将其包好，蘸上电镀液直接与工件接触即可电镀。加工时将电源接通并转动工件，在电化学的作用下，镀液中的离子流向阴极，并在阴极得到电子还原沉积为镀膜，其厚度一般为 0.001～0.5mm。

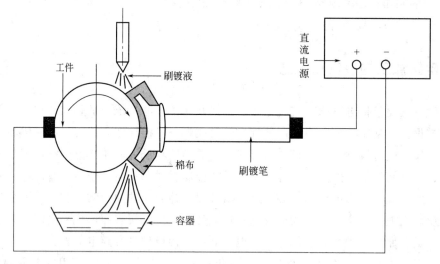

图 8-18　电刷镀的原理

8.5.2 电刷镀特点

① 不需要镀槽　设备简单、操作方便、灵活机动。不受工件的大小、形状和工作条件限制，可现场操作。

② 可涂镀的金属多　只需提供不同的镀液，用同一设备可镀多种金属。

③ 加工效率高　电刷镀一般采用大电流密度、高离子浓度电镀液，因此镀的速率快。

④ 镀层结合力牢固　电刷镀镀层均匀、致密、结合牢固，镀层质量和厚度容易控制。

⑤ 电刷镀需手工操作　工作量大并且很难进行大量及自动化生产。

8.5.3　电刷镀设备及镀液

电刷镀主要设备包括：电源、镀笔、回转台、镀液及泵等。电刷镀所用电源为直流电源，电压一般 0～30V 可调，电流 30～100A 可调。另外，还需配有正负极转换装置，以便在电刷镀前对工件表面进行反接电解处理，同时可满足电镀、活化、电净等不同工艺的要求。

电刷镀用的镀液由金属络合物水溶液及少量添加剂组成，比常规电镀用的镀液的离子浓度要高得多。镀液中经常包含电净液和活化液，以便对工件表面进行电解净化和活化等预处理。表 8-10 为常用刷镀液的性能及用途。

表 8-10　常用刷镀液的性能及用途

序号	镀液名称	酸碱度	镀液特性
1	电净液	pH=11	主要用于清除零件表面的油脂及轻微去锈
2	0 号电净液	pH=10	主要用于去除比较疏松材料的表面油污
3	1 号活化液	pH=2	除去零件表面的氧化膜，对于高碳钢、高合金钢铸件，有去碳作用
4	2 号活化液	pH=2	具有较强的刻蚀能力，除去零件表面的氧化膜，在中碳、高碳、中碳合金钢上起去碳作用
5	3 号活化液	pH=4	主要除去其他活化液、活化零件表面后残余的炭黑，也可用于铜表面的活化
6	4 号活化液	pH=2	用于去除零件表面疲劳层、毛边和氧化层，并使之活化
7	铬活化液	pH=2	除去铬层上的疲劳氧化层
8	特殊镍	pH=2	作为底层溶液，并且有再次清洗活化零件的作用，镀层厚度在 0.001～0.002mm
9	快速镍	酸(中)性 pH=7.5	此镀液沉积速度快，在修复大尺寸磨损的工件时，可作为复合镀层，在疏松的零件上还可用作底层，并可修复各种耐热、耐磨的零件
10	镍-钨合金	pH=2.5	可作为耐磨零件的工作层
11	镍-钨"D"	pH=2	镀层的硬度高，具有很好的抗磨损、抗氧化性能，低的疲劳损失，并在高强钢上无氢脆
12	低应力镍	pH=3.5	镀层组织细密，具有较大的压应力，用作保护性的镀层或者夹心镀层
13	半光亮镍	pH=3	增加表面的光亮度，承受各种受磨损和热的零件，有好的抗磨和抗腐蚀性
14	铜	pH=9.7	镀层具有很好的防渗碳、渗氮化能力，作为复合镀层还可降低镀层的内应力，防止镀层变脆，并且对铜基体无腐蚀
15	锌	pH=7.5	用于表面防腐
16	锢	pH=9.5	用于低温密封和接触抗腐蚀，还可作为耐磨镀层的保护层
17	钴	pH=1.5	具有光亮性并有导电和磁化性能
18	高速钢	pH=1.5	沉积速度快，修补不承受过分磨损和热的零件，填补凹坑，对钢有浸蚀作用
19	半光亮铜	pH=1	提高工件表面光亮度

8.5.4　电刷镀的应用

① 修复磨损零件的表面　各种不同材料的轴类、箱体、端盖及其他零部件磨损后可采用电刷镀修复。电刷镀修复硬度范围 HRC 20～60，可满足各种工况的要求，大幅提高零件

使用寿命。

② 加工超差复原　贵重机械零部件加工超差，可用电刷镀的方法校正其几何形状和尺寸精度，既方便又快速。

③ 大型机械零部件的不解体修复　对于大型的、精度高的、结构复杂的机械零部件，可在现场进行不解体的局部修理，省却了拆卸、吊装、运输等环节，经济省时且效率高。

④ 强化新产品新工件表面　电刷镀可对新产品新工件表面进行强化处理，使之具有特定物化性能和力学性能。

⑤ 修复印制电路板、电器接点及微电子的组件。

第9章

电化学法合成纳米材料

诺贝尔奖获得者 Feyneman（费曼）在 20 世纪 60 年代曾预言：如果我们对物体微小规模上的排列加以某种控制的话，就能使物体得到大量异乎寻常的特性，就会看到材料的性能产生丰富的变化。他所说的材料就是现在的纳米材料。1982 年，宾尼希（C. Binnig）和罗雷尔（H. Rohrer）等发明了费曼所期望的纳米科技研究的重要仪器——扫描隧道显微镜（scanning tunneling microscopy，STM）。STM 不仅以极高的分辨率揭示出了"可见"的原子、分子微观世界，同时也为操纵原子、分子提供了有力工具，从而为人类进入纳米世界打开了一扇更加宽广的大门。纳米科技的迅速发展是在 20 世纪 80 年代末 90 年代初。1989 年德国著名科学家 Gleiter 等首次提出了纳米材料这一概念；1990 年 7 月在美国巴尔的摩召开的第一届国际 NST 会议标志着这一全新科技——纳米科技的正式诞生；1992 年的 TMS（The Minerals，Metals & Materials Society）年会上有 5 个分会场专门讨论纳米粒子的制备、结构和性质，由此可见其重要性。美国材料科学学会预言，纳米材料将是 21 世纪非常有前途的新兴材料之一，是 21 世纪高新科技的重要组成部分，被科学家们誉为"21 世纪最有前途的材料"。它的出现将和金属、半导体、荧光材料的出现一样，引起科技领域的重大变革。

9.1 纳米材料概述

9.1.1 纳米材料概念

纳米材料（纳米晶材料）是指在三维空间中至少有一维处于纳米尺度范围（小于 100nm）或由它们作为基本单元构成的晶体、非晶体、准晶体以及界面层结构的材料。纳米（nanometer）是一个长度单位，$1nm = 10^{-3} \mu m = 10^{-9} m$，约 4~5 个原子大小。然而"纳米"又不仅仅是一种尺度单位，纳米条件下物质的物理和化学性质发生了变化，"纳米"创造了一个物质世界的新大陆。

9.1.2 纳米材料组成

纳米结构是以具有纳米尺度的物质单元为基础，按一定规律构筑或营造的一种新结构体系，称为纳米结构体系。纳米材料的基本单元按维数可以分为三类。

① 零维，指在空间中三维尺度均在纳米尺度，如纳米尺度颗粒、原子团簇等；

② 一维，指在空间中有两维处于纳米尺度，如纳米丝、纳米带、纳米棒、纳米管等；

③ 二维，指在三维空间中有一维在纳米尺度，如超薄膜、多层膜、超晶格等。

纳米材料由晶体组元和界面组元构成。晶体组元由晶粒中严格位于晶格位置上的原子组成；界面组元则由各晶粒之间的界面原子组成，这些原子是由超微晶粒的表面原子转化而来的。由于纳米粒子的粒径很小，使得很大部分粒子中的原子处于粒子表面，表现在固体纳米材料中，有相当大比例的原子处于晶体界面上，即界面组元的比例很高。一般纳米内部的有序原子与纳米晶粒的界面无序原子各占总原子数的 50% 左右。

晶界对纳米材料的结构及物性具有重要作用，由于这些大量处于晶界或晶粒缺陷中心的原子，使得纳米材料在物理、化学、力学性能上与相同组成的微米粒子材料相比具有非常显著的差异，它不仅开拓了人们认识世界的视野，也改变了某些传统观念。例如，纳米陶瓷的出现使得陶瓷在表现出刚性的同时也具有了很好的塑性；传统意义上的典型导体（如 Ag）纳米化后可以成为绝缘体；同样，部分绝缘体纳米化后也可以成为导体。因此，超微粒子及由其组成的纳米固体材料的结构及性能引起了广泛关注，对纳米粒子的研究也变得十分活跃。

9.1.3 纳米材料特征

（1）纳米效应

一般认为，导致纳米材料具有独特性能，诸如力学、磁性、光学和化学等宏观特性与传统材料迥然不同主要基于以下 4 种基本纳米效应。

① 表面效应 作为颗粒状材料，其比表面积与直径成反比。随着颗粒直径变小，比表面积将会显著增大，这样处在表面的原子或离子所占的百分数将会显著地增加。而由于缺少相邻的粒子则出现表面的空位效应，表现出表面粒子配位不足，表面能会大幅度增加。这种表面能随着粒径减小而增加的现象称为表面效应。

表面效应使表面原子或离子具有高活性，极不稳定，易与外界原子结合。如金属的纳米颗粒在空气中会燃烧，无机的纳米颗粒暴露在空气中会吸附气体并与气体发生反应，皆由纳米表面效应所致。

② 小尺寸效应 当纳米粒子尺寸不断减小，在一定条件下，引起材料宏观物理、化学性质上的变化的现象，称为小尺寸效应。例如，固体颗粒尺寸进入纳米范围之后，其熔点将显著降低。金的常规熔点为 1064℃，当颗粒尺寸减小到 2nm 时的熔点仅为 327℃ 左右。当黄金被细分到小于光波波长的尺寸时，会失去原有的光泽而呈现黑色等。

③ 量子效应 量子效应是指当粒子尺寸下降到某一值时，金属费米能级附近的电子能级由准连续变为离散的现象，和纳米半导体微粒存在不连续的被占据的最高分子轨道能级，并且存在未被占据的最低分子轨道能级，同时能隙变宽，由此导致的纳米微粒的电磁、光学、热学和超导等微观特性及宏观性质表现出与块体材料不同的特点。如导电的金属在制成超微粒子时就可以变成半导体或绝缘体，纳米颗粒具有高的光学非线性及特异的催化性能。

④ 宏观量子隧道效应 微观粒子穿越势垒的能力称为隧道效应。近年来，人们发现一些宏观的物理量，如微小颗粒的磁化强度、量子相干器件中的磁通量以及电荷等也具有隧道

效应，故称为宏观量子隧道效应。这一效应与量子尺寸效应一起，决定了微电子器件进一步微型化的极限，也限定了采用磁带磁盘进行信息存储的最短时间。

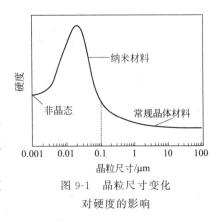

图 9-1　晶粒尺寸变化
对硬度的影响

（2）纳米材料的新特性

上述纳米效应导致纳米粒子的热、磁、光、敏感性和表面稳定性不同于常规粒子，出现一些"反常现象"，从而使纳米材料具有一些新的特性。

① 纳米材料的力学性能　目前对力学性能研究较多的是纳米材料的硬度、韧性和耐磨性等。

材料的硬度对于材料系统的粒度和成分有比较强的依赖性，见图 9-1。

纳米材料一般具有良好的韧性，这是由于纳米材料具有大的界面，界面原子排列相当混乱。原子在外力变形条件下自己容易迁移，因此表现出很好的韧性与一定的延展性。例如，6nm 的纳米固体铁的断裂应力要比常规铁材料高近 12 倍；人的牙齿之所以有很高的强度，是因为它是由磷酸钙等纳米材料构成的。

纳米材料的耐磨性比通常的材料要高，这与晶粒的大小、晶体结构、晶粒界面以及纳米多层膜邻层界面上的位错、滑移障碍比传统材料大而多有关。

② 纳米材料的光学性能　纳米微粒由于小尺寸效应使它具有常规大块材料不具备的光学特性，如光学非线性、光吸收、光反射、光传输过程中的能量损耗等都与纳米微粒的尺寸有很强的依赖关系。

大块金属具有不同颜色的光泽，这表明它们对可见光范围内各种颜色（波长）的光的反射和吸收能力不同。当尺寸达到纳米级时各种金属纳米微粒几乎都呈黑色，利用此特性可制作高效光热、光电转换材料，可高效地将太阳能转化为热、电能。

纳米材料对红外、微波有良好的吸收特性。利用等离子共振频率随颗粒尺寸变化的性质，可以通过改变颗粒尺寸来控制吸收带的位移，制造具有一定频宽的微波吸收材料，可用于电磁波屏蔽、隐形飞机和导弹等的反雷达。

③ 纳米材料的电学性能　纳米金属材料与常规金属材料的电阻温度变化率基本相似。但是，纳米材料的电阻高于常规材料，且电阻温度系数与粒径密切相关，当材料尺寸小于临界尺寸时，它可能失去材料原本的电性能。

④ 纳米材料的磁学特性　人们发现鸽子、蝴蝶、蜜蜂等生物体中存在超微磁性颗粒，磁性微粒是一个生物罗盘，使这些生物在磁场中能辨别方向，具有回归本领。

研究表明这些生物体内的磁性颗粒是大小为 20nm 的磁性氧化物，小尺寸超微粒子的磁性比大块材料要强许多倍，20nm 的纯铁粒子的矫顽力是大块铁的 1000 倍，但当尺寸减小到 6nm 时，其矫顽力反而又下降到零，表现出超顺磁性。利用超微粒子具有高矫顽力的性质，已做成高存储密度的磁记录粉，用于磁带、磁盘、磁卡及磁性钥匙等领域。

⑤ 纳米材料的化学特性　由于纳米粒子表面原子的配位数降低，不饱和键和悬键增加，使得纳米微粒的化学活性相当惊人。例如纳米粒子对电解质、非电解质的强烈吸附、纳米粒子易于"团聚"、催化活性高等，使得金属在空气中会燃烧，无机纳米粒子暴露在空气中会吸附气体等。

9.1.4　纳米材料的制备方法

目前，约有 200 多种方法能制取不同形式的纳米材料。依据起始物质的不同形态可分为 3 类：

① 气相法　包括物理或化学气相沉积法、惰性气体凝聚法、溅射法、等离子体技术等；

② 液相法　包括电沉积法、快速固化法、沉淀法、微乳液法和溶胶-凝胶法等；

③ 固相法　包括非晶晶化法、机械合金化法、非晶态初始晶化、瞬态放电腐蚀法和热分解法等。

原则上，任何能够制备晶粒极小的多晶材料的方法均可用来制备纳米晶材料。其中，电化学方法具有许多独特的优点，是制备高致密纳米材料的一种非常有前途的方法。

9.2　纳米材料电化学合成

电化学方法制备纳米材料的研究，经历了早期的纳米薄膜、纳米微晶的制备，直至现在的电化学制备纳米金属线、金属氧化物等过程，已有几十年的研究时间。早在 1939 年，Brenner 就在其博士论文中论述了使用两个含不同成分的电解池，交替在两池之间进行电沉积制备纳米叠层（薄）膜的研究。但当时所使用的这种方法太烦琐，易造成镀件表面污染，影响沉积层质量。随后在 1949 年又对其工艺进行了改造，直至 1963 年，运用电沉积技术制备叠层膜的方法不断改进，Brenner 提出了单一电解液中沉积 Co-Bi 多层膜的设想，由原来的多槽电沉积转变为今天的单槽电沉积，这便是当今电沉积制备纳米金属多层膜的开端。此后的一段时间里，此研究发展较慢。直到 20 世纪 80 年代，电沉积制备叠层膜开始有了一些进展，1984 年 Tench White 经过努力，用降低不活泼金属浓度的方法得到 Cu-Ni 纯金属叠层膜，最小厚度达到 10nm。Yahalom Zakod 等用电沉积方法制备 Cu-Ni 叠层膜，厚度已达到几个纳米。进入 20 世纪 90 年代，随着表面技术的迅速发展，纳米叠层膜的研究也越来越深入，人们获得了外延生长的超晶格材料。电沉积法制备纳米叠层膜逐渐成为一个比较成熟的获得纳米材料的方法。

9.2.1　电化学方法制备纳米材料的优点

纳米晶材料的制备方法已有多种，其中电化学法与其他制备方法相比具有许多优点。

① 可制备晶粒尺寸在 1～100nm 的多种纳米晶体材料，如纯金属（Ni、Cu、Zn、Co 等）、合金（Cr-Cu、Ni-Zn、Co-W、Ni-Al、Co-P 等）、半导体（硫化物等）、纳米金属线（Au、Ag 等）、纳米叠层膜（Cu/Ni、Cu/Fe 等）以及其他复合沉积层（Ni-SiC、Ni-Al$_2$O$_3$ 等），并且可以大批量生产。

② 所得的纳米材料具有独特的高密度和低孔隙率，结晶组织取决于电沉积参数，晶粒尺寸分布窄。工艺上易通过改变电参数、电解液成分等条件来控制材料的化学成分、结晶组织和晶粒大小及孔隙率等。

③ 电化学法制备纳米晶体材料受尺寸和形状的限制很少。

④ 无须繁杂的后处理，电化学法不像溶胶-凝胶法需要繁杂的后续过程，可以直接获得大批量的纳米材料。

⑤ 可在常温常压下操作，节约能源，避免了高温引入的热应力。

⑥ 电化学方法获得纳米晶体的投资成本相对较低而产率又非常高。

⑦ 电化学方法在技术上的困难较小，工艺灵活、易于控制，易于由实验室向工业化转变。

9.2.2 电化学方法的原理与制备方法

（1）电化学法制备纳米材料的原理

电化学法制备纳米材料即电沉积的过程。电沉积的关键步骤是新晶核的生成和晶核的成长，以上两个步骤的竞争直接影响到材料中生成晶粒的大小。如果晶核的生成速度大于晶核的成长速度，则可获得晶粒细小致密的沉积层。在电沉积过程中生成晶核的概率 w 与阴极过电位 η_k 间的关系为：

$$w = k_1 \exp\left(-\frac{k_2}{\eta_k^2}\right) \tag{9-1}$$

式中，k_1、k_2 为常数。生成晶核的临界半径 r_c 与过电位 η_k 间的关系为：

$$r_c = \frac{\pi h^3 E}{6Ze\eta_k} \tag{9-2}$$

式中，E 为界面能；Z 为放电离子携带的电子数；e 为电子电荷；h 为电极表面吸附原子形成高度。由式(9-1) 和式(9-2) 可见，晶核的生成概率随阴极过电位的增大而增大，晶核的临界半径随阴极过电位的增大而减小。也就是说增大阴极过电位有利于大量形核而获得晶粒细小的沉积层。

根据塔菲尔（Tafel）公式：

$$\eta_k = a + b\lg J \tag{9-3}$$

式中，a 和 b 为常数；J 为电流密度。

由式(9-1)~式(9-3) 可知：生成纳米晶的重要电化学因素，就是有效地提高电沉积时的 J 及 η。因此，在电化学法制备纳米材料中常采取如脉冲电流、加强电解液的搅拌与对流、加入添加剂等各种措施来提高 J，促进形核，抑制晶粒的成长，从而细化晶粒获得纳米材料。

（2）电化学法制备纳米材料的方法

电沉积的方法有直流电沉积、交流电沉积、脉冲电沉积、复合电沉积、喷射电沉积等。

① 直流电沉积制备纳米晶材料　直流纳米晶电沉积常采用较大的电流密度，并通过加入添加剂来增大阴极电化学极化而提高成核率，抑制晶体的生长来细化晶粒而获得纳米晶。如在 Watts 型电解液中加入硫脲、糖精等添加剂。此外在电解液中加入合金离子，也能提高 η_k，减少吸附原子的表面扩散。

② 脉冲电沉积制备纳米晶材料　脉冲电沉积是以高频下断续的脉冲电流来代替直流电流。脉冲电沉积可以分为恒电流控制和恒电位控制两种形式，按脉冲性质及方向又可以分为单脉冲、双脉冲和换向脉冲等。脉冲电沉积的突出优点是可以通过控制波形、频率、通断比（占空比）及峰值电流密度 J_p 等参数，使电沉积过程可在很宽的范围内变化，从而获得具

有一定特性的纳米晶沉积层。脉冲电沉积的通电时间短，约几十微秒，断开时间一般大于通电时间的几十倍。电流的波形一般有方波、正弦波、锯齿波等多种形式。一般根据不同沉积类型选择相应的波形。电沉积时在脉冲电流通电的瞬间阴极表面上有很高的电流密度，比直流电流密度大 5～20 倍，由于高的瞬时脉冲电流密度，提高了阴极极化作用，促使形核速率加快，晶核生长速率变慢，因而电沉积层具有结晶细致、光亮、纯度高、析氢少和孔隙率低等特点。与直流电沉积相比，脉冲电沉积具有更高的沉积速率、电流效率和极化度，所以脉冲电沉积优于直流电沉积。

③ 喷射电沉积制备纳米晶材料　喷射电沉积的原理与普通电沉积基本相同，当工件（阴极）与喷嘴（阳极）之间施加一定的电压时，电解液高速喷射到镀件上产生电沉积，因其特殊的流体动力学特性和高的热量与物质传输速率，尤其是高的电沉积速率，而在纳米材料制备方面受到重视。由 $J_d = nFd(c_i^0 - c_i^s)/\delta$ 可知，减薄扩散层厚度 δ 是提高极限电流密度 J_d 的关键，这也是采用喷射电沉积能提高 J_d 值的根本原因。因此，喷射电沉积改善了电沉积过程，使得电沉积层致密、晶粒细化。采用该方法电沉积铜时，获得了厚度为 2mm、平均晶粒尺寸为 14nm 的纳米晶铜。

④ 复合电沉积制备纳米晶材料　在复合电沉积的过程中，通过向电解液中加入纳米微粒使得纳米微粒与金属共同沉积。共沉积的纳米微粒可以抑制晶粒的生长并增加形核速率，可以在 J 较小的情况下得到纳米晶。如在电沉积铜电解液中加入单壁碳纳米管（SWNTs）微粒可得到复合的 SWNTs-Cu 纳米沉积层。

电化学法所制备的纳米材料可以是表面涂层，可以是块状的材料，如箔、片等，也可以是粉末状的材料，因而电化学法应是制备纳米材料的一种非常有前途的方法。

9.2.3　电化学方法合成纳米材料的影响因素

电化学法合成纳米材料的关键就是通过调控 J、pH 值、有机添加剂、共沉积物质种类以及电解液温度等条件，达到有效地控制晶粒的成核和生长，使其在所要求的阶段停止。

（1）电流密度

电化学法制备纳米晶体中最主要的控制因素就是电流密度。例如电沉积微晶镍时通常电流密度 $J = 1～4A/dm^2$，而直流电沉积纳米镍的 J 则为 $5～50A/dm^2$，远大于前者。Imre Bakonyi 等经过研究认为，$J < 5A/dm^2$ 时，沉积速率与 J 成线性关系，获得的沉积层为微晶；当 $J > 5A/dm^2$ 时，沉积速率与 J 偏离直线关系，获得的沉积层是纳米晶体。大量研究表明，在一定范围内，适当增加 J 有利于纳米晶的形成。

（2）有机添加剂

人们很早就认识到电解液中加入有机添加剂可以增加阴极极化，使沉积物晶粒细化。Y. Nakamura 等研究了糖精、炔醇等有机添加剂对纳米镍沉积层的影响。结果表明，糖精等有机添加剂的加入可以使阴极极化增大，结晶成核的速率提高，晶粒生长速率变小，从而使沉积层光滑，获得的沉积层由纳米尺度的晶粒组成。

（3）pH 值

pH 值是影响合成晶粒尺寸的又一重要条件。当 pH 值低，析氢反应加剧，氢气在还原过程中为晶粒提供了更多的成核中心，因而得到的沉积层结晶细致。以电沉积镍为例，制备常规粗晶镍的 pH 值是 4.5～5.5，但是制备纳米镍的 pH 值则控制在 4.0 以下。

（4）非金属元素

非金属元素如硫、磷、硼等的加入对于形成纳米晶体也起着很大的作用。McMahon 在研究电沉积 Ni-P 合金沉积层微观结构与沉积层中磷的含量关系中发现，当亚磷酸的浓度逐渐增大时，电沉积合金沉积层结构将发生从晶态到纳米晶再到非晶态的转变。这些转变发生在磷含量为 10%～15% 的范围内，在这一范围内，沉积层晶粒尺寸随含磷量的增加而减小。

（5）纳米复合微粒

复合电沉积是获得纳米晶体的一个重要手段，其中纳米微粒起着晶粒抑制剂的作用。研究表明，纳米微粒在沉积过程中随着金属晶粒成核速率的增加，晶粒的生长速率减慢，足够量的纳米微粒的加入，可以在 J 很小的情况下使得电沉积金属为纳米晶体。例如从普通电解液中获得纳米镍的 $J=5.0A/dm^2$，但加入足够的纳米 Al_2O_3 微粒后，可以在 $0.7A/dm^2$ 条件下获得纳米晶体。纳米微粒在沉积层中的存在，还可以抑制纳米晶体在高温条件下的晶粒粗化和高温稳定性。

（6）电解液温度

随着电解液温度的提高，电沉积速率有一定程度的增加，沉积层晶粒的生长速率也有不同程度的增加，因此，电解液温度对沉积层晶体粒度大小的影响比较复杂，对不同体系应加以具体分析讨论。

9.3　纳米材料电化学合成工艺及特性

9.3.1　电化学法制备纳米镍

（1）电沉积法制备纳米镍的电解液

迄今为止，电沉积法制备（电沉积纳米镍）所用的典型电解液的组成如表 9-1 所示。Tóth-Kádár 等发明的 T 型电解液，最初是用来制备非晶 Ni-P 沉积层的，省去原来电解液中产生 P 原子的 NaH_2PO_2 后，可用来制备纳米镍沉积层；B 型电解液是由 Brenner 等发明的，最初是用来制备 Ni-P 合金的，省去原来电解液中的 H_3PO_4 后，也可用来制备纳米镍；F 型电解液是由 B 型电解液演变而来的，用 HCOOH 代替了原来电解液中的 H_3PO_3；W 型电解液是由 Watts 等发明的。目前电化学法制备纳米镍材料用得较多的电解液是含添加剂的 W 型电解液。

表 9-1　电沉积纳米镍的电解液组成及工艺条件

电解液组成及工艺条件	T	B	F	W
$NiSO_4 \cdot 7H_2O$/(g/L)	202.24	175	180	300
$Na_2SO_4 \cdot 10H_2O$/(g/L)	100			
HCOOH/(mL/L)	46		15	
$NiCl_2 \cdot 6H_2O$/(g/L)		50	47.5	45
$NiCO_3$/(g/L)		15	19.2	
H_3PO_4/(mL/L)		50	50	
H_3BO_3/(g/L)				40
pH 值	2.7	2.1	1.9	3.8

（2）直流电沉积纳米镍

直流电沉积法制备纳米镍时要采用较大的 J，在加入有机添加剂的条件下，通过增大阴极极化，使结晶细致。

K. S. Kumar 等采用传统的 W 型电解液通过直流电沉积法制得纳米晶镍沉积层，利用透射电子显微技术（TEM）和扫描透射电子显微技术（STEM）研究了电沉积纳米晶镍材料的变形机理，证明了纳米晶镍变形中所出现的各种位错现象。图 9-2 是纳米晶镍压缩塑性应变 4% 的位错 TEM 图。图 9-2(a) 是典型的晶内位错图像；图 9-2(b) 代表了三相交界处位错的现象；图 9-2(c) 是晶粒间的普通位错；图 9-2(d) 清晰地表明了无明显残余普通位错的晶界。通过分析可知位错滑移塑性是纳米晶镍的主要变形机制。

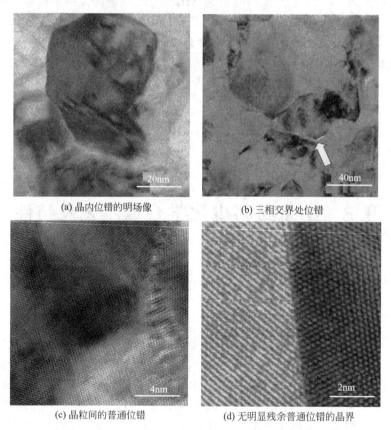

(a) 晶内位错的明场像   (b) 三相交界处位错

(c) 晶粒间的普通位错   (d) 无明显残余普通位错的晶界

图 9-2　纳米晶镍压缩塑性应变 4% 的 TEM 图

（3）脉冲电沉积纳米镍

Wang 等采用脉冲电沉积法制备了不同晶粒尺寸的纳米晶镍材料，考察了晶粒尺寸对纳米晶镍材料摩擦磨损性能的影响。结果表明：粗晶镍呈现严重的黏着磨损，随着晶粒的细化，硬度和强度增加显著，即镍沉积层的抗塑性变形和抗黏着磨损的能力有所提高。电沉积镍具有明显的摩擦学尺寸效应，随着晶粒尺寸的减小，镍的磨损机制由黏着磨损逐渐转变为微磨粒磨损和氧化磨损，其摩擦因数逐渐降低，耐磨性显著增强。

脉冲电沉积纳米晶镍所用的阳极材料为纯镍片，阴极为 45 圆钢片。

工艺条件如下：电解液由 200g/L 分析纯硫酸镍、20g/L 氯化钠、30g/L 硼酸、2g/L 糖精构成。pH=3～4，温度为 45℃，搅拌方式为磁子搅拌。其中糖精是晶粒细化剂，可降低电沉积镍的晶粒尺寸。导通时间 $T_{on}=0.2ms$，关断时间 $T_{off}=0.8ms$，峰值电流密度 $J_p=5\sim40A/dm^2$。实验中通过控制正、反向脉冲工作时间以及 J_p 等参数来获得不同晶粒尺寸的纳米晶镍，沉积层厚度控制在 $50\mu m$ 左右。

经研究发现 J_p 对电沉积镍晶粒尺寸的影响是，随着 J_p 的增加，镍的晶粒尺寸显著减小。这是由于随着 J_p 的增大，阴极极化也相应增大，使得电沉积反应在较高的过电位下进行。根据经典的电结晶理论，增大阴极过电位有利于大量形核而获得晶粒细小的沉积层。同时，与直流电沉积相比，脉冲电沉积中由于阴极与溶液界面处消耗的离子可以在脉冲间隔内得到补充，这有利于使用更高的 J_p，产生更高的电化学极化，从而进一步细化晶粒。

根据多晶材料的硬度与晶粒尺寸的 Hall-Petch 关系，对脉冲电沉积制备的镍的硬度与晶粒尺寸的关系研究表明：虽然显微硬度与晶粒尺寸之间的变化趋势不是线性的，但纳米晶镍的显微硬度始终随着晶粒尺寸的减小而增加，符合正常的 Hall-Petch 关系。

图 9-3 给出了晶粒尺寸对镍沉积层稳定磨损阶段的摩擦因数的影响。可以看出，随着晶粒的逐渐减小，镍的摩擦因数逐渐降低。因此，镍的晶粒尺寸的纳米化对其强度和耐磨性具有明显的增强作用。

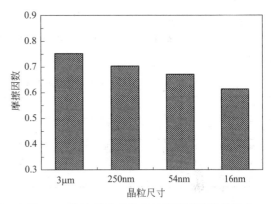

图 9-3　晶粒尺寸对纳米晶镍摩擦因数的影响

图 9-4 为不同晶粒尺寸镍沉积层的磨痕表面 SEM 照片，可以看出微米晶镍磨损表面呈严重的塑性变形和黏着剥落迹象，并堆积着大量的层片状磨屑，如图 9-4(a) 所示。这是由于微米晶镍的晶粒粗大，硬度较低，很容易发生塑性变形和黏着。随着晶粒的进一步减小，材料硬度增加，使得黏着磨损程度明显降低，如图 9-4(b) 所示，从而使其磨损率较微米晶

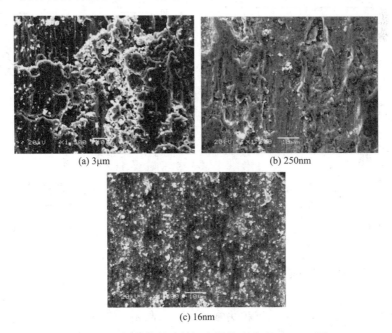

(a) 3μm　　　　　　　(b) 250nm

(c) 16nm

图 9-4　不同晶粒尺寸镍沉积层的磨痕表面 SEM 图

镍沉积层有所降低。当晶粒细化到 16nm 时，黏着磨损的迹象进一步降低，其磨损表面散落着大量的细小磨屑，呈现出一定的微磨粒磨损特征，如图 9-4(c) 所示。

对磨痕化学成分分析发现，磨损过程中发生了一定的氧化，摩擦表面的这种氧化膜在一定程度上削弱了摩擦之间的黏着磨损。因此，纳米晶镍的抗塑性变形和抗黏着能力增强。

(4) 喷射电沉积纳米晶镍

通过调整工艺参数，喷射电沉积也可用来合成纳米晶镍。熊毅等采用喷射电沉积法制备纳米晶镍，研究了电解液喷射速度 v、J_p、沉积速率等工艺参数之间的关系，分析了沉积层的组织结构。结果表明，$v = 2 \sim 5.5 \text{m/s}$，$J_p = 80 \sim 160 \text{A/dm}^2$ 时，最大沉积速率为 $14 \sim 32 \mu \text{m/min}$，沉积层平均晶粒尺寸为 $20 \sim 30 \text{nm}$，且存在 (220) 织构。

喷射电沉积纳米晶镍所用的阳极为 5mm 的高纯度镍管（99.98%），内径为 4mm；阴极为 10mm 的 08 铝钢，厚 1mm。电解液采用传统的 W 型电解液，其基本组成如表 9-2 所示。

表 9-2　喷射电沉积纳米晶镍电解液的组成

基本组成/(g/L)	编号			
	1	2	3	4
硫酸镍(NiSO$_4$ · 7H$_2$O)	200	250	300	350
氯化镍(NiCl$_2$ · 6H$_2$O)	40	40	40	40
硼酸(H$_3$BO$_3$)	35	35	35	35

图 9-5 是 J 为 80A/dm^2 的情况下，沉积速率随喷射速率的变化情况。从图中可以看出，随着喷射速率的增加，沉积速率亦随之提高。原因是喷射速率的提高增强了溶液的搅拌强度，加快了液相传质的过程，相应地提高了沉积速率。

图 9-6 为沉积速率随 J 的变化情况。沉积速率随着 J 的增加而近似呈线性增长。对于 $[\text{Ni}^{2+}] < 300 \text{g/L}$ 而言，当 J 达到 160A/dm^2 时，最大沉积速率明显偏低，此时由于 J 已达到 J_d，副反应加剧，导致了电流效率的下降，沉积速率亦随之降低。

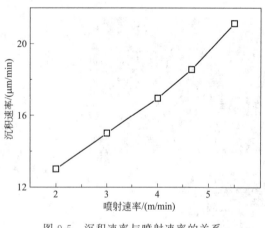

图 9-5　沉积速率与喷射速率的关系

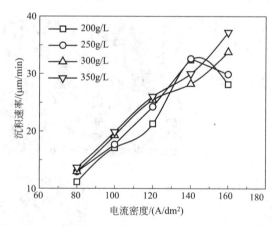

图 9-6　不同 $[\text{Ni}^{2+}]$ 时 J 对沉积速率的影响

9.3.2　电化学法制备纳米钴

L. Wang 等用周期换向脉冲电沉积法制备了纳米晶钴，如图 9-7 所示。他们研究了纳米晶钴和微米晶钴在不同腐蚀介质中的腐蚀行为，结果表明：在中性 NaCl 和碱性 NaOH 溶液中，由于纳米晶钴的晶界上形成了一层稳定的钝化膜，使得其耐蚀性能优于粗晶钴；但在两种酸性溶液 H_2SO_4 和 HCl 腐蚀介质中，由于没有明显的钝化过程，纳米晶钴高的晶界密度反而导致其耐蚀性能低于微米晶钴，说明腐蚀介质对纳米晶钴的腐蚀行为影响很大。

脉冲电沉积纳米钴的阳极为纯钴片，阴极为 45 圆钢片，其电解液组成及工艺如下：$CoCl_2$ 200g/L，NaCl 20g/L，H_3BO_3 30g/L，添加剂 2g/L。pH＝3～5，$T＝45℃$，磁力搅拌。实验中通过控制正、反方向脉冲工作时间以及平均电流

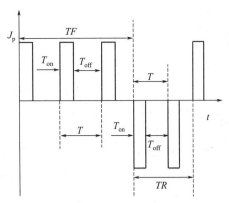

图 9-7　周期换向脉冲电沉积示意图

密度等参数来获得不同晶粒尺寸的纳米晶钴，沉积层厚度控制在 $50\mu m$ 左右。详细的周期换向脉冲电沉积参数如表 9-3 所示，为了比较，晶粒尺寸为 $3\mu m$ 的微米晶钴（粗晶钴）也采用上述电解液，但沉积方法为直流电沉积。

表 9-3　周期换向脉冲电沉积参数

参数	数值	参数	数值
正向平均电流密度/(A/dm^2)	8	负向平均电流密度/(A/dm^2)	0.8
正向脉冲频率/Hz	1000	负向脉冲频率/Hz	1000
正向占空比	0.2	负向占空比	0.1
正向导通时间 T_{on}/ms	0.2	负向导通时间 T_{on}/ms	0.1

图 9-8 为纳米晶钴和粗晶钴分别在 10% NaOH 溶液和 10% HCl 溶液腐蚀介质中的极化曲线。从图 9-8(a) 中可清楚地看见纳米晶钴和粗晶钴在 NaOH 溶液中存在活化→钝化→过钝化→活化行为；然而在 HCl 溶液中仅存在活化过程，如图 9-8(b) 所示。通过对图 9-8(a) 中峰Ⅰ和峰Ⅱ的 XPS 测试可知，第一个钝化过程主要是生成 CoO 和 $Co(OH)_2$；第二个钝化过程主要是生成 CoOOH 和 Co_3O_4，其化学和电化学反应如下：

$$Co + H_2O \longrightarrow Co(H_2O)_{ads}$$

峰Ⅰ对应的反应：

$$Co(H_2O)_{ads} \longrightarrow Co(OH)^+ + H^+ + 2e^-$$

$$Co(OH)^+ + OH^- \longrightarrow Co(OH)_2$$

$$Co(OH)_2 \longrightarrow CoO + H_2O$$

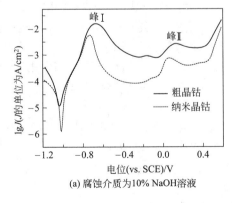

(a) 腐蚀介质为10% NaOH 溶液

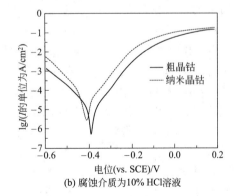

(b) 腐蚀介质为10% HCl 溶液

图 9-8　纳米晶钴和粗晶钴在不同腐蚀介质中的极化曲线

峰Ⅱ对应的反应：

$$Co(OH)_2 + OH^- \longrightarrow CoOOH + H_2O + e^-$$
$$3CoO + 2OH^- \longrightarrow Co_3O_4 + H_2O + 2e^-$$

从图 9-8 中得出的电化学腐蚀参数见表 9-4。由图 9-10 和表 9-4 可以看出，在 NaOH 溶液中，与微米晶钴相比，纳米晶钴的腐蚀电流密度很小，而极化电阻却很大；此外，纳米晶钴的钝化电流几乎是微米晶钴的十分之一，说明在 NaOH 溶液中，纳米晶钴更容易钝化，钝化膜为稳定的双层膜 $Co(OH)_2/Co_3O_4$，耐蚀性能更好。然而在 HCl 溶液中，纳米晶钴因不能形成稳定的钝化膜，故其腐蚀速率远大于微米晶钴。

表 9-4　微晶钴与纳米晶钴的腐蚀参数

溶液	试样	腐蚀电流/($\mu A/cm^2$)	腐蚀电位/mV	极化电阻/($k\Omega/cm^2$)	钝化电流/($\mu A/cm^2$)
NaOH	微米晶钴	36.49	−1032	0.824	199.72
	纳米晶钴	18.91	−1022	1.567	18.81
HCl	微米晶钴	35.58	−391	1.509	—
	纳米晶钴	11.42	−409	0.518	—

9.3.3　电化学法制备纳米铜

张含卓等采用直流电沉积技术，在碱性电解液中制备了纳米晶铜沉积层，并详细研究了 J 对纳米晶铜工艺及显微组织的影响。结果表明：随着 J 的增大，沉积速率基本呈线性增加，电流效率有所下降。当 $J = 3.2 A/dm^2$ 时，可得到平均晶粒尺寸为 24nm 并具有明显的 (111) 织构。此时纳米晶铜的显微硬度可达 297HV，约为粗晶铜硬度的 6 倍。

电沉积制备纳米晶铜，阳极选用纯铜板，阴极衬底材料为 50mm×20mm×1mm 的钛板，其电解液组成及工艺条件如下：电解液由 $CuSO_4 \cdot 5H_2O$ 200g/L、$NH_2CH_2CH_2NH_2$ 160g/L、$(NH_4)_2SO_4$ 45g/L、$N(CH_2COOH)_3$ 20g/L 以及少量添加剂组成。用氨水调节 pH = 8.9~9.0，温度为室温。$J = 0.5~3.5 A/dm^2$，搅拌方式为阴极移动，沉积时间为 10h。

图 9-9 是 J 对沉积速率和电流效率的影响曲线。随着 J 的增加，沉积速率基本呈线性增加。$J = 3.5 A/dm^2$ 时，沉积速率可达 50mm/h，略高于传统光亮镀铜的沉积速率。从整体上看，电流效率随着 J 的增大而下降。这是由于 J 过大时，阴极上会发生强烈的副反应，导致电流效率急剧下降。

不同 J 时的沉积层表面 SEM 图显示，当 $J = 0.5 A/dm^2$ 时，沉积层为由大小团簇颗粒构成的密排胞状结构，团簇尺寸较大（1~4μm），近似呈棱锥多面体形，无序排列。团簇之间存在较多的微孔和间隙，造成沉积层表面凹凸不平，致密性很差。随着 J 的增加，团簇颗粒的尺寸显著减小，团簇间的界限也变得不明显。当 $J = 3.2 A/dm^2$ 时，沉积层表面非常致密、平整，团簇基本消失。实验发现，采用适当高的 J 可以有效提高沉积层的光亮度，但 J 过高容易使沉积层边缘出现烧蚀现象。

图 9-10 是不同 J 时得到的铜沉积层组织结构的 XRD 图谱。结果表明，沉积层均由单一面心立方的铜相组成。随着 J 的增加，XRD 曲线中的各衍射峰明显宽化，同时 (111) 晶面的择优取向程度不断增强。由 Scherrer 公式计算可知，J 由 $0.5 A/dm^2$ 增至 $2.5 A/dm^2$ 时，沉积层的晶粒尺寸由 230.6nm 降至 23.8nm。

J 对沉积层显微硬度的影响如表 9-5 所示。显然 J 的增加使铜沉积层的显微硬度值逐

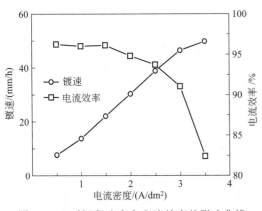

图 9-9　J 对沉积速率和电流效率的影响曲线

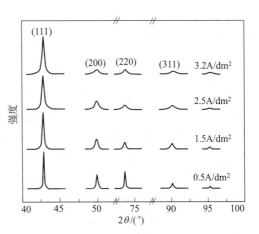

图 9-10　不同 J 时的铜沉积层 XRD 图

表 9-5　不同 J 时的铜沉积层显微硬度

$J/(A/dm^2)$	0.5	1.5	2.5	3.2
显微硬度/HV	131	175	238	297

渐上升，当 $J=3.2A/dm^2$ 时，硬度值达到 297HV，约为粗晶铜硬度的 6 倍。原因是 J 的增加使沉积层晶粒尺寸减小，从而使沉积层内位错的产生和运动需要很大的激活应力，使得纳米晶铜硬度值提高。

9.3.4　电化学法制备纳米银

在超声波辅助作用下，从含有 EDTA 的 $AgNO_3$ 水溶液中电化学沉积银纳米线，具体工艺如下。

称取 1g EDTA 配位剂、0.1g $AgNO_3$ 溶解于 50mL 蒸馏水中，混合均匀后作为电解液，温度为 30℃，将通入 N_2 的电解池放置于超声清洗器中（50Hz，100W），电极体系为铂丝-铂片（5mm×5mm）双电极系统，以铂片电极为工作电极、铂丝为辅助电极，分别用控制电流法（$i=10mA$，$t=30min$）和控制电位法（$\varphi=-0.3V$ vs. SCE，$t=30min$）电解，将产物离心分离，分别用蒸馏水及乙醇洗涤 2 次，真空干燥。

图 9-11 为控制电流法得到的银纳米线 XRD 图谱。图中的衍射峰分别对应于面心立方结构银晶体的（111）、（200）、（220）和

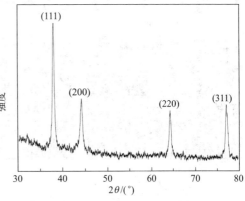

图 9-11　控制电流法得到的
银纳米线 XRD 图谱

（311）晶面，与 JCPDS 卡上数据一致（JCPDS No. 4-0783），控制电位法所得结果与此类似。

在不同控制条件下形成的银纳米线 TEM 图显示，用控制电流法所得的银纳米线更直，直径约 40nm，长度＞$6\mu m$；而控制电位法 $\varphi=-0.3V$ vs. SCE 电解时，得到直径约 80nm、长度＞$15\mu m$ 的纳米线。

9.3.5 电化学法制备 Cu-Ni 合金

最初 Cu-Ni 合金主要用作装饰性沉积层，最近研究发现它具有良好的力学性能、耐蚀性、电性能和催化性能，特别是含 Cu 质量分数 30% 的 Cu-Ni 合金，它在海水、酸介质、碱介质和一些氧化性及还原性环境中都有很高的稳定性。

由于 Cu 和 Ni 的还原电位相差较大，要达到共沉积需加入适当的配合剂，研究发现柠檬酸或柠檬酸盐是很好的配合剂，毒性小，较便宜，且能得到质量好的合金沉积层。但直流电沉积时间较长时，会出现沉积层表面粗糙。采用脉冲技术，可降低孔隙率、内应力、杂质和氢含量，也容易控制电解液的组成。

I. Baskaran 等采用脉冲电沉积制备了 Cu-Ni 合金，并研究了合金的性能。脉冲电沉积时所用阳极为石墨，阴极为铜棒，其工艺为：硫酸镍 0.02mol/L，硫酸铜 0.002mol/L，柠檬酸三钠 0.2mol/L，pH=5.0，$T=(55\pm1)℃$，$J=2.5\sim20.0\text{A/dm}^2$，$f=100\text{Hz}$，磁力搅拌（300r/min）。

图 9-12 是不同 J 下 Cu-Ni 合金沉积层的表面形貌。可见各个 J 时沉积层都很均匀，外观呈现菜花状。合金的晶粒尺寸随着 J 的提高而减小。EDAX 分析表明，在 $J=2.5\text{A/dm}^2$、5.0A/dm^2、7.5A/dm^2、10.0A/dm^2、15.0A/dm^2、20.0A/dm^2 时，合金的化学计量比分别为：$Cu_{0.98}Ni_{0.02}$、$Cu_{0.95}Ni_{0.05}$、$Cu_{0.89}Ni_{0.11}$、$Cu_{0.77}Ni_{0.23}$、$Cu_{0.56}Ni_{0.44}$、$Cu_{0.38}Ni_{0.62}$。

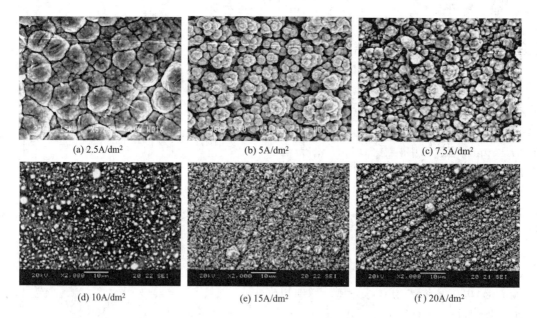

| (a) 2.5A/dm² | (b) 5A/dm² | (c) 7.5A/dm² |
| (d) 10A/dm² | (e) 15A/dm² | (f) 20A/dm² |

图 9-12　J 对 Cu-Ni 合金沉积层表面形貌的影响

表 9-6　J 和热处理对 Cu-Ni 合金晶粒尺寸的影响

$J/(\text{A/dm}^2)$	Cu-Ni 合金化学计量比	晶粒尺寸/nm	
		未热处理	400℃ 1h
2.5	$Cu_{0.98}Ni_{0.02}$	46	114
5.0	$Cu_{0.95}Ni_{0.05}$	35	86
7.5	$Cu_{0.89}Ni_{0.11}$	28	54

$J/(A/dm^2)$	Cu-Ni 合金 化学计量比	晶粒尺寸/nm	
		未热处理	400℃ 1h
10.0	$Cu_{0.77}Ni_{0.23}$	19	29
15.0	$Cu_{0.56}Ni_{0.44}$	17	25
20.0	$Cu_{0.38}Ni_{0.62}$	15	20

表 9-6 表明，随着 J 的升高，Cu-Ni 合金中 Cu 含量下降，Ni 含量上升，Cu-Ni 合金晶粒尺寸变小，经过 400℃ 1h 的热处理后，沉积层晶粒开始长大，但仍保持纳米尺寸。

9.3.6 电化学法制备 Co-Ni 合金

Co-Ni 合金是应用比较广泛的一种合金，多用于装饰性、耐蚀性和磁性材料。

G. Qiao 等采用喷射电沉积法制备了 Co-Ni 纳米晶合金，结果表明：增加电解液中 $[Co^{2+}]$、提高喷射速率和 J 以及降低电解的温度，都能提高合金沉积层中的 Co 含量。

喷射电沉积法制备 Co-Ni 合金沉积层的实验装置如图 9-13 所示。其原理是电解液在三组 MD-20R 型磁力驱动泵串联的作用下，经由与阳极串接的不锈钢管垂直喷射到阴极表面，最后经电沉积室出口回流至溶液槽中。阴极衬底材料是厚度为 0.5mm、纯度为 99.9% 的铜箔，阳极为纯度 99.9% 的钴板和镍板，弯成圆筒状叠放在一起。电化学沉积前阴、阳极电解去油、活化，再用蒸馏水、乙醇充分清洗后，立即置于沉积室中，阴极与阳极相距 10mm。

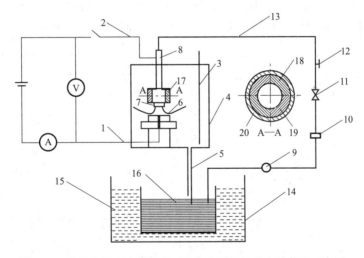

图 9-13 喷射电沉积法制备 Co-Ni 合金沉积层的实验装置示意图

1—阴极导线；2—阳极导线；3—温度计；4—电沉积室；5—电解液出口；6—高速喷射电解液；7—喷嘴；
8—钛管；9—离心泵；10—过滤机；11—流量计；12—控制阀；13—电解液循环管道；14—恒温水浴；
15—蒸馏水；16—电解液；17—阳极；18—钴阳极；19—镍阳极；20—聚氯乙烯管

图 9-14 是电解液中 $[Ni^{2+}]$ 不变，$[Co^{2+}]$ 变化对沉积层成分和合金晶粒尺寸的影响。可见，随电解液中 Co^{2+}/Ni^{2+} 比值的增加，合金中 Co 含量显著增加，晶粒尺寸变小。这种沉积层中 Co 含量远大于电解液中 Co^{2+} 含量的反常现象与 Fe-Ni 系电沉积合金类似，归因于两种金属离子的异常共沉积。晶粒尺寸明显细化是因为 Co、Ni 沉积时形成固溶体，其生长过程随 Co 含量的增加，沉积层 Co、Ni 交替排列，因原子半径的差别引起位错等点阵缺陷，使组织细化。电沉积 Co-Ni 纳米晶合金的电解液组成及工艺条件如表 9-7 所示。

表 9-7　电沉积 Co-Ni 纳米晶合金的电解液组成及工艺条件

电解液种类	电解液组成	含量		工艺条件
		mol/dm³	g/cm³	
1	CoSO₄·7H₂O	0.031~0.213	8.8~60	阴极电流密度:318A/dm²
	NiCl₂·6H₂O	0.841	200	电解液喷速:356m/min
	H₃BO₃	0.486	30	电解液温度:40℃
2	CoSO₄·7H₂O	0.213	60	阴极电流密度:159~477A/dm²
	NiCl₂·6H₂O	0.841	200	电解液喷速:356m/min
	H₃BO₃	0.486	30	电解液温度:40℃
3	CoSO₄·7H₂O	0.213	60	阴极电流密度:159~477A/dm²
	NiCl₂·6H₂O	0.841	200	电解液喷速:356m/min
	H₃BO₃	0.486	30	电解液温度:40℃
	添加剂	0.01	2.5	
4	CoSO₄·7H₂O	0.213	60	阴极电流密度:318A/dm²
	NiCl₂·6H₂O	0.841	200	电解液喷速:254~510m/min
	H₃BO₃	0.486	30	电解液温度:40℃
5	CoSO₄·7H₂O	0.213	60	阴极电流密度:318A/dm²
	NiCl₂·6H₂O	0.841	200	电解液喷速:254m/min
	H₃BO₃	0.486	30	电解液温度:30~50℃
	添加剂	0.01	2.5	

图 9-15 是阴极电流密度 J 对沉积层中 Co 含量、晶粒尺寸影响的关系曲线。可见使用表 9-7 中类型 2 和 3 电解,沉积层中 Co 含量和晶粒尺寸随 J 的增加而下降。一般来讲,J 的增加,电位较正的金属的沉积速率要比电位较负的金属快,因此 Ni 含量比较高,而 Co 含量比较低。J 的增大会导致沉积层中 Co 含量下降,同时提高了过电位,有利于晶粒细化。

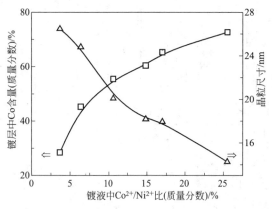

图 9-14　电解中 Co^{2+}/Ni^{2+} 比对合金组成和晶粒尺寸的影响(电解组成见表 9-7,类型 1)

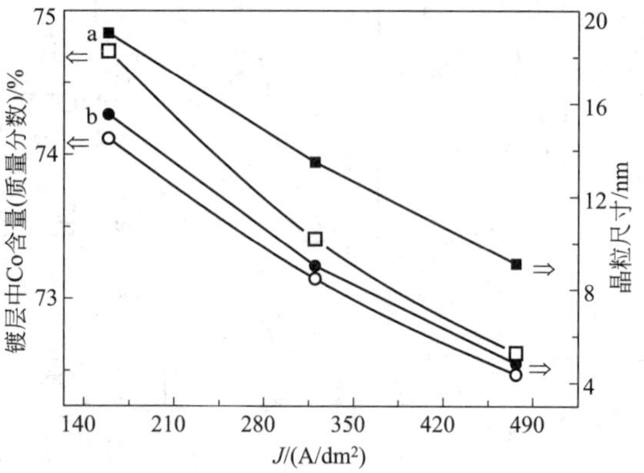

图 9-15　J 对 Co-Ni 合金组成和晶粒尺寸的影响(电解组成见表 9-7,曲线 a、b 分别为类型 2 和 3)

图 9-16 为电解温度的变化对沉积层中 Co 含量的影响曲线。从图中可以看到,随着电解温度的提高,沉积层中 Co 含量下降。在电沉积过程中,电解温度的改变主要影响阴极扩散层的离子浓度。对于正常共沉积,主要受扩散控制,随温度升高,合金中电位较正的金属含量增加,且影响较为明显。温度对非正常共沉积合金组成的影响没有规律,而温度对异常共沉积合金组成的影响,主要表现在极化和扩散方面,但哪一种是主要的影响因素,依体系的不同而异。对于 Co-Ni 电沉积,属异常共沉积,极化和扩散均起作用,当温度升高时,扩散为主要作用,有利于合金中电位较正的金属沉积,所以沉积层中 Ni 含量增高,而 Co 含量下降。

图 9-17 为电解喷射速度对沉积层中 Co 含量的影响。由图可见，随着电解喷射速度的加快，沉积层中 Co 含量增加。这是由于当 Co、Ni 共沉积时，Co 比 Ni 更容易沉积。增加电解流速，相当于对电解搅拌加强，从而降低了扩散层的厚度，增大了扩散层内金属离子的浓度，这样就增加了优先析出金属的浓度，使沉积层中优先析出的金属含量增多。因此，当电解流速增加时，沉积层中 Co 含量增加。另外，对电解搅拌加强，降低扩散层的厚度，增大扩散层内金属离子的浓度，同时也提高了阴极过电位，使形核速率增大，晶核数目增多。因此，沉积层晶粒尺寸下降。

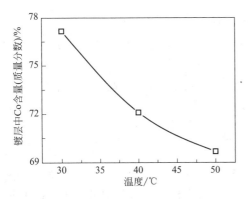

图 9-16　电解温度对 Co-Ni 合金中 Co 含量的
影响（电解组成见表 9-7，类型 5）

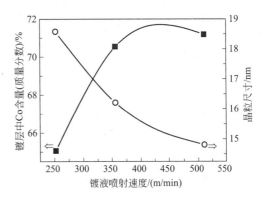

图 9-17　电解喷射速度对 Co-Ni 合金中 Co 含量的
影响（电解组成见表 9-7，类型 4）

9.4　模板电化学法制备纳米材料

1987 年 Martin 等将电化学和模板合成方法结合，以聚碳酸酯滤膜为模板成功地制备了 Pt 纳米线阵列，如图 9-18（a）所示。此后，他们又合成了多种纳米材料，例如以多孔氧化铝膜为模板制备的金纳米管，见图 9-18（b），和以多孔氧化铝膜为模板制备的纳米聚吡咯，见图 9-18（c）。

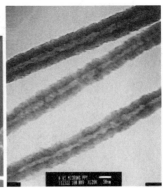

(a) 以聚碳酸酯滤膜为模板
制备的 Pt 纳米线阵列

(b) 以多孔氧化铝膜为模板
制备的金纳米管

(c) 以多孔氧化铝膜为模板
制备的纳米聚吡咯

图 9-18　模板电化学法制备的纳米材料

近几年来，模板电化学合成方法及其相关的技术得到了迅猛发展，应用该方法已经成功地制备了磁性材料、金属、合金、半导体及导电聚合物等多种纳米结构材料。

（1）模板电化学合成法原理

模板电化学合成法是选择具有纳米孔径的多孔材料作为阴极，利用物质在阴极的电化学还原反应使材料定向地进入纳米孔道中，模板的孔壁将限制所合成材料的形状和尺寸，从而得到一维纳米材料。

（2）模板电化学合成法影响因素

① 电流密度　电流密度增大，有利于纳米晶体的形成。

② 有机添加剂　加入有机添加剂可使成核速率增大，晶粒生长速率变小，使晶面光滑，结晶细致。

③ pH 值　pH 值小，析氢快，提供更多成核中心，使结晶细致，晶粒得到细化。

④ 电沉积温度　电沉积温度升高，沉积速率增加，晶粒生长速率增加。

（3）阳极氧化铝（AAO）模板

阳极氧化铝（AAO）模板法电沉积制备一维纳米线阵列是以阳极氧化铝为模板，向其纳米孔中电沉积金属，从而制备出高度有序的一维纳米线阵列。利用 AAO 作为模板制备纳米线阵列是从 20 世纪 90 年代国际上开始采用的一种新型样模法。多孔阳极氧化铝模板的孔径在 5～500nm 的范围，并可根据实际需要调节孔径大小，孔率高达 10^{11}～10^{13} 个/cm^2，孔道长度可达几微米到上百微米，而且孔与孔之间独立，不会因孔倾斜而发生孔与孔交错现象，能制备出高质量有序的一维纳米线阵列。

铝及其合金在大气中其表面会自然形成一层厚度为 4～5nm 的氧化膜，自然氧化膜能使金属稍微有些钝化，但由于它太薄，孔隙率大，机械强度低，不能有效防止金属腐蚀。用电化学方法处理后，可以在其表面上得到一层厚度在 5～20μm 的氧化膜。

从电子显微镜观察证实，阳极氧化膜由阻挡层和多孔层所组成。阻挡层是薄而无孔的，而多孔层则由许多六棱柱体的氧化物单元所组成，形似蜂窝状结构。每个单元的中心有一小孔直通铝表面的阻挡层，孔壁为较致密的氧化物。氧化物单元又称膜胞，图 9-19 为铝阳极氧化膜结构模型。

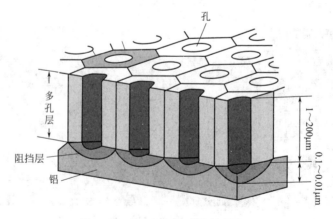

图 9-19　铝阳极氧化膜的结构模型

阳极氧化膜形成机理：铝及铝合金阳极氧化液一般采用中等溶解能力的酸性溶液，如硫酸、草酸等，将铝及铝合金零件作为阳极，铅板或石墨板为阴极，通以直流电，阴极上的反应为：

$$2H^+ + 2e^- \longrightarrow H_2 \uparrow$$

而在阳极上，主要是水的放电：

$$H_2O - 2e^- \longrightarrow [O] + 2H^+$$

所生成的新生态氧 $[O]$ 具有很强的氧化能力，在外电场力的作用下，从溶液/金属界面上向内扩散，与铝作用而形成氧化膜：

$$2Al + 3[O] \longrightarrow Al_2O_3 + 1670kJ$$

硫酸还可以与 Al、Al_2O_3 发生化学反应：

$$2Al + 3H_2SO_4 \longrightarrow Al_2(SO_4)_3 + 3H_2 \uparrow$$

$$Al_2O_3 + 3H_2SO_4 \longrightarrow Al_2(SO_4)_3 + 3H_2O$$

铝阳极氧化膜的生长是在"生长"和"溶解"这对矛盾中发生和发展的。通电后的最初数秒钟首先生成无孔的致密层即阻挡层，它虽只有 $0.01 \sim 0.015 \mu m$，但具有很高的绝缘性。硫酸对膜产生腐蚀溶解。由于溶解的不均匀性，薄的地方电阻小，氧离子可通过，反应继续进行，氧化膜生长，又伴随着氧化膜溶解，循环往复。控制一定的工艺条件，特别是硫酸浓度和温度，可使膜生长占主导地位。

（4）AAO 模板的应用

近年来，AAO 模板已经广泛应用于各种纳米结构与器件的制备，其应用也已扩展至光学、磁学、电学、生物传感器等领域。AAO 模板具有自组织生长的特点，所形成的纳米管孔道形态均匀，具有稳定的化学物理特性，并且制作工艺简单，价格低廉，结构参数易控制，其应用领域日益广泛。随着纳米材料功能的不断扩展，应用范围不断扩大，模板法结合电化学技术制备功能性纳米材料的研究必将会有更广阔的基础研究价值、技术开发价值和潜在的实用价值。

第10章

复合电沉积

10.1 复合电沉积概述

电镀是指在电流作用下使金属离子在金属和非金属制品与零件的表面上还原，形成符合使用要求的平滑致密的金属覆盖层的工艺。最常见的电镀是镀单金属层，其中包括单一金属镀层（例如镀铜、镀镍、镀铬等）和均相合金镀层（如镀铜锡合金、镀镍铁合金、镀锌铁合金等），称为简单镀层。随着机械、电子、能源等高新技术领域的飞速发展，对金属材料的要求越来越高，单一的金属镀层已很难满足耐腐蚀、耐摩擦、耐高温、低电阻、高活性等特殊性能的要求，在生产和开发新产品上有更进一步的要求。不同的金属材料在性能上各有所长，如果能把几种材料合理地组合起来，综合各自的优点，形成具有优异性能的新型复合材料，在一定程度上弥补它们各自的缺点，在研究和生产上具有重要的意义。

复合电沉积在国外已经有六七十年的研究历史，国内则起步较晚，近二三十年才得以迅速发展。复合电沉积即在基体金属镀层内含有"杂质"，这种"杂质"有天然化合物和人造化合物。这种镀层在耐磨性、耐高温性、耐蚀性、高温耐磨性、高温耐磨耐蚀性、特殊装饰性、导电性等方面有优良特性，已获得了广泛的应用，所以复合电沉积技术一出现就受到国内外电镀工作者的极大重视，作为一种制备复合材料的新方法，在工程技术中也获得了广泛的应用。

10.1.1 复合电沉积基本概念

复合电沉积又称分散电镀、镶嵌电镀、组合电镀或者弥散电镀，是指在普通的电镀溶液中均匀分散入一种或数种不溶性固体微粒、惰性颗粒、纤维等，并使这些微粒与基质金属（也可称为主体金属）共沉积在金属镀层中，或者采取必要的措施将微粒合理地配置于基体表面，在金属离子被还原的同时，将不溶性的固体颗粒均匀地夹杂到金属镀层中，这种夹杂着固体微粒的特殊镀层就是复合镀层。利用化学镀技术来获取复合镀层时，可称为复合化学镀。若以电铸法制备复合镀层，则为复合电铸。最近，复合电刷镀——使用电刷镀技术制备复合镀层的技术，引起了人们的关注。由于复合电沉积的应用比复合化学镀和复合电铸广泛得多，而且复合电沉积中的许多规律，有相当大的一部分也适用于复合化学镀和复合电铸，因此在研究复合镀层时，常常以复合电沉积为代表。

复合电沉积发展初期，主要是以镍、铜、钴等单一金属为基质金属，以 Al_2O_3、Cr_2O_3、ZrO_2、SiC、TiC、SiO_2 等耐高温的陶瓷粉末作为共沉积的夹杂物。随着研究的不断深入，几乎所有工业上用的金属镀层都可以作为复合电沉积的基质金属。除原来使用过的氧化物、碳化物、氮化物之外，几乎所有类型的陶瓷微粒、金属粉末、树脂粉末以及石墨、WS_2、聚四氟乙烯、金刚石等均可作为共沉积的微粒。复合镀层的基质分为四类：纯金属、合金、间隙固溶体合金和非晶态合金。至今单一金属和合金的复合电沉积中常用的基质金属和分散微粒如表 10-1 所示。

表 10-1　复合电沉积中常用的基质金属和分散微粒

基质金属	分散微粒
Ni	Al_2O_3、Cr_2O_3、Fe_2O_3、ZrO_2、ThO_2、SiO_2、CeO_2、BeO_2、MgO、CdO、金刚石、SiC、TiC、WC、VC、ZrC、Cr_3C_2、B_4C、TaC、$BN(\alpha, \beta)$、TiN、ZrB_2、Si_3N_4、$PTFE$、氟化石墨、石墨、MoS_2、WS_2、CaF_2、$BaSO_4$、$SrSO_4$、ZnS、CdS、TiH_2、Cr、Mo、Ti、Ni、Fe、W、V、Ta、玻璃、高岭土
Cu	$Al_2O_3(\alpha, \gamma)$、TiO_2、ZrO_2、SiO_2、CeO_2、SiC、TiC、WC、ZrC、NbC、B_4C、BN、Cr_3B_2、$PTFE$、氟化石墨、石墨、MoS_2、WS_2、$BaSO_4$、$SrSO_4$
Co	Al_2O_3、Cr_2O_3、Cr_3C_2、WC、TaC、ZrB_2、BN、Cr_3B_2、金刚石
Fe	Al_2O_3、Fe_2O_3、SiC、WC、BN、$PTFE$、MoS_2
Cr	Al_2O_3、CeO_2、ZrO_2、TiO_2、SiO_2、SiC、WC、ZrB_2、TiB_2
Ni-Co	Al_2O_3、SiC、Cr_3C_2、BN、金刚石
Ni-Fe	Al_2O_3、Fe_2O_3、SiC、Cr_3C_2、BN、金刚石
Pb-Sn	TiO_2
Ni-P	Al_2O_3、Cr_2O_3、TiO_2、ZrO_2、SiC、Cr_3C_2、B_4C、金刚石、$PTFE$、BN、CaF_2
Ni-B	Al_2O_3、Cr_2O_3、SiC、Cr_3C_2、金刚石
Co-B	Al_2O_3、Cr_3C_2、BN

复合镀层的性能不仅取决于基质金属和微粒的种类，而且与镀层中微粒含量密切相关。应该说，凡是影响微粒共沉积的因素，也就是影响复合镀层生成和性能的因素，如固体微粒在镀液中的载荷量、微粒表面电荷状态、微粒的处理方法、镀液组成及工艺条件等都会影响镀层中微粒含量。对于不同的镀液体系，不同微粒其影响规律也不相同，难以用某一规律概括各种镀液体系和微粒。因此，可以根据复合镀层的不同用途选择基质金属和分散微粒。

10.1.2　复合电沉积的特点

金属基复合材料常用的制备方法有：扩散黏结法、熔渗法、热挤压铸造法、粉末冶金法、喷雾沉积法、真空压力浸渍法等热加工方法，但这些方法在实际操作中会遇到一定的困难，而且制备工艺比较复杂，生产成本较高。用复合电沉积技术制备复合材料除了需对一般的电镀设备、镀液、阳极等加以改造外，还需要采取一些能够使固体微粒在镀液中充分悬浮的工艺措施。与其他制备方法相比较，复合电沉积具有以下特点。

① 节约能源　复合电沉积的温度较低，传统的热加工方法制备金属基复合材料，一般需在 $500 \sim 1000 ℃$ 或更高的温度下操作，基质金属与固体微粒之间难免发生相互扩散及化学反应，

往往会改变它们各自的性能，并且有机物难以掺杂进入金属中形成复合材料。而复合电沉积是在水溶液中进行的，温度一般不超过 $100℃$，一般在 $50\sim60℃$ 进行，因而对基体金属或合金的原始组织、性能不产生影响，工件也不会发生形变。除了耐高温的陶瓷微粒可以制备金属基复合材料外，各种有机物和其他在高温下容易分解的物质也可以作为不溶性固体微粒分散到金属镀层中，形成各种类型的复合材料，复合电沉积的应用范围得到进一步的扩大。

② 投资少，成本低　采用热加工方法制备金属基复合材料，需要昂贵的生产设备，生产时需要采用保护性气体等防护措施；而复合电沉积在大多数情况下可以在一般的电镀设备、镀液、阳极等基础上略加改进即可（主要是采用固体微粒在镀液中充分悬浮的措施）。因此与其他制备金属基复合材料的方法相比，复合电沉积的设备投资少，操作比较简单，易于控制，生产费用低，能源消耗少，原材料利用率比较高，复合电沉积制备复合材料是一种十分经济的方法。

③ 操作简单，易于控制　改变电解液中固体微粒含量和基质金属与微粒的共沉积条件（镀液组成、阴极电流密度、温度等工艺条件），可使镀层中微粒含量在 $0\%\sim50\%$ 的范围内连续变化，并使镀层的性质发生相应的变化。如果需要复合镀层中微粒与基质金属间发生相互扩散，可以在电镀后对镀层进行热处理，使它们获得新的性质。可以依据使用的要求，通过改变镀层中微粒含量来控制镀层的性能。这就是说，复合电沉积技术为改变和调节材料的力学、物理和化学性能提供了极大的可能性和多样性，可以根据需要对材料的性能进行"裁剪"，在一定程度上增强了复合材料性能的可调控性。

④ 节约贵重原材料　目前常用的制备复合材料的方法所制备的复合材料，基本上是在一定条件下形成整体的实心材料。对于功能材料（耐磨、减摩擦、导电、抗高温、抗划伤等）来说，其特殊功能是由材料的表层体现的。在多数情况下可采用某些具有特殊功能的复合镀层取代整体的实心复合材料，可以在廉价的基体材料表面通过复合电沉积覆盖表层功能材料，发挥实心材料的功能。例如，在悬浮有 La_2O_3 等固体微粒的镀银溶液中，在铜件上电镀一定厚度的银基复合镀层，其电接触功能有的可以取代整体纯银部件，实现了以铜代银，这在节约贵重材料方面意义重大。也可通过在强度较低的软金属基体上镀覆适当的硬复合镀层。因此，复合电沉积的经济效益十分显著。

⑤ 灵活多样　复合电沉积也和普通电镀一样，可以在复杂形状基体上获得均匀的复合镀层，也可以通过延长电镀时间的方法获得任意厚度的镀层，在零件的局部位置进行选择性镀覆，当零部件磨损后，能进行重新修复。一般来说，复合镀层对基体材料本身的物理机械性能影响不大。

尽管复合电沉积具有上述诸多优点，但它在实际应用中仍存在着一些问题。例如，复合电沉积层中的微粒含量偏低，在希望沉积出微粒体积含量过高（50%以上）的复合镀层时，在工艺上很难实现；又如，由于复合电沉积的基体表面电流分布不均匀，因而表面各个部位镀层厚度也不均匀，在电沉积的复合镀层过厚时，零部件会出现不同程度的变形，严重时可能成为不合格产品；另外，在有些情况下，仅在零部件表面镀覆一层复合材料，并不能满足使用要求，有必要采用整体实心的材料制造。因此，复合镀层不可能完全取代用各种热加工方法制备的复合材料，每种制备方法制备的复合材料都有自己的特点和适用范围。

10.1.3　复合电沉积与普通电镀的区别

复合电沉积与普通电镀在制备工艺、镀层组成、镀层性能和生长机制等方面有着明显的不同。

制备工艺：由于固体微粒很小，如果其粒径达到纳米级，甚至可能发生很强的团聚。这就要求在复合电沉积工艺中必须重点解决固体微粒在镀液中的团聚和在镀层中均匀分散的问题，这是保证微粒进入镀层的必要条件，也是复合电沉积技术的一个难点。可采取不同的搅拌措施，使镀液具有足够的流动速度。由于镀液的流速较大，电流密度可相应地提高，复合电沉积的沉积速率自然也比普通电镀高。在普通电镀过程中，不存在这样的问题。

镀层组成：复合镀层的基本组元有两类。一类是通过还原反应而形成镀层的金属，称为基质金属，基质金属是均匀的连续相。另一类是不溶性固体微粒，它们通常不连续地分散于基质金属之中，组成不连续相。从这一结构特点看，复合电沉积层也是一种金属基复合材料。普通镀层通常由单一金属或合金组成，为均匀连续相。

镀层性能：复合镀层内基质金属和不溶性微粒之间，在形式上是机械混合，两者之间的相界面基本清晰。但复合镀层可以获得基质金属和固体微粒两组元的综合性能。与普通镀层相比，复合镀层通常在力学性能上有较明显改善。如果引入具有特殊性能的微粒，复合镀层还可能具有普通镀层不可能拥有的功能。

生长机制：普通电镀层的生长过程主要是金属离子在阴极表面的电沉积和结晶生长，而复合镀层除此之外还具有固体微粒进入基质金属的共沉积过程。

由此可见，复合电沉积在普通电镀的基础上，增加了许多理论和技术上的难点，很多重要的理论、技术和工艺等问题亟待解决。

10.1.4　复合镀层的分类及应用

（1）复合镀层的分类

由于考虑的角度不同，对复合镀层的分类方法也不同。常用的分类方法有以下三种：根据构成复合镀层的组分分类，根据它们的用途分类，根据微粒和基质金属在镀层中所处的地位分类。

可以根据构成复合镀层的组分来分类，根据所采用的基质金属的不同，可将复合镀层分为镍基复合镀层、铜基复合镀层、锌基复合镀层、铜锡基复合镀层等。依据所使用的固体微粒性质不同，可将复合镀层分为无机的复合镀层（微粒为金刚石、石墨、SiC、MoS_2、Al_2O_3、BN、硫化物、氮化物、硫酸盐、硅酸盐）、有机的复合镀层（聚四氟乙烯、尼龙、聚氯乙烯、氨基甲醛树脂等有机化合物）与金属的复合镀层（镍、钨、铬、铝等金属粉末微粒）三类。当前研究和使用的复合镀层中，以无机的复合镀层为数最多。还可以从其镀覆的微粒粒度来划分，可以从二元到多元、从普通的固体微粒到纳米微粒。

另外一种比较常用的分类法是按照复合镀层的用途，将它们分为：防护装饰性复合镀层（镍封和缎面镍）、功能性复合镀层（具有优异力学性能、润滑性能且降低内应力的功能性镀层，具有化学功能、光学功能的复合镀层）及用作结构材料的复合镀层三大类。

依据复合镀层中组分的地位分类，提出了一种新的复合镀层分类方法：微粒性能起主导作用的复合镀层（镍-金刚石复合镀层）、基质金属性能起主导作用的复合镀层（具有可焊性的锡基复合镀层）和微粒与基质金属间相互作用起主导作用的复合镀层（具有光电转换效应的 $Ni\text{-}TiO_2$ 复合镀层、耐电蚀功能的 $Ag\text{-}La_2O_3$ 复合镀层、具有催化功能的 $Ni\text{-}WC$ 复合镀层）。

（2）复合镀层的应用

① 耐磨性　复合镀层主要作为耐磨镀层使用。超硬材料复合镀层就属于这一类。例如，在基质（Ni、Zn、Cr、Ni-P、Ni-B 等）中加入硬度较高的金刚石、Al_2O_3、SiC、SiO_2 等微粒，这些微粒分散在镀层中能有效地细化金属晶粒以提高金属的力学性能和耐磨性能。如 Ni-SiC 复合镀层比纯镍镀层耐磨性高 70%，比硬铬镀层降低成本 20%～30%。国内阿波罗机电技术开发公司自主开发了 Ni-Al_2O_3 纳米复合镀层，经测定该镀层的耐蚀性比纯镍镀层提高近两倍，耐磨性提高近 1000 倍，硬度也有所提高。超硬材料复合镀层的结构，比一般复合镀层更复杂一些，如图 10-1 所示，一般

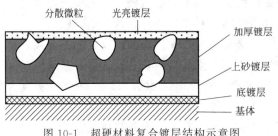

图 10-1　超硬材料复合镀层结构示意图

包括底镀层、上砂镀层、加厚镀层和光亮镀层四个组成部分。底镀层是直接接触基体的不含分散微粒的单纯金属镀层，作用是加强镀层与基体之间的结合，如果没有底镀层，则基体上有一部分表面是与分散微粒接触的，这就减少了镀层与基体的接触面，导致镀层与基体结合强度下降。上砂镀层起初步固结分散微粒的作用，以便随后进行加厚镀。加厚镀层是金属镀层的主体，起充分固结分散微粒的作用。光亮镀层主要起防护装饰性作用，可以省去。

② 耐腐蚀性　由于固体微粒与基质金属共沉积，会有一部分微粒出现在复合镀层的表面，这将影响它们在各种介质中的腐蚀能力。在最简单的情况下，若参加共沉积的是一种稳定的惰性微粒，如 Al_2O_3、TiO_2、ZrO_2 等，仅对镀层表面起着不完整的屏蔽作用，这类复合镀层在大气中的耐蚀性与由该基质金属形成的普通镀层相比，在室温下相差不多。复合镀层的内应力比普通金属镀层低些，这对耐蚀性是有利的。

③ 抗高温氧化性　纳米微粒与基质金属共沉积可更有效地改善镀层的组织结构，因而提高它们的抗高温氧化性能。当向复合镀层中引入第二种固体微粒时，第二种微粒将进一步增强复合镀层的抗高温氧化能力。例如在 Cu-MoS_2 复合镀层中加入第二种微粒后的抗高温氧化能力大幅增强。出现这种现象的原因是第二种固体微粒加入后有可能对氧化铜的形成产生抑制作用。

复合镀层还可以用作装饰-防护性镀层、自润滑镀层、分散强化镀层等。例如 Ni-氟化石墨，Ni-PTFE 已用于压铸或浇铸塑料及金属用的模具上，大大减少了摩擦损耗，延长了模具寿命。

10.1.5　复合镀层及其中微粒含量的表示方法

在使用化学符号表示复合镀层时，通常将基质金属写在固体微粒的前面，二者之间以"-"连接。例如 Co 与 SiC 形成的复合镀层，可表示为 Co-SiC。若镀层中除 SiC 外还含有 Al_2O_3，则应以 Co-SiC-Al_2O_3 表示。当基质金属是两种以上元素组成的合金时，可用"（）"将基质金属与固体微粒区分开。例如铜锡合金与 SiC 形成的复合镀层表示为（Cu-Sn）-SiC。

复合镀层中固体微粒的含量直接影响镀层的性能，实际工作中需要标出其含量，常见的表示方法有以下几种。

① 质量分数 a_w　复合镀层中含有的固体微粒质量在整个复合镀层中所占的质量分数，即

$$a_w = \frac{\text{复合镀层中微粒的质量}}{\text{复合镀层的质量}} \times 100\% \tag{10-1}$$

② 体积分数 a_v　复合镀层中含有的固体微粒体积在整个复合镀层中所占的体积分数，即

$$a_v = \frac{\text{复合镀层中微粒的体积}}{\text{复合镀层的体积}} \times 100\% \tag{10-2}$$

各种固体微粒和基质金属密度的差别可以很大，用质量分数难以形象地表示出微粒在复合镀层中实际占有的空间的大小，而复合镀层的性质又常与其中基质金属和微粒的体积比有关。所以用体积分数能更加明确地表达镀层中微粒与基质金属间的比例关系，更加实用。

③ 表面积百分数 a_s　复合镀层中固体微粒面积占复合镀层总面积的百分数，即

$$a_s = \frac{\text{复合镀层表面上微粒占据的面积}}{\text{复合镀层的总表面积}} \times 100\% \tag{10-3}$$

用这种方法表示镀层中微粒含量时，要求微粒在整个复合镀层中均匀分布。

10.1.6　复合电沉积的历史及发展趋势

20 世纪初苏联科学家发现以铸铁阳极镀铁时在阴极获得了含碳微粒的铁镀层。自美国人 A. Simos 在 1949 年获得第一个复合电沉积专利以来，复合电沉积工艺有了很大进步，从单金属、单微粒复合电沉积，发展到为满足特殊性能要求的合金、多种微粒的复合电沉积工艺，且工艺手段与方法不断得到完善。1966 年 Metzger 等开始试验复合化学镀，以化学镀 Ni-P 合金作为复合镀层的基质金属。1983 年苏联报道了制备以磷化层为基质，以 MoS_2 为分散微粒的复合镀层。除在水溶液中沉积复合镀层之外，还可在非水溶液中沉积复合镀层。另外，既可以用挂镀法，也可用滚镀法沉积复合镀层。

我国研究人员于 1962 年前后开始镍封的研究，在其后的 50 多年间，天津大学、哈尔滨工业大学、武汉材料保护研究所、昆明理工大学等单位分别对 Ni、Co、Cu、Ag 的复合电沉积工艺及其共沉积理论进行了研究，并取得了很多成绩。例如：天津大学研制成功的复合电沉积法制造低压电器用电触头的新工艺；武汉材料保护研究所试制成功的 Ni-氟化石墨等减摩复合镀层等。但在实际应用以及生产开发上还较落后。

复合电沉积机理一直是广大研究人员十分关心的研究课题，实际影响复合电沉积的因素太多，彻底弄清楚其过程机理还需要进一步的研究。近年研究人员提出了几种关于机理的新观点，实用性仅仅限于个别实例，共性的复合电沉积机理需要在理论基础、处理方法、物理概念等方面适用于大多数实例，尚需要广大研究人员努力。

10.2　复合电沉积工艺及机理

10.2.1　固体微粒的特性

制备复合镀层，固体微粒需满足以下条件。

① 复合电沉积要求固体微粒能均匀地镶嵌于基质金属中，所以固体微粒应该在镀液中呈均匀悬浮状态。

② 微粒尺寸大小要适当，微粒粒径过大，则不易镶嵌在镀层之中，会造成镀层粗糙；粒径过细，则微粒在溶液中易团聚结块，从而使其在镀层中分散不均匀。一般常使用粒径在 $0.1 \sim 10 \mu m$ 的微粒。

③ 微粒应当具有亲水性，在水溶液中最好带正电荷。微粒特别是疏水微粒在使用前，应该用表面活性剂对其进行润湿处理。为了使微粒表面带正电荷，应在镀液中添加阳离子表面活性剂，降低微粒的沉降速度。

10.2.2 镀液的搅拌方式

复合电沉积装置（主要是指镀槽）与一般电镀装置的差异是如何保证固体微粒在电镀过程中始终保持均匀的悬浮状态。搅拌能使微粒悬浮。搅拌方式不同，搅拌速率不同，微粒共沉积量也不相同。目前常用的搅拌方式主要有机械搅拌、压缩空气搅拌、溶液循环搅拌、超声波搅拌及平板泵搅拌等。此外，还有反冲法、沉降共沉积法、旋转阴极法等搅拌方式。

10.2.3 复合电沉积的影响因素

10.2.3.1 微粒特性

复合镀层与普通金属镀层间的实质性差别在于镀层中有无镶嵌的固体微粒。因此，复合镀层的特性与其中存在的微粒的种类、粒径大小、形状、含量、均匀分布程度等有着紧密关系。因此，有必要了解各种条件对微粒共沉积的影响，以便有目的地控制微粒在镀层中的含量，从而得以很好地掌握复合镀层的性能。

（1）尺寸

大部分微粒的密度都比镀液大得多，粒径太大或呈球形的微粒不易充分地悬浮于镀液中，造成微粒在镀液中的有效浓度下降，影响微粒在镀层中的含量，而且被还原金属嵌合所需的时间也长，所以沉积过程相对困难。此外，粒径大的微粒比表面积小，比表面能也低，它对镀液中其他离子的吸附能力自然比较弱，这也会对某些复合镀层的形成有影响。但微粒太小又容易团聚。有研究表明，Al_2O_3 微粒粒径为几个微米时最容易沉积，而 SiC 微粒粒径为十几微米时最容易沉积。另外，微粒的粒度分布也要尽可能狭窄，纳米微粒进入镀液之前，必须进行活化处理，否则不利于微粒与基质金属的共沉积。

（2）可润湿性

若微粒能够被镀液所润湿，会降低其在镀液中的下沉速度，有益于它在镀液中充分、均匀悬浮，容易到达阴极表面附近，从而被电极俘获，进入复合镀层。微粒能否被镀液润湿取决于微粒与镀液两者的性质以及其他外部条件，但从微粒自身来说，希望它是亲水物质。为了使某些不易被镀液润湿的微粒能够顺利地与金属共沉积，需要在微粒加入镀液前用有机溶剂处理，或向镀液中添加润湿剂。

（3）导电能力

导电性好的微粒比较容易与基质金属实现共沉积。因为导电性微粒一旦被镀层捕获，它和基质金属一样成为阴极的一部分，在它表面也能引起金属的电沉积。如图 10-2 所示，这种共沉积，镀层表面的微粒往往是包覆的。非导电的微粒共沉积时，镀层表面的微粒总是裸露的。但是，微粒的导电能力较强也会带来某些问题。对绝缘微粒来说，它们在阴极表面上的出现，将对表面产生一定的屏蔽作用，使有效的阴极表面积减小，相当于增大了阴极极化。然而导电微粒黏附于阴极表面后，产生了相反的效果，它将使表面粗糙度增大，阴极的有效面积有所增大，阴极极化降低。而且电流有可能集中在突出于阴极表面的导电微粒上。这种尖端效应很快就使镀层表面变得更为粗糙，甚至形成枝晶。

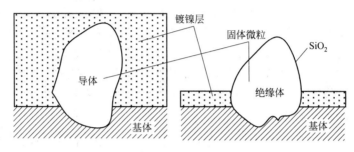

图 10-2　导体微粒与绝缘体微粒嵌入复合镀层示意图

（4）晶型结构

成分相同而晶型结构不同的微粒与金属共沉积，有时会出现相当明显的差异。研究表明，α-Al_2O_3 微粒比 γ-Al_2O_3 微粒更容易形成复合镀层。各种不同微粒，由于晶型结构不一样，对复合镀层性质所产生的影响也是不容忽视的。例如以非晶态镍钨合金为基质金属进行复合电沉积，若选用对称性较差的正交晶系的 $BaSO_4$ 微粒，则在镀层中 $BaSO_4$ 含量达到 12.7%，仍能保持基质金属的非晶态结构。

（5）密度

对粒径大小相同的微粒来说，密度较大的微粒更难以在镀液内均匀悬浮。在镀液中微粒含量和搅拌等条件相同的情况下，密度较大的微粒常常达不到充分悬浮的要求，微粒在镀液中的有效浓度较低，所以密度较大的微粒在镀层内的含量也相应小些。

10.2.3.2　镀液组分及添加剂

（1）微粒的浓度

一般情况下，镀液中微粒浓度越大，微粒的悬浮量越高，单位时间内微粒输送到阴极表面的数量也越多，微粒进入镀层的概率也就越大。所以，在搅拌强度适宜的情况下，随着微粒在镀液内浓度的增加，微粒与基质金属共沉积的量也相应增加，直到最后达到一个极限值，如 Cr 与 WC 复合镀层就表现出了这样的关系。但也有实验表明，复合镀层中微粒含量先随镀液微粒浓度的变大而增高，然后又慢慢降低直至趋于稳定。P. A. Gay 等对 Ag-ZrO_2 体系的研究就证实了这一现象。

因此，镀层中微粒复合量与镀液微粒添加量之间是非线性关系，在实验时对微粒添加量的选择必须适量。

（2）表面活性剂

表面活性剂对复合电沉积的影响主要通过以下两个方面。

① 增加微粒的润湿性　对于某些不易被镀液润湿的微粒，常常需要向镀液中添加能增

加微粒润湿性的表面活性剂。例如为了使聚四氟乙烯（PTFE）微粒在硫酸盐酸性镀铜液中形成 Cu-PTFE 复合镀层，除可向镀液中加入碘离子外，还可加入全氟-2-乙基己基磺酸钾来促进镀液对微粒的润湿，提高其共沉积量。

② 吸附于导电微粒表面，改变镀液中微粒的荷电状态，促使复合镀层表面粗糙度降低。研究发现，阳离子型表面活性剂可以吸附在微粒表面，使微粒显正电性，从而促进微粒的共沉积。阳离子型表面活性剂也可以吸附在微粒表面来阻止纳米微粒相互接近，使得它们不能相互碰撞、吸引，防止纳米微粒絮凝、团聚。而阴离子型表面活性剂可以使微粒显负电性，大多是抑制微粒的沉积行为，但许乔瑜等研究不对称交流-直流电源电镀法制备 Fe-纳米 ZrO_2 复合镀层时发现，阴离子型表面活性剂十二烷基硫酸钠的使用也会减少微粒的团聚现象，从而改善微粒在镀液中的分散性，提高微粒在镀层中的含量。

但是，不管什么类型的表面活性剂，添加量过多时都会影响主体金属的沉积，使镀层质量变差，因此在使用时必须对其种类、浓度等进行严格的筛选和控制。

（3）微粒共沉积促进剂

微粒共沉积促进剂应当是一种能对微粒进入镀层起促进作用的添加剂。例如硫酸盐酸性镀铜液中电沉积 $Cu-Al_2O_3$，若不向镀液中添加共沉积促进剂，微粒几乎不能进入镀层。另外，还有一些体系虽能使微粒与基质金属共沉积，但微粒在镀层中含量较低，满足不了实际需要，因此也常需向镀液中加入微粒共沉积促进剂。为了提高微粒的沉积量，经常需向镀液中加入一定量的共沉积促进剂，比如 K^+、Cs^+、Rb^+、NH_4^+ 及其他一价碱金属离子，或高价金属离子，比如 Al^{3+}。共沉积促进剂之所以能促进微粒进入复合镀层，普遍认为是由于其可以吸附在微粒表面，使微粒表面显正电性，从而提高了阴极对微粒的电场引力作用。用某些表面活性剂来作共沉积促进剂，还能起到降低镀液与微粒间的界面张力，改善镀液对微粒的润湿性，有利于微粒与基质金属共沉积。共沉积促进剂除能促进微粒与基质金属共沉积之外，还能对镀层的结构和性能（硬度和光泽度）产生一定的影响。

10.2.3.3　复合化学镀工艺条件

（1）温度

一般来说，电沉积时镀液的温度升高，将使镀液内离子的热运动加强，平均动能增加，镀液黏度下降，微粒容易沉淀。温度升高会导致微粒表面吸附正离子的能力下降，微粒对阴极表面的黏附性减弱，使微粒共沉积量降低。升高镀液温度会降低阴极极化，导致结晶变粗。总之，微粒在复合镀层中的含量将随着电镀温度的下降而上升。另外，升高温度还具有提高溶液的电导率、促进阳极溶解、提高阴极电流效率、减少针孔、降低镀层内应力等效果。尽管复合电沉积的温度升高促使镀层中微粒含量下降，具有相当大的普遍性，但在某些情况下这种影响表现得并不明显。因此，温度变化对有些复合电沉积体系影响比较复杂。

（2）pH 值

镀液 pH 值对微粒共沉积量的影响，由于复合电沉积体系不同而有明显差别。对于强酸和强碱类型的镀液，电镀过程中其酸碱含量的变化不大。对于某些接近中性的弱酸与弱碱型复合镀液，电镀过程中 pH 值变化明显，会影响微粒与基质金属的共沉积。镀液的 pH 值上升表示其 H^+ 浓度下降。如果 H^+ 能吸附于微粒表面上，则它将起着共沉积促进剂的作用，此时镀液 pH 值上升会导致微粒沉积量下降。在（Ni-P）-WC 复合电沉积中就发现了这样的现象。但微粒对金属离子的吸附比对 H^+ 的吸附更有利于共沉积，则 pH 值上升有利于形成复合镀层，且随着镀液 pH 值上升，H$^+$ 浓度下降，H$_2$ 的析出量减少，从而降低了由于析氢引起的对微粒在阴极表面的黏附所产生的不利影响。若 pH 值过高时，在阴极区将由于 H$^+$ 的析出发生局部碱化，在阴极表面附近产生高分散的金属氢氧化物胶体，使镀层脆性增加，还会造成氢气气泡在阴极表面的滞留，使镀层孔隙率增加，在镀层表面形成针孔。

（3）阴极电流密度

复合电沉积过程中，提高阴极电流密度，可以加快基质金属沉积速率，缩短极限时间。一方面，阴极电流密度增大，阴极电位会相应提高，电场力增强，阴极对吸附着正离子的固体微粒的静电引力变大，使镀层结晶细致；另一方面，阴极电流密度提高，微粒被输送到阴极附近并嵌入镀层中的速率随之增大，但赶不上基质金属的沉积速率，基质金属电沉积的量相对地高于被俘的微粒量。这样，镀层中微粒含量相应下降。此外，由于镶嵌在阴极表面的微粒遮盖了部分阴极表面，使得阴极真实电流密度增大，进一步提高了阴极过电位，这将有利于微粒进入镀层。但是阴极过电位增大又可能导致析氢，在氢气的冲击下，将妨碍微粒与基质金属共沉积。由于阴极电流密度对镀层中微粒含量的影响比较复杂，所以它对不同镀液中不同微粒与基质金属共沉积所表现出来的作用常常是矛盾的。

某些复合电沉积体系的阴极电流密度与复合镀层内微粒含量间的关系比较复杂。随着电流密度的提高，开始时镀层内微粒含量逐渐增加，微粒共沉积量增加的原因可能是金属不断产生微粒沉积，而随着金属与微粒间接触面积增大，微粒附着强度增大，因而由于搅拌产生的冲击力使微粒离开表面的概率减小，容易被金属所捕获。但达到一定数值后，继续提高电流密度，共沉积量反而下降。例如在 Ni-SiC、Ni-TiO$_2$、Ni-W-ZrO$_2$ 等体系的研究中都发现了这种规律。这是由于金属的析出速率随电流密度增加而增加，而微粒的吸附速率在其他条件不变的情况下是一定的。由于微粒共沉积量的提高相对小于金属沉积量的提高，所以镀层中微粒的相对含量有所降低。因此，要获得表面光亮、力学性能良好的镀层，选取一定范围的电流密度显得尤为重要。

（4）施镀时间

镀层的厚度和施镀时间成正比，可以通过控制施镀时间来控制镀层的厚度。开始电镀的瞬间，复合镀层中微粒含量较高，其可能与电镀前零件表面粗糙度较高有关。零件表面一般会存在凹坑和缝隙，有利于微粒在阴极表面的黏附与停留，所以在镀覆时间很短时，这些微粒很容易被基质金属埋入镀层中，硬度较高。而随着施镀时间的延长，阴极表面的光洁度逐渐提高，金属的沉积量不断增加，因此微粒在镀层中的浓度就会相应降低并趋于稳定。所以事先侵蚀镀件表面增加其粗糙度，可以作为提高镀层中微粒含量的一项措施。

（5）搅拌方式及搅拌强度

不同的搅拌方式及搅拌强度均会影响固体微粒在镀液中的悬浮状态，从而影响微粒的共沉积量。常见的搅拌方式有机械搅拌、压缩空气搅拌、超声波搅拌等多种方式。机械搅拌可以提供较高的搅拌强度，适用于镀槽体积较大的体系；压缩空气搅拌可以提供较均匀的流场分布，但同时会给镀液带进更多的氧气，因此沉积体系必须比较稳定；超声波搅拌分散效率较高，搅拌区域和强度相对最为均匀，但是功率较低。除了对镀液连续搅拌外，还可采用间歇搅拌的方法。在搅拌停顿期间，电镀过程仍在进行。对于零件朝上的表面，在正常复合电沉积的同时，还会有一部分微粒在搅拌间断期间依靠重力作用沉降到阴极的水平表面，并被嵌入镀层以提高其中的微粒含量。

对于粒径不大、浓度不高的微粒，当其在镀液中充分均匀地悬浮时，搅拌强度不需要很大，搅拌对复合电沉积的影响主要表现在向阴极表面输送微粒，因此搅拌的作用较小。但对于粒径较大的微粒，搅拌的影响就很显著了，这类体系的复合电沉积需要强烈的搅拌。随着搅拌强度的不断提高，镀液的流动速率逐渐增大，微粒在镀液中的有效浓度也逐渐变大，最后可使之接近或达到配方浓度值。

影响复合电沉积的因素很多，而且各种因素对复合电沉积的影响是多方面的，各种因素之间也存在相互的关联、制约作用，因此对不同体系、不同实验条件，人们可能会得到相同、不同甚至是相反的结论。目前对复合镀层的形成机理认识仍然还不成熟，还无法解释所有的实验现象。因此，今后还应继续加强在复合电沉积机理方面的研究，从而更好地对复合电沉积的工艺研究和应用给予指导。

10.2.4　复合电沉积机理

复合电沉积机理，也就是固体微粒如何与金属离子共沉积嵌入到镀层中。关于复合镀层形成的原理，有几种不同的观点。有人认为通过搅拌使镀液中的微粒悬浮起来，给微粒与阴极的相互接触创造了条件。微粒有机会停留在阴极表面，也就可能被电沉积的金属嵌入镀层中。还有人认为，荷电的微粒在电场作用下的电泳迁移是微粒进入复合镀层的关键因素。尽管在镀液中微粒的电泳速率要比搅拌引起的微粒随着液流的迁移速率小得多，即微粒主要靠镀液的流动由镀液内部被输送到阴极表面附近，但是当微粒到达阴极界面处几个纳米厚度的分散双层后，在此范围内的场强很高。在界面间极高场强的作用下，电泳速率变得比较大，微粒将以垂直于电极表面的方向冲向阴极并被金属嵌入镀层中。主要的复合电沉积机理有两

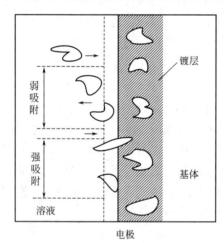

图 10-3　Guglielmi 两步吸附理论模型

步吸附理论和模型、MTM 模型、抛物线轨迹模型、吸附离子还原模型、Yeh S. H 模型等。

（1）两步吸附理论和模型

为了解释阴极电流密度对复合电沉积的影响，以及复合电沉积层中微粒含量与镀液中微粒浓度间的关系，Guglielmi 提出了复合电沉积两步吸附理论并建立了相应的模型，解释了复合电沉积中阴极电流密度、镀液中微粒浓度与复合镀层中微粒的嵌入量的关系。如图 10-3 所示，第一步为弱吸附，在范德华力的作用下，微粒到达阴极并松散吸附在阴极表面，被吸附离子和溶剂分子所覆盖，形成弱吸附层。这一吸附过程是可逆的，实质上是一种物理吸附，吸附量较多。第二步为强吸附，在电场力的作用下，吸附了各种离子的微粒向阴极移动，当带电荷的微粒电泳到双电层内时，随着静电引力的增强，微粒被固定在阴极表面，形成依赖于电场的强吸附。随后金属电沉积过程中将强吸附的微粒嵌入镀层。这一步是不可逆的，也是复合电沉积过程的速率控制步骤。两步吸附理论的基本方程式为：

$$\frac{C_v}{a} = \frac{W i^0}{n F \rho_m V_0} e^{(A-B)\eta} \left(\frac{1}{k} + C_v\right) \tag{10-4}$$

式中，a 为微粒在复合镀层中的颗粒复合量，%，体积分数；C_v 为微粒在镀液中的体积分数，%；W、ρ_m、n、F、i^0 分别为电镀金属的原子量、密度、反应电子数、法拉第常数

和交换电流密度；A，B 为与金属和微粒共沉积有关的常数；V_0 为微粒弱吸附覆盖度 $\sigma=1$ 及阴极过电位 $\eta=0$ 时的微粒强吸附速率；k 为微粒弱吸附速率常数。Guglielmi 的两步吸附理论不仅适用于复合电沉积也适用于化学复合镀。但是该模型没有考虑流体力学、颗粒尺寸大小、电镀温度、镀液成分等因素对复合电沉积的影响，该模型只是半经验公式，仅从外电场影响复合电沉积的观点出发得出结论，存在一定的局限性，有些复合电沉积体系无法解释，需要进一步发展和完善。

（2）MTM 模型

1987 年，Celis 等在研究 Cu-Al$_2$O$_3$ 体系时，提出 "MTM" 模型（mathematical model）来解释金属与微粒复合共沉积的机理，其基本假设是 "只有当吸附在微粒表面的离子还原到一定比例时，微粒才能被嵌入"。他们认为复合镀层由以下 5 步共沉积机理形成：第 1 步，镀液中的每个微粒都在其周围形成离子吸附层；第 2、3 步，微粒在搅拌作用下通过对流层和扩散层到达阴极表面；第 4 步，微粒在阴极表面发生自由弱吸附与强吸附；第 5 步，微粒表面吸附及周围的金属离子得到电子不断被还原，微粒被永久地嵌入基质金属形成复合镀层。该模型建立的表达式为：

$$W_t(\%)=W_p N_p P/(W_i+W_p N_p P) \tag{10-5}$$

式中，W_p 为单个微粒的质量；N_p 为单位时间内通过扩散层到达单位面积阴极表面的微粒数；P 是在电流密度为 i 时单个微粒发生共沉积的概率；W_i 为单位时间内单位面积由于金属沉积作用所增加的金属的质量。该模型的最大优点是同时考虑了流体力学因素和界面场强对微粒到达阴极表面和嵌入镀层的作用力，并在 Cu-Al$_2$O$_3$ 和 Au-Al$_2$O$_3$ 体系中进行电镀时得到了实验证实。然而由于模型本身和假设的某些缺陷，N_p 和 P 的计算涉及较多的数学问题，W 及数学处理得过于简单，使得该模型在实际应用中也有很大的局限性。

（3）抛物线轨迹模型

在讨论微粒与金属共沉积的数学模型时，Fransaer 等在 Vabler 的微粒快速沉积机理基础上提出了一个新的运动轨迹模型，这个模型能够更精确地描述作用于微粒上的力的模型。该模型基于对旋转圆盘电极周围流体运动方式的认识，根据微粒抛物线运动轨道来分析和评估微粒共沉积速率，考虑了微粒上所受的全部作用力，可分为：由液体对流和液体中微粒运动产生的液体对微粒的力；微粒自身的各种力，包括重力、浮力、分散力等；电场对带电微粒的电场力。在不考虑微粒的布朗运动的前提下，建立微粒的运动方程，并由此确定其轨迹方程。在旋转圆盘电极上，通过极限轨迹分析方法，可求得单位时间内碰撞到工作电极表面上微粒的体积流量。若能得出微粒黏附并停留在电极表面的概率，便可计算出微粒的共沉积速率。该模型详细地考察了电极表面上微粒所受的力和流体场因素对其复合沉积的影响，定量地描述镀液中的流体力学规律，使实验结果可重现。但不足之处是没有很好地分析界面电场对微粒共沉积的影响，考虑得不够全面，没有普遍性。

（4）吸附离子还原模型

1993 年，Hwang 等在 Guglielmi 模型的基础上提出了新的观点。他们认为复合电沉积中微粒的沉积速率是由吸附于电极表面的微粒上吸附粒子的还原决定的。以硫酸盐电镀钴为例，表面吸附着 H$^+$ 和 Co^{2+} 两种离子，提出了四个假设：①在低 J 区间，只有 H$^+$ 得到还原；②在中 J 区间，H$^+$ 还原已达极值，同时 Co^{2+} 开始得到还原；③在高 J 区间，H$^+$ 和 Co^{2+} 还原速率都已达到极限，微粒共沉积速率只由扩散控制，而与 J 和吸附的离子浓度无关；④整个 J 区间，镀液中金属离子的沉积速率都与 Guglielmi 模型一致。Hwang 模型阐

明了不同 J 范围内微粒的共沉积速率是由吸附不同种类的微粒电极反应所决定，而吸附速率则由动力学或扩散参数确定，同时还考虑了液相传质对反应机理的影响。因此它更为精确，但由于公式中包含许多参数，使得考虑这些参数的影响变得困难起来，需要进行大量的模拟计算。

此外，冯秋元等还报道了近年来发展的新模型，如抛物线轨迹模型、Yeh S. H 模型、"完全沉降"模型、Wan 模型和武刚模型等。

总之，现已获得共识的复合镀机理可以总结为如下三个步骤。

第一，悬浮于镀液中的固体微粒，在搅拌作用下通过对流层、扩散层由镀液深处向阴极表面附近输送，其主要动力是搅拌形成的动力场，此步骤主要取决于对镀液的搅拌方式和强度，以及阴极的形状和排布状况；

第二，固体微粒黏附于阴极表面，其动力学因素复杂，凡是影响微粒与电极间作用力的各种因素均对这种黏附有影响，如微粒特性（粒径、电荷等）、电极基质金属、镀液组成与性能（金属离子、络合剂、添加剂、分散剂等）和电镀操作条件（电场强度、pH 值等）等；

第三，阴极表面吸附的纳米颗粒被不断还原的基质金属包围，永久嵌入形成复合镀层。

尽管形成复合镀层的上述三个步骤目前已是大家公认的，但第二个步骤尚需进一步深入研究。固体微粒与金属离子共沉积规律包括吸附机理、力学机理和电化学机理等，根据这些规律，人们建立了上述几种模型来描述共沉积过程，其中 Guglielmi 模型和抛物线轨迹模型最具有代表性。

10.3　镍基复合镀层

科学技术的发展对材料的性能提出了各种各样的新要求，单金属镍镀层已无法满足各种需要。而镀镍技术成熟，工艺范围宽，所以电镀镍基复合镀层的技术发展尤为迅速。例如，为了提高镀层硬度和耐磨性，在镀镍液中引入 B_4C、Al_2O_3、SiC、WC 等微粒，这些复合镀层具有优良的耐磨性能。如 Cr 在常温下耐磨性能良好，但在 400℃以上，硬度显著下降，已起不到耐磨作用。而一些镍基复合镀层，恰在中、高温时弥补了 Cr 的不足。将 Ni-SiC 与硬 Cr 对比，镀覆在某种靶机汽缸内壁上，在工作温度 500℃左右时，进行地面试车 33h，镀硬 Cr 的气缸内壁磨损深度为 $18 \sim 20 \mu m$，而镀 Ni-SiC 复合镀层的汽缸内壁磨损深度仅 $3 \sim 4 \mu m$；为了使镀层具有自润滑的性能，可以在镀镍液中加入 MoS_2、PTFE、石墨、BN 等微粒，例如 Ni-PTFE 复合镀层，可作为在极地使用的石油钻探机零件，在 $-60℃$ 条件下还有较好的润滑性；为了提高镀层耐腐蚀性，可以在镀镍液中加入 SiO_2、TiO_2 等微粒；为了改进镀层高温氧化性能，可在镍基镀层中添加 ZrO_2 微粒。

通常所选用的微粒粒径为几微米至十几微米，在镀层中的这些微米级粒子虽然能明显改善镀层的减摩、耐磨或耐蚀性能，但由于粒径较大，导致粒子在镀层中分散性差，表面粗糙，外观欠佳；另外，溶液中的微米级粒子易堵塞滤芯，限制了电镀过程中所必需的循环过滤。由于纳米微粒具有表面效应、小尺寸效应、量子尺寸效应、宏观量子隧道效应和一些奇异的光、电、磁等性质，在电沉积复合镀技术中引入纳米粒子代替微米粒子，可以使复合镀层的性能更加优异，为电沉积复合镀技术带来了新的机遇。

研究的纳米微粒已涉及纳米 Al_2O_3、SiC、WC、CeO_2、纳米金刚石和碳纳米管等。然而，由于纳米微粒具有的高表面能和高比表面积，在镀液和镀层中极易团聚，这在极大程度上限制了其在镀层中的含量，并有可能导致镀层性能恶化。有关纳米复合镀技术的研究主要包括 3 个方面的内容：纳米粉体的分散、纳米复合化学镀和纳米复合电沉积。

综上所述，镍复合镀层在耐磨、减摩、耐蚀和抗高温氧化等方面表现出一定的优异性，在机械、化工、航空航天、汽车、纺织及电子工业等领域有着广阔的应用前景。

10.3.1　镍复合镀镀液组成及工艺条件

现在常见的电镀镍复合镀层镀液主要是瓦特型镀镍电解液，即：以硫酸镍、氯化镍、硼酸为基础镀液，以 Al_2O_3、Fe_2O_3、ZrO_2、TiO_2、SiC、Cr_3C_2、BN、Si_3N_4、CeO_2 等为分散微粒构成的电镀体系，现以 Ni-Al_2O_3 复合电沉积为例，介绍其镀液成分及工艺条件，如表 10-2 所示。

表 10-2　电镀 Ni 复合镀镀液成分及工艺条件

成分及条件	配方 1	配方 2	配方 3	配方 4
$NiSO_4 \cdot 6H_2O$/(g/L)	300	250	280	300
$NiCl_2 \cdot 6H_2O$/(g/L)	50	45	50	45
Al_2O_3/(g/L)	20	0～80	5～45	10
H_3BO_3/(g/L)	40	30	45	30
pH 值	4.0	4.3	2.5～5.5	4.0
t/℃	40～45	43		50
表面活性剂/(g/L)	0.1	0.05	适量	
搅拌方式	超声波＋机械	机械	空气	超声波
电流密度/(A/dm²)	3	2	1～6	3

10.3.2　镍复合镀工艺参数的影响

10.3.2.1　微粒浓度对复合镀层的影响

(1) 镀液中 Al_2O_3 浓度对 Ni-Al_2O_3 沉积速率的影响

镀液中 Al_2O_3 的含量对沉积速率的影响较为复杂。当 Al_2O_3 浓度较小时，镀液中 Al_2O_3 微粒的数量很少，这时候镀层沉积速率基本上是纯镍镀层的沉积速率；随着镀液中 Al_2O_3 浓度的增加，被复合镀层捕获的 Al_2O_3 微粒数也有所增加，沉积速率有所上升；而当镀液中 Al_2O_3 浓度过高时，Al_2O_3 微粒在镀液中的运动以及在阴极上的沉积阻碍了金属离子在阴极上的沉积，微粒越多，阻力当然也就越大；当微粒增加到一定值时，由于微粒本身之间的碰撞以及有一部分微粒开始沉积槽底，使得金属离子沉积受到的阻力不再增加，沉积速率自然就会下降。

(2) 镀液中 Al_2O_3 浓度对镀层微粒含量的影响

镀层中 Al_2O_3 的含量一般是随着镀液中 Al_2O_3 浓度增大而上升，最后维持在较恒定的数值，与镀层中 Al_2O_3 含量不成线性关系，因此镀液中 Al_2O_3 浓度不宜太大。

(3) 镀液中 Al_2O_3 浓度对复合镀层耐蚀性的影响

镀液中 Al_2O_3 微粒的浓度，会影响到 Ni-Al_2O_3 复合镀层中 Al_2O_3 微粒的含量以及复合镀层的孔隙率。虽然不同研究人员的耐蚀性数据有些出入，但差别并不太大。当然，复合镀层的内应力会比普通镀层低一些，对耐蚀性是有利的。但大多数惰性微粒如：Al_2O_3、TiO_2、ZrO_2 等仅对镀层表面起着机械的、不完整的屏蔽作用，这类复合镀层在大气中的耐蚀性与普通镀层相比，在室温下相差不多。

（4）镀液中 Al_2O_3 浓度对复合镀层显微硬度的影响

镀层的显微硬度是评价镀层力学性能好坏的重要指标之一。维氏显微硬度按下式计算：

$$HV = 1.8544 \times \frac{F}{d^2} \times 10^6 \tag{10-6}$$

式中，HV 为维氏显微硬度，N/mm^2；F 为施加于试样的负载，N；d 为压痕对角线长度，μm。

对于一般的复合电沉积体系，由于微粒的存在使金属晶面上出现了比纯镍更多的缺陷，故镀层致密性增加，因而复合镀层的硬度随着复合量的增加而提高。可很多研究结果发现，复合镀层的硬度与微粒含量之间的关系多种多样。例如石淑云等研究发现 Ni-Al_2O_3 复合镀层显微硬度与镀液中 Al_2O_3 浓度成正比。但贾素秋等研究镀液中 Al_2O_3 的浓度对 Ni-Al_2O_3 复合镀层显微硬度的影响时发现，随着镀液中 Al_2O_3 浓度的上升，复合镀层的显微硬度也随之上升。当浓度达到 $25g/L$ 左右时，镀层的显微硬度也达到了最大值。此后，浓度继续升高，镀层的显微硬度随之下降。

10.3.2.2 电流密度对复合镀层的影响

（1）电流密度对镀层共析量的影响

一般来说，阴极电流密度增大会促进微粒与基质金属的共沉积。但当镀液组成一定时，阴极的极限电流密度是一定的，超过这个数值，在阴极表面的电镀液中会发生显著的析氢反应，使镀液 pH 值迅速增大，形成一些碱性的沉淀物，这将阻止阳离子在阴极表面的有效沉积。

（2）电流密度对复合镀层耐蚀性的影响

电流密度的大小与镀液的性质、主盐浓度、镀液温度、搅拌、pH 值等因素有关。合适的阴极电流密度可以获得结晶细致、耐蚀性能良好的镀层。可能的原因是，当阴极电流密度过低时，阴极区镍离子无法及时输送到阴极表面，大量微粒冲刷在阴极表面形成活性点，而由于金属离子沉积速率不高，数量太少，无法包裹 Al_2O_3 微粒，部分 Al_2O_3 微粒又重新进入镀液，结果使镍粉在镀件表面堆积，同时由于镀层中 Al_2O_3 粒子含量过低，镀层硬度、耐蚀性也不高；电流密度过高时，氢气在阴极附近大量析出，因此造成鼓泡、脱皮等现象，难以获得理想复合电沉积层。

（3）电流密度对复合镀层显微硬度的影响

电流密度对复合镀层显微硬度的影响较为复杂。由于阴极电流密度不同，复合镀层中微粒含量也不尽相同；而且不同的研究人员所选用的具体实验条件，特别是搅拌条件，又难以控制得完全一样，于是同一种电镀体系沉积同一种复合镀层，阴极电流密度与镀层中微粒含量的关系也不尽相同，从而导致复合镀层的显微硬度也有所差异。但大多数体系，均表现出了电流密度与镀层硬度之间的峰值关系。即：随着电镀电流密度的增大，复合镀层的显微硬度基本呈先增大后减小的趋势。

10.3.2.3　pH 值对复合镀层耐蚀性的影响

pH 值对复合镀层耐蚀性的影响主要通过两条途径：一是对沉积速率产生影响，进而对复合镀层中 Al_2O_3 微粒含量产生影响；二是对镀液中 Al_2O_3 微粒的表面性质产生影响，进而对镀层中 Al_2O_3 微粒含量和镀层结构产生影响。

10.3.2.4　镀液温度对复合镀层耐蚀性的影响

（1）镀液温度对复合镀层中 Al_2O_3 含量的影响

镀液温度对镀层中 Al_2O_3 含量的影响主要是通过两条途径：一是改变镀液的性质，如黏度、粒子运动速率等；二是影响粒子表面性质，对其沉积过程产生影响，进而改变粒子的复合量。

由于温度的升高，镀液中金属离子的水解程度加大，部分形成高分散的氢氧化物而增加微粒对阴极表面的吸附作用。同时溶液黏度的下降使得微粒到达阴极表面变得容易，单位时间内到达阴极表面的微粒数增加，所以复合量增加。但当进一步升高温度时，Al_2O_3 微粒表面对正离子的吸附能力降低，同时阴极过电位减小，电场力变弱，这都不利于粒子往阴极运动。另外，随着温度的升高，吸附在微粒表面的活性剂、促进剂等离子会脱落，使得粒子发生团聚，这对微粒嵌入镀层不利。这两方面共同作用最终导致镀层中 Al_2O_3 含量略呈峰值变化。

（2）镀液温度对复合镀层显微硬度的影响

与前述几个因素对镀层显微硬度的影响一样，镀液温度也是通过对镀层中微粒含量、镀层密度等的影响来改变镀层显微硬度的。镀层中微粒含量越高，镀层致密性越好，则复合镀层显微硬度就越高。

10.3.2.5　表面活性剂对复合镀层的影响

在复合镀液中添加表面活性剂，特别是超分散剂，尤其是阳离子表面活性剂，对 Al_2O_3 微粒在镀液中的分散、降低镀液与微粒之间的界面张力、增加微粒的润湿性十分有效，为微粒与金属共沉积提供了有利条件。这也是目前复合镀技术中解决微粒均匀分散问题所普遍采用的方法。

但不管什么类型的表面活性剂，添加量过多时都会影响主体金属的沉积，使镀层质量变差，因此在使用时必须对其种类、浓度等进行严格的筛选和控制。

10.3.2.6　施镀时间对复合镀层的影响

复合镀层厚度随施镀时间延长而增大，镀层越厚，耐蚀性越好。研究发现，复合镀层初始沉积阶段，固体微粒含量较高，而且对于粒径较小的微粒，这种影响更为明显。这可能与镀件零件表面粗糙度有关。一般在金相显微镜下，可观察到零件表面存在着凸起、凹陷和缝隙，这有利于微粒的停留与沉积。有人发现在粗糙度很低的表面上最初沉积的一薄层镀层中，微粒含量很低，而在粗糙度较高的表面上最初沉积的镀层中，微粒含量明显较高。因此，增加待镀件表面的粗糙度，是提高复合镀层中微粒含量的一种有效方法。

10.3.2.7　搅拌强度与搅拌方式对复合镀层的影响

搅拌强度对微粒在复合镀层中的含量影响较大，对于粒径和密度均较小的微粒，当它们在镀液中的浓度不是很高时，固相微粒在搅拌过程中对流体有良好的跟随性，这种情况下仅需较小的搅拌强度就可以使镀液达到充分而均匀的悬浮；但对于粒径和密度均较大的微粒，并且当微粒在镀液中的浓度较高时，固相微粒在搅拌过程中对流体的跟随性较差，这种情况下，需较大的搅拌强度。搅拌强度过低，镀层表面色泽均匀、但不光亮；搅拌强度过高，镀层表面光亮，但往往出现不均匀的条纹，有明显的冲刷痕迹，镀层表面色泽不均匀。

实验还发现，搅拌方式对复合镀层表面形貌和微粒含量也有很大影响。一般间歇搅拌要比连续搅拌所得镀层的微粒含量高。

10.3.3　镍复合镀镀层的性能

和纯金属镀层相比，复合镀层具有较高的显微硬度、较好的耐磨及耐蚀等性能，因而得到了广泛应用。固相微粒 Al_2O_3、ZrO_2、NbC、SiC、TiC、WC、Cr_3C_2 等具有很高的硬度和耐磨能力，常常作为增强材料用于改善材料的性能。

Ni-Al_2O_3 复合镀镀层与 Watts 镍镀层的性能比较见表 10-3。可见，复合镀层的整体性能均比 Watts 镍镀层有较大幅度的提高，这是由于作为第二相细小、弥散分布的 Al_2O_3 微粒对镀层的强化作用大，所以复合镀层比纯镍镀层的性能好。

表 10-3　Ni-Al₂O₃ 复合镀镀层与 Watts 镍镀层的性能比较

镀层性能			Ni-Al₂O₃ 复合镀层	Watts 镍镀层
外观			亚光或半光亮，类珍珠镍	不均匀雾状
结合力			合格	合格
孔隙率/(个/cm²)			1～2	6～9
显微硬度(HV)			479～493	234
耐磨性	摩擦因数	直流	0.482	0.473
		双脉冲	0.406	
	磨痕深度/μm	直流	1.25	5.94
		双脉冲	2.00	
耐蚀性/级			9～10	4～5

复合镀层中基质金属的含量要比固相微粒高得多。无论是以纯金属还是以合金为基质金属，它们都会对复合镀层产生影响。由金属物理学可知，实际金属晶体，由于种种原因，总要存在多种缺陷。这些缺陷对其塑性变形和强度等方面起着决定性的作用。用电镀法获得的单金属镀层强度和硬度都高于火法冶炼制备的同一种金属，这是因为在电沉积的金属晶界上的原子多偏离正常结晶排列，在晶粒内还存在位错、孪晶以及共沉积，并夹杂在晶粒中的异类原子、离子、分子基团等缺陷，因而会使其强度提高。电沉积合金时，除上述几种晶体缺陷造成的强化外，还会产生合金强化。普通电镀层所具有的各种强化效应，也同样存在于复合镀层中。复合镀层的强化机理可以从两个方面来考虑：一是复合镀层中基质金属的强化机理；二是复合镀层中固相微粒的强化机理。

根据位错理论，均匀弥散分布在金属中的硬质微粒会使位错在其中的运动受阻，使镀层强度提高，引起弥散强化，强化效应的高低主要取决于弥散微粒的种类、粒度及含量。如果微粒容易变形，其强度较差，则位错滑动过程中遇到微粒时能够克服微粒的阻力直接穿过它，使微粒出现了切割面。位错在切割微粒的过程中会遇到各种各样的阻力，从而可使镀层强化［图10-4(a)］。当在外力作用下运动着的位错碰到"坚强"的微粒时，位错线受到微粒的阻碍而发生弯曲［图10-4(b)］。随着切应力的增大，位错线受阻碍的部分的弯曲程度加剧，逐渐形成环状。由于两个微粒间两段位错符号相反，故弯曲了的位错线相遇时，就彼此抵消，形成包围微粒的位错环［图10-4(c)］，借助位错张力的作用逐渐收缩成圆环状。原位错线则绕过微粒并逐渐恢复到最初的状态，如图10-4(d) 所示。在微粒周围位错环应力场的反作用

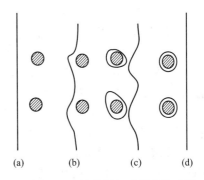

图 10-4　位错线绕过微粒的过程

下，使新位错通过这种带环的微粒时，受到的阻力将变大。位错线每绕过微粒一次，就在微粒周围留下一个位错环。微粒上所积累的位错环越多，位错通过微粒的阻力就越大，因而强化作用也就越突出。位错对微粒的这种绕过作用机制，通常称为 Orowan 机制。它已经被实验证实。

当复合镀层中弥散微粒种类和含量一定时，所产生的强化效应随着微粒粒径的减小而增加。当微粒种类和粒径一定时，其在复合镀层中的含量对镀层的强化效果有重要影响。复合镀层内微粒的形状也会对位错线通过它们时所产生的阻碍有一定的影响。在镀层中微粒含量与粒径相同的情况下，不同形状的微粒对位错线运动的阻碍，即与位错线交割的机会并非都一样。球形微粒交割机会最少，盘状微粒次之，棒状微粒交割机会最多。钢中添加合金元素钒后使其强化效果较好的原因之一，就是钒在钢中可以形成棒状碳化钒微粒。

10.4　复合化学镀镀层

复合化学镀是在化学镀的基础上发展起来的一种表面处理技术。它是在化学镀液中加入不溶性的固体微粒，如 Al_2O_3、CeO_2、ZrO_2、PTFE 等，通过搅拌使固体微粒悬浮于溶液中，实现分散微粒与基质金属的共沉积，从而制备出具有高硬度、耐磨性、自润滑性、耐腐蚀性及特殊装饰外观等功能性的镀层，在航空、机械、化工、冶金及核工业等方面有广泛的应用。另外，化学复合镀对粒子的嵌合能力远大于电镀，例如：要得到质量分数为7%～8%的 SiC 镀层，电镀液中粒子浓度为 $60\sim120g/L$，而化学镀液只需 $1\sim2g/L$。其中最早的化学复合镀是 1966 年由德国的 Metzger 研究成功的 (Ni-P)-Al_2O_3 化学复合镀，最先获得实际应用的化学复合镀层是 (Ni-P)-SiC。

虽然化学镀有许多优点，但它需要使用特定的还原剂，而且操作温度较高，镀液容易分解，此外，化学镀沉积速率较小，一般为 $30\mu m/h$ 以下，不像复合电沉积那样可以通过电流密度来调整沉积速率。因此化学复合镀不可能完全取代复合电沉积，但在某些特定条件下，还是很有价值的。

化学复合镀的基质金属有 Ni、Cr、Co、Ni-Co、Ni-P、Ni-B、Cu 和 Ag 等，而得到大量研究和应用的是 Ni-P 基化学复合镀。

10.4.1 复合化学镀镀液的稳定性

由于复合镀液中含大量的固体微粒，又必须随时搅拌使微粒分散，所以微粒经常撞击容器及挂具等，使其表面粗化而增加活性，更加速了镀液在容器壁上的分解沉积，甚至发生恶性分解。可以采取以下措施减少这种有害作用。

① 严格清洗固体微粒，不得带入杂质，尤其催化活性物质必须彻底清除。

② 提高稳定剂的补充量，同时致力于新的稳定剂研究。由于比表面积很大的微粒能大量吸附稳定剂，所以必须提高稳定剂的补充量。稳定剂不但可以通过络合和阻化作用使镀液的稳定性得以提高，有时还可对镀液的 pH 值起缓冲作用。

③ 及时过滤并清洗微粒，除去施镀过程中微粒上的污染物或具有催化活性的物质。

④ 适当减小镀件面积与镀液体积比，一般每升镀液不超过 $1.25dm^2$ 镀件面积。

⑤ 对化学镀镍槽进行阳极保护：给化学镀镍的不锈钢槽上施加很小的阳极电流，使之处于钝态，可有效地防止在槽壁上析出金属镍，从而提高镀液的稳定性。

10.4.2 复合化学镀机理

复合化学镀技术通过化学沉积的方法，使镀液中的微粒通过搅拌分散悬浮于镀液中，在机械力及静电力的作用下，微粒吸附在镀件表面上，加热到一定温度时，生成的合金与吸附在表面的微粒产生共沉积，从而得到复合镀层。

一般认为要分以下几个步骤完成：

① 微粒在化学镀液中的分散，即微粒由聚集态向高分散态或单分散态的转化。

② 分散在镀液中的微粒随溶液的流动被传送到镀件表面，在镀件表面产生吸附平衡。

③ 微粒在镀件表面上吸附状态的决定因素多且复杂，与微粒的分散程度、镀液的性质、表面活性剂的性质及其用量以及进行化学复合镀时的操作条件有关。

④ 在化学沉积过程中，吸附在镀件表面的微粒不断被沉积的基质金属所包裹、覆盖，并随着反应的进行被部分或整个地埋入镀层内。

就目前的文献报道来看，对第三个阶段微粒如何在镀层表面上吸附的理论解释很少，还有待进一步研究。

10.4.3 复合化学镀溶液组成

现以化学镀 Ni-P 基复合镀为例，对化学镀合金复合镀层做一简单介绍。化学镀Ni-P基复合镀层，所使用的镀液同化学沉积 Ni-P 合金时的镀液相同，不同之处是在镀液中加入了一定量的固相微粒，如：Al_2O_3、SiC、WC、ZrO_2、金刚石等。所以我们着重讨论影响 Al_2O_3 等微粒共沉淀的因素。常见化学镀（Ni-P)-Al_2O_3 复合镀液主要的化学成分是镍盐、次磷酸盐和辅盐，化学沉积 Ni-P 合金镀液可分为酸性镀液（pH＝4～7）和碱性镀液（pH＝8～11）两种，其镀液的典型成分及工艺条件见表10-4。

10.4.4 镀液中各成分的作用

镀液中各成分的作用及工艺条件的影响如下。

表 10-4　化学镀 (Ni-P)-Al₂O₃ 复合镀层的镀液成分及工艺条件

镀液成分及 工艺条件	酸性镀液		碱性镀液	
	工艺 1	工艺 2	工艺 3	工艺 4
氯化镍/(g/L)		26		20
硫酸镍/(g/L)	26		25	
次磷酸钠/(g/L)	23	24	25	20
糖精钠/(g/L)	0.1			
乙酸钠/(g/L)	15			
硫酸铵/(g/L)			28	
柠檬酸/(g/L)	5			
柠檬酸钠/(g/L)			50	10
氯化铵/(g/L)				35
乳酸/(g/L)	20	27	0.005	
丙酸/(g/L)		2.2		
乙酸铅/(g/L)		0.002	0.002	
Al₂O₃/(g/L)			25～100	
pH 值	4.8～5.2	4.6	9	9～10
$t/℃$	85～90	90～100	70	35～45

（1）镍盐

硫酸镍、氯化镍是镀液中的主盐，是镀层中镍的来源。由于硫酸镍的价格低廉，且容易制成纯度较高的产品，被认为是镍盐的最佳选择。

（2）还原剂

还原剂的作用是通过催化脱氢，提供活泼的新生态氢原子，把镍离子还原成金属镍，与此同时使镀层中含有磷，形成镍磷合金镀层。常见的还原剂为次磷酸钠，还原剂的含量对沉积速率的影响较大，随着还原剂浓度的增加，沉积速率加快，但还原剂浓度不能过高，否则镀液易发生自分解。次磷酸盐在镀液中的反应如下：

$$[3Ni^{2+} + mL^{n-}] + 4H_2PO_2^- + H_2O \longrightarrow 3Ni + P + 3H_2PO_3 + 2H^+ + mL^{n-} + H_2 \uparrow$$

$$(10\text{-}7)$$

式中，L^{n-} 表示游离的络合剂。

（3）配合剂

镀液中加入配合剂的作用是使 Ni^{2+} 生成稳定的配合物，同时还可防止生成氢氧化物及亚磷酸盐沉淀。在酸性镀液中早期使用的配合剂为羟基乙酸或柠檬酸盐，现在常用的有乳酸、氯乙酸、羟基乙酸、柠檬酸、苹果酸、酒石酸、硼酸、水酸等。在碱性镀液中，早期使用的配合剂为柠檬酸钠或氯化铵，现在常用的有柠檬酸钠、焦磷酸钠、柠檬酸铵、氯化铵、乙酸铵等。

（4）稳定剂

在镀液受到污染、存在有催化活性的固体微粒、装载量过大或过小、pH 值过高等异常情况下，化学镀镍溶液会自发分解。为了防止上述情况的发生，溶液中通常需要加入稳定剂稳定镀液，有时还能加快反应，影响化学镀镍层的磷含量以及内应力。

判断化学镀镍溶液稳定剂的有效性的方法是将含有稳定剂的化学镀镍溶液加热到工作温

度，向其中加入 1～2mL 浓度为 100mg/L 的氯化钯溶液，测量生成黑色沉淀的时间，根据时间长短来判断其稳定性。如果时间超过 60s，则认为它是稳定的。稳定剂的使用已成为化学镀镍工艺的技术秘诀，常用的稳定剂有铅离子、硫脲、锡的硫化物等。

（5）缓冲剂

缓冲剂的主要用途是维持镀液的 pH 值，防止化学镀镍时由于大量析氢所引起的 pH 值下降。常用缓冲剂有柠檬酸、丙酸、乙二酸、琥珀酸及其钠盐。

（6）促进剂

化学镀镍溶液中的络合剂和稳定剂往往会使沉积速率下降。因此，常在镀液中添加少量的能提高沉积速率的物质，即所谓促进剂，也称加速剂。促进剂的加入，可使次磷酸盐分子中氢和磷原子之间键合变弱，而氢在被催化表面上更容易移动和吸附。可用作促进剂的物质有氨基羧酸，如 α-氨基丙酸、α-氨基丁酸、天冬氨酸等。

（7）pH 值

随镀液 pH 值的提高，沉积速率加快，次磷酸盐的溶解度降低，容易引起镀液的自分解，银层中磷含量有所下降。pH 值太低时反应无法进行，比如酸性镀液，当 pH<3 时就很难沉积出 Ni-P 合金镀层。

（8）温度

化学镀 Ni-P 合金的镀液使用温度较高，有少数碱性体系镀液使用温度稍低一些。随镀液温度的升高，沉积速率加快，温度太低时，沉积速率很慢，甚至镀不上。然而，镀液温度的提高将会加速亚磷酸盐的分解，使镀液不稳定。

10.4.5 化学复合镀层的影响因素

影响化学复合镀层的主要因素有：镀液中微粒的添加量、尺寸、形状、荷电状况、分散状态、pH 值、施镀温度、镀液的搅拌强度及化学镀液的成分等。

10.4.5.1 镀液中微粒浓度对复合镀层的影响

（1）微粒浓度对复合镀层中微粒含量及镀速的影响

复合镀层中固体微粒的含量常常随着化学镀液中微粒浓度的增大而急剧上升，并很快达到极大值，然后又缓慢下降，这主要取决于微粒与金属沉积的相对速率，对于其他的微粒共沉积也有同样的结果。

（2）微粒浓度对复合镀层表面形貌的影响

S. Alirezaei 等发现镀液中 Al_2O_3 微粒的含量会直接影响复合镀层的表面形貌。图 10-5 为（Ni-P）-Al_2O_3 复合镀层表面的扫描电镜照片，可以看出镀层是典型的胞状物结构，这主要是由于镀液、第二相 Al_2O_3 粒子对镀层表面的冲击及 Al_2O_3 粒子嵌入 Ni-P 镀层所导致。

N. K. Shrestha 等研究发现（Ni-P）-Al_2O_3 复合镀层耐磨性能明显高于 Ni-P 镀层。这是由于在摩擦过程中，Al_2O_3 硬质粒子成为摩擦的主要接触点，承受载荷及剪切力的作用，从而减小了周围基体的磨损，有效地减小了摩擦过程中的犁沟效应。另外由于硬质粒子均匀分布，可有效地减小摩擦表面发生黏着的面积，降低磨损量。

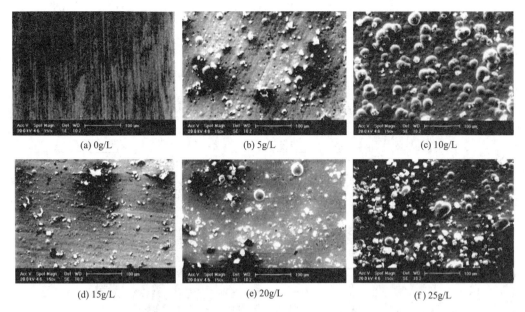

(a) 0g/L   (b) 5g/L   (c) 10g/L

(d) 15g/L   (e) 20g/L   (f) 25g/L

图 10-5　镀液中 Al_2O_3 微粒的含量对（Ni-P）-Al_2O_3 复合镀层表面形貌的影响

（3）微粒浓度和热处理温度对复合镀层硬度和耐磨性能的影响

（Ni-P）-Al_2O_3 镀层硬度与镀液中 Al_2O_3 微粒含量、热处理温度的关系见图 10-6，图中数据表明，400℃下热处理因析出 Ni_3P 而镀层硬度显著上升，但高温处理后硬度反而下降，这是由于高温时晶粒急剧长大所致，所以该镀层不宜在高于 600℃ 的温度下使用。此外，当镀液中 Al_2O_3 微粒浓度为 15g/L 时，镀层中 Al_2O_3 含量达到最大，故其硬度也达到极大值。

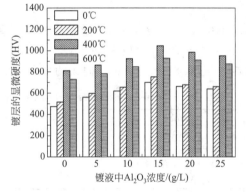

图 10-6　镀液中 Al_2O_3 微粒含量和热处理温度对（Ni-P）-Al_2O_3 镀层硬度的影响

10.4.5.2　微粒粒径的影响

（1）微粒粒径对复合镀层表面形貌和粗糙度的影响

J. N. Balarajua 等详细研究了微粒粒径的大小对复合镀层的表面形貌和粗糙度的影响。SEM 照片显示不含 Al_2O_3 的 Ni-P 镀层表面较光滑、平整，而镀液中加入 Al_2O_3 后的（Ni-P）-Al_2O_3 复合镀层表面较为粗糙，且使 Ni-P 镀层的致密性降低，这主要是由镀液、第二相 Al_2O_3 微粒对镀层表面的冲击及 Al_2O_3 微粒嵌入 Ni-P 镀层所导致；由图 10-7 可知，微粒粒径太小时（50nm、0.3μm），Al_2O_3 微粒在复合镀层中的含量较低，并且微粒的分散效果差，容易团聚。相反，微粒粒径较为适中的 1.0μm 的 Al_2O_3 微粒在复合镀层中的含量较高且分布均匀。

（2）微粒粒径对复合镀层硬度的影响

使用不同粒径的 Al_2O_3 微粒，往往发现粒度不同时，镀层中微粒含量也不同，而且不同性质的微粒可能具有不同的规律。而微粒含量对复合镀层的硬度影响较大，一般微粒含量越大，镀层的硬度也越大。

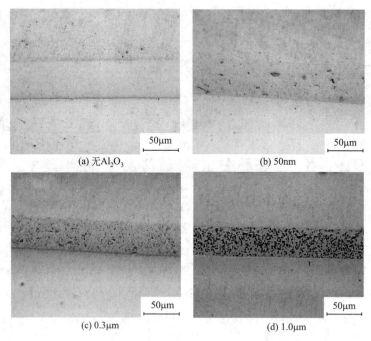

(a) 无Al₂O₃	(b) 50nm
(c) 0.3μm	(d) 1.0μm

图 10-7　微粒粒径对（Ni-P）-Al₂O₃ 复合镀层截面形貌的影响

（3）微粒粒径对复合镀层耐蚀性的影响

有文献采用恒电位法，在三电极体系中分别以 Ni-P 和（Ni-P）-Al₂O₃ 为工作电极、铂为辅助电极、Ag/AgCl 为参比电极进行极化曲线测定，测量时电位扫描范围为（开路电位$-200mV$）～（开路电位$+200mV$），$v=1mV/s$。腐蚀介质为 3.5％ NaCl 溶液，一次蒸馏水配制，试剂为分析纯。极化曲线的拟合结果如表 10-5 所示。

表 10-5　微粒粒径对（Ni-P）-Al₂O₃ 复合镀层腐蚀电位和腐蚀电流的影响

镀层	镀层厚度/μm	腐蚀电位/mV	腐蚀电流/($\mu A/cm^2$)
Ni-P	11	-325	0.640
（Ni-P）-Al₂O₃(50nm)	11	-367	0.964
（Ni-P）-Al₂O₃(0.3μm)	11	-369	0.670
（Ni-P）-Al₂O₃(1.0μm)	11	-354	0.595

由表 10-5 看出，Al₂O₃ 粒径为 50nm 时所得的（Ni-P）-Al₂O₃ 镀层的腐蚀电流较大，这主要是因为微粒粒径过小，微粒在镀层中易团聚、分散性能差，镀层孔隙率大，所以腐蚀严重，相反 Al₂O₃ 粒径为 1.0μm 时所得的（Ni-P）-Al₂O₃ 镀层的腐蚀电流远远小于 Ni-P 镀层，因此，其耐蚀性优于 Ni-P 镀层。因此选择粒径大小适合，获得孔隙率低、致密度高的镀层是提高镀层耐蚀性能的关键。

10.4.5.3　微粒在镀液中分散状态的影响

复合镀镀层性能取决于微粒在镀层中的分散情况，而微粒在镀层的分散情况又取决于微粒在镀液中的分散程度。使微粒在镀液中分散有很多方法：机械搅拌、空气搅拌、超声波分散及加入表面活性剂等。

（1）搅拌强度的影响

在其他条件一定的情况下，镀层中微粒的共析量随搅拌速率的增加而增大，但搅拌速率过大时，微粒的共析量不但不会增加，反而会下降。

（2）表面活性剂的影响

实验结果表明阳离子表面活性剂有利于共沉淀，非离子表面活性剂对粒子的沉积显然不起作用，而阴离子型活性剂则起反作用。表面活性剂在以水为分散介质的分散体系中的作用主要有以下几方面。

a. 改善固体微粒的润湿性。当表面活性剂加入镀液时，由于表面活性剂分子的"两亲性"，表面活性剂亲油性基团吸附于固体微粒表面，亲水性基团伸入水相定向排列，降低了固液的表面张力，实现对固体微粒的完全润湿。

b. 改善微粒表面电荷。离子型表面活性剂在某些固体微粒上吸附可增加微粒表面电势，提高微粒间的静电排斥作用，利于分散体系的稳定。

c. 阻止微粒再团聚。微粒表面吸附有无机或有机聚合物时，聚合物吸附层将起到空间位阻作用，在微粒接近时产生一种排斥力，能阻止微粒再团聚。

10.4.5.4　热处理对化学复合镀层性能的影响

（1）热处理对复合镀层硬度的影响

在通常情况下将化学镀 Ni-P 合金镀层以及用它为基质金属与硬质微粒形成的复合镀层进行热处理时，它们的硬度均会变大，并且硬度的最大值均出现在 400℃ 左右，继续升高热处理温度，镀层硬度又急剧下降。其原因如下。

经过 300℃ 热处理以后，镀层有明显的晶化现象。镀层中镍磷的脱溶、分解析出了 Ni 和与之共格的 Ni_3P 相。随着温度的升高，共格相的析出量增加，共格相有沉淀硬化作用，提高了镀层的硬度，当温度达到 400℃ 时，共格相析出完全，镀层硬度达到最大值。如果继续升高温度，则镀层晶粒聚集长大，镀层的性能呈下降趋势。

（2）热处理对复合镀层耐磨性的影响

由研究可知，无论载荷多大，(Ni-P)-Al_2O_3 复合镀层的磨损量始终低于 Ni-P 镀层。由此可见，(Ni-P)-Al_2O_3 复合镀层的耐磨性高于 Ni-P 镀层，这是由于在复合镀层中弥散分布着高硬度的 Al_2O_3 微粒，这些微粒具有极高的强度限制镀层的塑性变形，从而使复合镀层的耐磨性明显提高。经过 400℃ 热处理后，化学镀 Ni-P 镀层以及用它为基质金属与硬质微粒形成的复合镀层耐磨性均有所提高，这是因为热处理有助于消除内应力和排出镀层中没有逸出的氢。

10.4.6　化学复合镀层的特性及应用

（1）耐磨复合镀层

材料的失效主要有 3 类，即腐蚀、磨损与疲劳，对于很多机器零部件，磨损是主要破坏原因。提高材料的表面硬度是提高其耐磨性的途径之一。在化学复合镀中，硬质微粒弥散分布于复合镀层中，当复合镀层与另一滑动面相接触时，磨损将持续到硬质微粒暴露出来接着承受磨损负担为止，从而提高了表面的耐磨能力。

若在 Ni-P 镀层中加入廉价的 Al_2O_3，形成 (Ni-P)-Al_2O_3 复合镀层，经 400℃、1h 的热处理，其硬度可达到 HV 1143，可以在模具、轴承、纺织机械、汽车和电子计算机工业得到广泛的应用。

利用 SiC 高硬度与耐磨性，（Ni-P)-SiC 复合镀层通过热处理进行结晶，进一步提高硬度，从而提高耐磨性、抗黏结性，可在下列制品中应用：转子鼓风机、制砖模具、制品用金属模具、汽缸、活塞、塑料成形模具、汽车零部件等。

（2）自润滑减摩复合镀层

自润滑减摩复合镀层中分散的是一些固体润滑剂，主要是 PTFE、石墨、氟化石墨、CaF_2、MoS_2 等。

（Ni-P)-PTFE 复合镀层不仅具备 Ni-P 合金的优异性能，同时因为 PTFE 具有极好的化学稳定性和较高固态润滑性，在王水、硫酸、氢氧化钠等强酸强碱溶液中有极好的抗腐蚀性能。因此，其应用领域很广。例如，抽油杆上施镀（Ni-P)-PTFE 复合镀层，可使抽油杆的黏滞阻力比常规镀 Ni-P 抽油杆的下降 20%。镀层的自润滑性能还可降低汽车齿轮所发出的噪声。此外，这种复合镀层还可用于汽车及家电压缩机用的旋转体、螺杆丝杠、叶片等要求有耐磨性、润滑性的部件等。

（Ni-P)-$(CF)_n$ 复合镀层除了具有一般润滑剂的特点外，还具有良好的耐蚀性能及耐磨性能，尤其是它在真空高温下的润滑性能更为出色，可应用于发动机内壁、活塞、内燃机的汽缸、轴承、机器的滑动部件及模具等方面，特别适用于高温下需润滑的部件。

（Ni-P)-CaF_2 镀层具有抗高温氧化、耐腐蚀等优良性能，还具有一定的润滑作用，适用于汽轮机等大型设备的防高温氧化镀层。

（Ni-P)-BN 由于其自润滑性、高温耐热性、非黏合性、尺寸稳定性等，可用于制造瓶子等玻璃金属模具、树脂用模具、制瓦用的导轨等。

（Ni-P)-MoS_2 复合镀层则用于航天设备、磁头、液压传动装置、泵、硅橡胶模、电子部件、真空设备和核反应设备中。

人们虽然对复合化学镀机理进行了大量研究，但是认识仍然比较粗浅。复合化学镀是在没有任何外界电流作用下得到微粒含量相当高的镀层的过程。这里，电场作用对微粒与金属的共沉积不是主要的。研究人员对（Ni-B)-Cr 复合化学镀层的形成规律进行了研究，依照 Langmuir 的吸附理论导出了吸附等温方程式，发现该方程式和 Guglielmi 两步吸附模型导出的公式基本相近。这进一步证明了 Guglielmi 两步吸附模型不仅可以用来解释电沉积时的固体微粒与金属的共沉积，而且可以用来解释化学镀时微粒与金属的共沉积。

10.5 几种复合电沉积新工艺

10.5.1 纳米复合电沉积

10.5.1.1 概述

纳米技术与信息科学、生物医学、能源、环境科学等是 21 世纪最具发展前途的前沿课题，受到各国政府和科技人员的重视。纳米材料应该具有下列几个关键特征：第一，颗粒尺寸要在 1～100nm；第二，设计过程必须体现微观的操纵能力，即能够从根本上控制分子尺度结构的物理、化学性质；第三，能够组合起来形成更大的结构，使之具有优异的光、电、物理力学、化学性能，至少在理论上具备这样的性能。国内也有人提出纳米材料的定义：具有纳米结构的材料，利用物质的小尺寸效应、界面效应和量子效应等来改善材料的性能。

纳米颗粒之所以能表现出许多不同的特征，主要是由以下几方面决定的。

（1）小尺寸效应

当材料的尺寸减小到纳米级，形成纳米微粒时，其尺寸与 X 射线波长、传导电子德布罗意波波长以及超导态的相干长度或透射深度相当，使得晶体周期性的边界条件被破坏，表现出与常规材料截然不同的性能。此现象称为小尺寸效应或体积效应。

（2）量子效应

当纳米微粒的直径下降到某一值时，金属的费米能级 E_f 附近的电子能级将变为离散的分立能级，从而产生量子效应。当分立能级的能量间距大于热能、磁能、静电能时，纳米材料的催化、光、热、电、磁等特性与宏观物体的特性有显著的不同。例如，相变温度下降、超导温度上升、吸收光谱的边界蓝移等。

（3）表面效应

随着纳米微粒的粒径不断减小，其表面积急剧增大，表面原子数也急剧增多。例如：微粒粒径为 10nm 时，表面原子数约占 20%；4nm 时，占 40%；2nm 时，占 80% 以上。这使得其表面能和表面张力也随之增加。纳米微粒的表面原子配位数不足，存在大量空键，具有不饱和性质，因而极易与其他原子结合，具有很高的化学活性和电化学活性，在催化、传感器等领域有广泛的应用前景。

如果在复合电沉积过程中，向镀液中添加的不溶性固体微粒的粒径在纳米尺度（1～100nm）以内，也即通过复合镀获得的镀层内弥散分布一定量的纳米尺度的不溶性固体微粒，这个过程就称为纳米复合电沉积。纳米复合电沉积保留了复合电沉积、复合化学镀的特点和优点，使用原有的设备及采用纳米复合电沉积溶液及其工艺就可以获得纳米复合电沉积层。纳米复合电沉积溶液与普通复合电沉积溶液的区别是共沉积的固体微粒的粒径由微米尺度改变为纳米尺度。在与基质金属的共沉积过程中，纳米粒子的存在将影响基质金属的电结晶过程，使基质金属的晶粒细化，甚至可使基质金属的晶粒细化到纳米尺度从而形成纳米晶。

纳米复合电沉积层中存在大量纳米微粒，具有独特的物理、化学及力学性能，它们比微米级固体微粒的普通复合镀层的性能有了大幅度提高，而且这种性能的提高，往往随着纳米微粒粒径的减小而增加。这些性能包括复合镀层的硬度、耐磨及减摩性能、耐腐蚀性能、抗高温氧化性能、电及光催化性能等。所以，纳米复合镀获得了广泛的研究，已经发展成为复合电沉积的一个重要的有发展前景的分支，其研究成果在实际生产中得到了应用。

现代纳米技术与复合电沉积技术有机结合而形成的纳米复合电沉积技术，当引入某些新型纳米微粒进入镀层时，会引起镀层性能在某些方面有突破性的提高。从这个意义上说，纳米复合镀技术是复合镀技术发展史上一次革命性的创新，它不仅推动了纳米材料在表面工程技术中的应用，也为制备纳米复合材料增添了新的工艺，可以说是复合镀技术里程碑性的进展。

10.5.1.2 纳米微粒的表面改性

与纳米复合电沉积有关的纳米微粒表面改性问题的研究可以使人们更深入地认识纳米微粒的基本物理效应，扩大纳米微粒的应用范围。和普通复合电沉积一样，纳米微粒需要加入水基电镀液，形成一个均匀的悬浊液体系，然后用电镀或化学镀的方法沉积出复合镀层。这里涉及的一个关键问题是如何使纳米微粒均匀稳定地分散与悬浮在液体介质中。纳米微粒具有比表面积大、表面能高等小尺寸效应，这使得纳米微粒无论是在空气中，还是在液体介质中都极易发生团聚。若不进行分散处理，消除团聚，则团聚为大颗粒状态的纳米微粒共沉积到复合镀层中，达不到改善复合镀层性能的目的。对纳米微粒进行分散处理的最有效途径是对纳米微粒进行表面改性，通过表面改性处理可以改善纳米微粒与液体介质及其他成分的相容性，保证微粒性能的发挥。

（1）纳米微粒在大气中的团聚与分散

纳米微粒表面静电荷引力：机械粉碎法制备的纳米微粒易于发生团聚，因为材料在细化过程中，由于冲击、摩擦等作用，在新生微粒表面积累了大量的正或负电荷，这些带电微粒极不稳定，它们相互吸引，产生团聚。纳米微粒的高表面能：纳米微粒的表面原子数百分比较大，具有很高的化学活性和表面能，使得纳米微粒处于极不稳定状态；为了降低表面能，微粒往往通过相互聚集而达到较稳定状态。纳米微粒间的范德华力：当材料超细化到一定粒径以下时，微粒之间的距离极短，微粒之间范德华力将远远大于微粒自身的重力，这样的微粒容易发生团聚。纳米微粒表面的氢键及其他化学键作用：由于纳米微粒的表面原子多，且其上存在许多不饱和键，使得纳米微粒之间易于形成氢键及化学键，导致纳米微粒之间互相黏附、键合聚集在一起。

纳米微粒在空气中的团聚状态可分为软团聚和硬团聚。软团聚主要由微粒间的范德华力和库仑力所导致，硬团聚除范德华力和库仑力之外，还有化学键合作用力等更强劲的力在起作用。两种团聚状态通常在微粒间同时并存。其中软团聚可以通过一般的化学作用或机械作用来分散和消除；而硬团聚由于微粒间结合紧密，必须采用大功率的超声波或球磨等高能机械作用才能解聚。

（2）纳米微粒在液态介质中的分散

固体纳米微粒在液态介质中受力状况非常复杂。除了上述的库仑力等外，还有溶剂化力、毛细管力、憎水力、水动力等与液态介质性质相关的力。此外，也会产生吸附，在纳米微粒表面形成双电层。但由于纳米级微粒比微米级微粒具有更大的比表面积和更高的比表面能，在纳米微粒的制备过程中和纳米复合电沉积过程中均极易发生微粒的团聚。因此，如何将分散有纳米微粒的复合镀悬浮液体系制成一个高度稳定的体系十分重要。

纳米微粒的稳定或聚沉取决于纳米微粒之间的排斥力和吸引力，前者是稳定的主要因素，后者为聚沉的主要因素。根据这两种力产生的原因及其相互作用情况，研究人员提出了三种使纳米微粒在镀液中产生良好分散作用的机制。①双电层分散，溶液中的纳米微粒通过吸附溶液中的带电离子而在纳米微粒表面形成双电层，借助纳米微粒间的双电层之间的排斥力降低微粒之间的吸引力，从而实现纳米微粒的良好分散。②空间位阻分散，在溶液中的纳米微粒表面吸附了不带电的高分子聚合物或非离子表面活性剂，并被其包裹，从而在微粒间形成空间位阻，阻隔其团聚，达到分散的目的。③电空间位阻分散，这是上述两种分散方法的综合，溶液中的纳米微粒通过吸附高分子聚电解质，使微粒间的静电斥力增大的同时，还可因为高分子聚电解质的分子量大、体积大，增加了微粒间的空间位阻作用，使纳米微粒分散均匀。

按上述分散机制，可将分散剂分为无机分散剂、表面活性剂和高分子聚电解质三类。其中高分子聚电解质分散效果较好、优点明显，已成为研究的热点。这种分散机理，除了改变纳米微粒表面的电性质、增大其相互间的静电斥力外，更主要的是其分子体积较大，吸附层较厚，增加了空间位阻作用，并且它对分散体系中的其他离子、pH 值、温度变化等敏感程度较小，分散稳定效果好。

10.5.1.3　纳米微粒在镀液中的稳定分散

纳米复合电沉积的工艺过程和普通复合电沉积大同小异，但要获得性能良好的纳米复合镀层，必须要求共沉积的纳米微粒能在镀液中以单分散状态稳定地悬浮。目前这一关键技术还不很成熟，主要是依靠反复试验、根据前面叙述的理论积累一些经验。下面简要叙述一下纳米复合镀液配制工艺。

（1）纳米微粒的预处理

市售的纳米微粒在一定程度上处于软团聚和硬团聚之中，这时必须对纳米微粒进行表面改性处理。目前纳米微粒表面改性的方法极多，其中有些微粒表面改性方法会使纳米微粒特性改变。如果表面改性的包裹层厚度过大会使微粒粒径过大，或者表面改性层有可能污染复合镀液或影响纳米微粒与基质金属镀层的结合力等作用，就必须用球磨等方法把表面改性层去掉，再按无表面改性层的微粒进行预处理。也有些经过表面改性的微粒可以直接用于复合镀。例如，在纳米 Al_2O_3、纳米 SiC、纳米金刚石等微粒表面改性包覆金属镀，可以制备得到分散性良好的复合镀液，能够大大提高纳米微粒在复合镀层中的共沉量。一般通过 1～5h 的球磨或超声波处理，基本上就可以消除纳米微粒的软、硬团聚。

（2）镀液成分及状态的影响

一般复合镀液内会根据电沉积的需要加入大量的金属盐、酸或碱等强电解质。虽然少量电解质有助于纳米微粒的稳定悬浮，但过浓的电解质会促使和加速微粒的聚沉过程。镀液的pH 值通常会通过改变纳米微粒所带电荷和它的饱和吸附量以及某些分散剂的电离程度来影响微粒的聚沉。镀液的温度也会对纳米微粒的聚沉产生影响：镀液的操作温度高，将会增加微粒本身的能量和热运动，加剧微粒间的碰撞频率，破坏微粒周围的溶剂化层，不利于微粒的稳定分散。因此在复合电沉积时，应尽量选择低的操作温度、低的电解质浓度、合适的pH 值范围。但是，为了获得性能优良的基质金属镀层，允许调整的范围是极其有限的。

（3）分散剂的影响

目前已有很多对纳米微粒进行表面改性的方法，可以有效地降低微粒的自动团聚倾向。由于种种原因，在纳米复合电沉积中，采用最多而且方便有效的方法是加入表面活性剂和高分子聚电解质两类分散剂来促进纳米微粒的稳定分散悬浮。

表面活性剂主要有三方面作用。①可以实现水溶液对纳米微粒的完全润湿。润湿是微粒在水中分散的前提条件。表面活性剂的作用是降低水溶液的表面张力和水溶液与固体微粒之间的界面张力，使水溶液能迅速地润湿纳米微粒。②可以使团聚的微粒发生碎裂及分散。在团聚的微粒团中往往存在缝隙，表面活性剂能吸附在缝隙表面，并逐步向内渗透，致使团聚体疏松、碎裂而分散开来。③可以阻止微粒重新团聚。表面活性剂吸附在微粒表面，增加了微粒间的空间位阻作用，防止它们之间直接接触而重新团聚。

例如，在制备化学镀（Ni-P）-TiO_2 纳米复合镀层时，向化学镀镍溶液中加入粒径为30～50nm 的 TiO_2 微粒 6g/L。用扫描电镜和透射电镜观察复合镀层的组织结构时发现，复合镀层中的 TiO_2 微粒仍然存在着某种程度的团聚。但在添加了非离子型表面活性剂的镀液中沉积出的 TiO_2 微粒的团聚尺寸最小，阴离子型表面活性剂次之，添加了阳离子型表面活性剂的 TiO$_2$ 微粒团聚尺寸最大。(Ni-P)-TiO$_2$ 化学复合镀层显微硬度的测定结果表明虽然添加非离子型表面活性剂的镀液镀出的复合镀层中 TiO$_2$ 微粒的共沉积量低于添加阴离子表面活性剂的镀层，但由于添加非离子型表面活性剂所镀得复合镀层中的 TiO$_2$ 微粒团聚尺寸较小、分散状况良好，所以镀层表现出最高的显微硬度。

（4）搅拌方式的影响

纳米复合电沉积过程中要求有适当的搅拌，搅拌的目的主要是打碎纳米微粒形成的软、硬团聚体，并阻止形成新的团聚体，使纳米微粒保持单分散状态、稳定均匀地悬浮在复合镀液中。常用的空气搅拌、机械搅拌、镀液循环搅拌等搅拌方式所提供的能量太低，不足以破坏和打碎纳米微粒的硬团聚体，只有超声搅拌能基本实现打碎硬团聚体的目的。实践也证明了这一点，例如，在化学镀（Ni-P)-SiO$_2$ 复合镀层时，镀液内加入 6g/L 粒径为 20～50nm 的 SiO$_2$ 时，采用机械搅拌、表面活性剂分散、空气搅拌、超声波搅拌四种方法来分散 SiO$_2$ 微粒，经过测定镀液内 SiO$_2$ 团聚体的粒径，发现超声波搅拌的 SiO$_2$ 粒径最小，为 20～120nm，空气搅拌的 SiO$_2$ 粒径为 40～250nm，而采用机械搅拌或表面活性剂分散的 SiO$_2$ 粒径为 400nm 左右，基本上是以团聚体形式存在。

深入研究超声波的作用后发现，超声波的搅拌功率过小，复合镀层中纳米微粒分散不均匀，且共沉积少，并存在一定团聚。如果搅拌用超声波的功率过大，会产生副作用。从观察复合镀层表面的扫描电镜照片可以看出，复合镀层表面的纳米微粒存在着轻度的团聚，微粒分布也较稀疏。这说明在过度的超声波空化作用下，纳米微粒的激烈碰撞可能引起相当部分的纳米微粒重新发生团聚。此外，根据 Guglielmi 复合电沉积两步吸附机理模型，第一步对微粒的弱吸附过程是可逆的。超声波功率过大时，对镀液产生过度的搅拌与冲刷，使相当一部分弱吸附在电极表面的微粒受到冲刷重新回到镀液中，导致微粒在复合镀层中的共沉积量下降。所以，必须根据具体的实验或生产条件，选择一个合适的超声搅拌功率。

10.5.2　梯度复合电沉积

梯度功能材料是一种全新的非均质的材料。其基本思想是根据具体要求，选择两种具有不同性能的材料，通过连续地改变这两种材料的组成，使其界面消失，从而得到从 A 种材料缓慢变化到 B 种材料的一种不同物性和功能的非均质材料。所谓梯度是指材料中的成分递变或结构递变。在图 10-8 中给出三种材料结构模型示意图，(a) 为均质材料、(b) 为复合材料、(c) 为梯度功能材料。均质材料组分分布均匀，不存在界面。复合材料有界面存在，界面处存在应力和界面效应等问题。材料在高温状态下工作时，界面处热膨胀系数不同而产生热应力，在界面处容易开裂。梯度材料成分和结构逐渐变化，因此不会出现因存在界面而带来的问题。

梯度材料分为结构梯度材料和成分梯度材料两种；当 B 种材料形成的固体微粒夹杂于 A 种材料中时，若其夹杂量由内部向表面方向逐渐递增，呈梯度分布，则这种材料称为成分梯度材料，其目的是将 B 材料的功能特性，如耐热、耐蚀或高强度等性能赋予 A 种材料；结构梯度材料是指材料的结构发生连续的递变，例如，材料由晶体结构向非晶态结构递变，当然也可以是由非晶态结构向晶体结构递变。

目前，梯度功能材料制备方法主要有：气相沉积法、等离子喷涂法、自蔓延高温合成法、粉末冶金法、激光熔覆法和电沉积法。前 5 种方法是干法，它们有的要求高真空条件，有的需要在高温条件下操作，生产工艺过程复杂、所需生产设备复杂、昂贵，不利于大规模

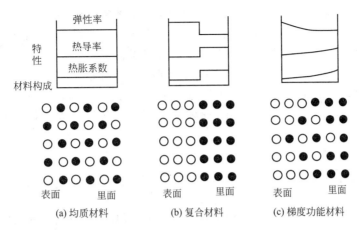

图 10-8 均质材料、复合材料和梯度功能材料示意图

工业生产，局限性也较大。电沉积法主要是复合电沉积法。它不存在上述各项困难，能较好地保持固体微粒与基体金属各自的性质，并能较准确地控制梯度功能材料的精度。例如：利用合金电镀的方法来制造梯度功能材料，即通过改变各镀槽间的镀液组成来连续改变镀层的组成，从而制得 Zn-Ni 合金的梯度镀层。通过镀液流量的调节，所得合金镀层中的镍含量，从里层到外层逐渐增加。

采用合金电镀法制备梯度功能材料是极简便的。只需连续地改变能影响 A 及 B 双组分合金镀层中 A（或 B）组分含量的某个电镀工艺参量，就会在电镀过程中使所形成的合金镀层的 A 组分含量连续增加或下降，从而形成梯度功能材料。最简便的方法是改变电镀的阴极电流密度、操作温度、镀液的 pH 值以及搅拌强度等易于调节的电镀工艺参量。从原理上讲所有能利用单槽法制造多层膜的合金镀液都可以通过上述方法方便地用来制造梯度功能材料。

在复合电沉积过程中，通过连续缓慢地增加或降低在电镀液中固体微粒的浓度、阴极电流密度、电镀温度、共沉积促进剂浓度以及搅拌速度等，能影响固体微粒在复合镀层中共沉量的工艺参量，以便使固体微粒的夹杂量从被镀工件的表面至镀层表面连续递增或递减，从而制得梯度复合镀层。如果复合镀过程中使用的不是单一金属镀液，而是合金镀液，则有可能很方便地获得固体微粒在合金镀层中的夹杂量、合金镀层的各合金成分、合金镀层的晶体结构等几个方面同时逐渐缓慢变化的梯度功能材料。这为制造可设计的高性能的优质材料打开了新的探索之门。如果所共沉积的固体微粒的粒径不是微米级，而是采用纳米微粒；如果电沉积的单一金属或合金不是普通的粗晶粒，而是纳米晶，则梯度功能材料的性能还可能有进一步的提高。

总之，电沉积梯度复合镀层有以下几个优点。

① 采用梯度复合镀层有可能把质量轻、耐高温、强度高等性能集于一身 例如航空航天用的 Ni-ZrO$_2$ 梯度复合镀层由内到外隔热微粒 ZrO$_2$ 含量逐渐增加，其热导率逐渐降低，耐热性能逐渐提高。两者均呈梯度变化，从而消除了分界面上物理、力学性能的突变，消除了龟裂和脱落等危险，解决了火箭燃烧室壁由于超高温气体的高速冲刷而引起的破坏。另外，采用复合镀制备梯度功能材料，可使火箭燃烧室轻量化和小型化，加之复合镀易于控制工艺条件，从而可以得到高质量、高性能的梯度材料。

② 提高材料的耐磨性、延长其使用寿命 许多机械零件常用碳化物、硼化物微粒作为

耐磨保护层，但在机械应力和热振动条件下保护层易于剥落。在使用梯度复合镀层后，消除了保护层与基质金属的界面突变，使保护层寿命大大延长。例如：利用超细微粒金刚石与镍或钴共沉积制备复合镀层，并用它制造抛光工具和微型钻头，若将普通复合镀层改成梯度复合镀层，这将大大提高工具的抗机械冲击能力，延长其使用寿命。

③ 提高零件的高温耐磨性和抗氧化能力　ZrO_2、SiC、Al_2O_3 等陶瓷微粒的高温耐磨性及抗氧化能力极好，如果在零件的表面镀陶瓷微粒，必将大幅度提高零件的高温耐磨能力。

10.5.3　脉冲复合电沉积

脉冲复合电沉积是指采用调制电流或调制电压进行的电镀过程。传统直流电镀只有一个独立可变的电参量，即电流密度或者电压，而脉冲电镀至少有三个独立的电参量可供选择，用于对电镀过程进行调控：脉冲导通时间（脉冲宽度）；脉冲关断时间（脉冲间隔）；脉冲电流密度（峰值电流密度）。

脉冲电镀时，电流或电压的张弛增加了阴极的活性极化和降低了阴极的浓差极化，从而改善了镀层的物理化学性能。电镀过程中不可避免地存在着一定的浓差极化。在脉冲电流的导通时间内，阴极附近的金属离子大量被还原；而在电流关断的时间内，镀液内部的金属离子可以通过电迁移、对流和扩散等方式向阴极附近转移，使其浓度逐步恢复，使电极与镀液界面间消耗的金属离子得到及时补充，浓差极化得到抑制。如果选用导通时间很短的短脉冲，则其脉冲电流密度可以选用远大于直流电镀时所允许使用的电流密度值。这将使电沉积在极高的过电位条件下进行，使镀层结晶的晶粒细化，甚至形成纳米晶。其结果不仅能改善镀层的物理化学性质，而且还能降低在析出电位较负金属电沉积时析氢副反应所占的比例。

脉冲电镀的优点如下。

① 由于降低了浓差极化，提高了阴极电流密度，因而提高了电镀的速率。

② 由于提高了阴极过电位，使镀层的结晶致密、光滑、均匀，从而降低了孔隙率，使耐蚀性增加。

③ 减少了析氢，从而减少了镀层的内应力，提高了镀层的韧性和耐磨能力。

脉冲电镀的缺点：能量转换效率低，应用上最大的问题是目前仅能供应几百到上千安培电流的脉冲电源，这对于目前动辄使用几千到几万安培的电镀过程来说，供电能力太小；把交流电流转变成脉冲电流的效率也比普通电镀的直流电源低得多。

10.5.4　电刷复合镀

电刷镀是电镀的一种特殊方法，又称刷镀、涂镀、选择镀等，它是在槽外进行的一种局部快速电镀。其最明显的工艺特征是在施镀过程中依靠一个与阳极接触的垫或刷提供电镀所需要的镀液，并使垫或者刷在被镀的阴极表面上移动、摩擦的一种电镀方法。电刷镀最初是用来修补槽镀工件缺陷的一种方法。但现在电刷镀已发展成一项新技术，它适宜在现场、野外修复各种工件，已经广泛应用于各种尺寸工件的修复和印刷线路板的局部修复。

复合电刷镀技术的基本原理与普通电刷镀技术类似。当在普通电刷镀的镀液中加入固体微粒时，固体微粒会在电场力作用下，或在络合离子的挟持作用下与基质金属共沉积到工件表面上形成复合镀层。复合电刷镀的表面准备、电净化、活化、预镀等前处理工艺和后处理工艺基本和普通电刷镀一样，唯一不同的是在镀层中共沉积了固体微粒，这些特定微粒不会显著影响电镀液的各种性质（如酸碱性、导电性、化学及电化学性能）和刷镀工艺等，不过电刷镀时所使用的电流密度比普通电镀更大。固体微粒对晶粒长大的阻碍作用会使得复合镀层的组织更致密、晶粒更细小，形成含有大量微晶的组织，从而具有更好的耐磨、耐腐蚀等性能。同时也会像普通复合镀层一样，由于共沉积的固体微粒种类、特性的不同，可形成具有耐磨、减摩、自润滑以及其他特殊功能的复合镀层。

10.5.5 流镀复合镀

流镀复合镀是高速电镀的一种，它是由电刷镀演化发展而成的新方法。目前常用流镀方法主要有摩擦电喷镀和在流镀机上流镀两类。

影响和限制电化学过程速率的是电化学极化和浓差极化。在电镀过程中，为了保证镀层质量，电化学极化是不可缺少的，所以浓差极化，或者说是传质过程常常成为限制电镀过程速率提高的关键因素。在电镀过程中，从阳极上溶解下来的金属离子及其反应产物要快速迁移、扩散到镀液内部去；而镀液内部的金属离子要穿过扩散层迁移到阴极表面去放电沉积。在电刷镀中，用镀笔摩擦阴极表面来加速传质扩散过程，所以，电刷镀所采用的阴极电流密度可比普通电镀中的槽镀高几倍到十几倍，亦即其电镀的速率要高几倍到十几倍。而流镀中的摩擦电喷镀方法中，则是在镀笔或者摩擦块摩擦阴极的同时，镀液还以极高的速率喷向阴极，不但加速了传质扩散过程，还把阴极反应产生的大量的热带走。由于阴极表面受到镀液的喷射冲击而及时得到活化，有利于提高成核率，使镀层结晶的晶粒得到细化、致密化。又由于固体微粒随镀液直接喷射到阴极表面，大大改善了固体微粒向阴极的输送过程，为复合镀层中固体微粒含量的提高提供了可能。

流镀的另一种方法是在流镀机上镀取流镀复合镀层。在流镀机上电沉积复合镀层的工艺过程中的表面预处理及后处理均和电刷镀相同，工件表面预处理后，装入流镀机、启动镀液循环系统，即可开始实现流镀复合镀层。有人在流镀机上用流镀法制备出 Ni-SiC、Ni-Al$_2$O$_3$ 和 Ni-人造金刚石等几种复合镀层。同时还用流镀法制备出以非晶态的 Ni-Co-W-P 合金为基质金属，与上述几种微粒的复合镀层，并且考察了流镀时的工艺参数，如电流密度、固体微粒的种类、粒径大小以及加入量的多少、镀液的流速等因素对微粒在复合镀层中的共沉积量的影响。

复合电刷镀和复合流镀几乎可以镀制出各种各样的复合镀层，这两类电镀方法采用了更有效的镀液流动与搅拌，大幅度地降低了浓差极化和镀液扩散层的厚度，可以使用更大的阴极电流密度施镀，从而提高电化学极化。所以，这种镀层的结晶比普通电镀更细致、紧密，硬度更高，耐磨性更好。因此，电刷镀和流镀的镀层质量要比普通电镀法制备的镀层好。但是，电刷镀时，要求刷镀笔经常擦拭被镀表面，这给刷镀自动化、机械化带来了很大困难。流镀生产的困难在于要采用阴、阳极之间间距很小的仿形阳极，这对于形状比较复杂的工件来说，几乎是一种工件需用一种专用阳极。所以，流镀难以用在形状复杂多变的工件电镀中。从这个角度分析，用电刷镀及流镀制备复合镀层的生产成本一般来说要高于普通电镀法。

参 考 文 献

[1]   安茂忠主编. 电镀理论与技术. 哈尔滨：哈尔滨工业大学出版社，2004.

[2]   宋文顺主编. 化学电源工艺学. 北京：中国轻工业出版社，1998.

[3]   查全性著. 化学电源选论. 武汉：武汉大学出版社，2005.

[4]   邓远富，曾振欧主编. 现代电化学. 广州：华南理工大学出版社，2014.

[5]   蔡克迪，郎笑石，王广进编. 化学电源技术. 北京：化学工业出版社，2016.

[6]   陈延禧主编. 电解工程. 天津：天津科学技术出版社，1993.

[7]   冯绍彬主编. 电镀清洁生产工艺. 北京：化学工业出版社，2005.

[8]   董允主编. 现代表面工程技术. 北京：机械工业出版社，2000.

[9]   陈伟，邹淑君编著. 应用电化学. 哈尔滨：哈尔滨工程大学出版社，2008.

[10]   林仲华. 21世纪电化学的若干发展趋势. 电化学，2002，8：1-4

[11]   孙日鑫. 电化学的发展与应用前景，科技风，2016.

[12]   杨辉，卢文庆编著. 应用电化学. 北京：科学出版社，2001.

[13]   陈延禧主编. 电解工程. 天津：天津科学技术出版社，1993.

[14]   贾梦秋，杨文胜主编. 应用电化学. 北京：高等教育出版社，2004.

[15]   吴辉煌编著. 应用电化学基础. 厦门：厦门大学出版社，2006.

[16]   谢德明，童少平，曹江林主编. 应用电化学基础. 北京：化学工业出版社，2013.

[17]   代海宁主编. 电化学基本原理及应用. 北京：冶金工业出版社，2014.

[18]   覃海错编著. 应用电化学. 桂林：广西师范大学出版社，1994.

[19]   田福助编. 电化学基本原理与应用. 香港：五洲出版社，1982.

[20]   陈国华，王光信等编著. 电化学方法应用. 北京：化学工业出版社，2003. .

[21]   Manthiram A，Yu X，Wang S，Lithium battery chemistries enabled by solid-state electrolytes. Nature Reviews Materials，2017，2：16103.

[22]   陈延禧主编. 电解工程. 天津：天津科学技术出版社，1993.

[23]   罗云. 中国氯碱工业格局演变及展望. 中国氯碱，2017，01：1-3.

[24]   张爱华. 我国氯碱工业的现状和发展. 石油化工技术经济，2004，04：40-49.

[25]   杨辉，卢文庆编著. 应用电化学. 北京：科学出版社，2001.

[26]   杨绮琴等著. 应用电化学. 广州：中山大学出版社，2001.

[27]   肖友军编. 应用电化学. 北京：化学工业出版社，2013.

[28]   谢德明，童少平，曹江林主编. 应用电化学基础. 北京：化学工业出版社，2013.

[29]   陈延禧主编. 电解工程. 天津：天津科学技术出版社，1993.

[30]   覃海错编著. 应用电化学. 桂林：广西师范大学出版社，1994.

[31]   吴辉煌编著. 应用电化学基础. 厦门：厦门大学出版社，2006.

[32]   谢德明，童少平，曹江林主编. 应用电化学基础. 北京：化学工业出版社，2013.

[33]   代海宁主编. 电化学基本原理及应用. 北京：冶金工业出版社，2014.

[34]   魏昶编著. 锌提取冶金学 [M]. 北京：冶金工业出版社，2013.

[35]   唐长斌，薛娟琴编著. 冶金电化学原理 [M]. 北京：冶金工业出版社，2013.

[36]   韩明荣，张生芹，陈建斌，等. 冶金原理 [M]. 北京：冶金工业出版社，2008.

[37]   邱竹贤主编. 铝电解 [M]. 北京：冶金工业出版社，1982.

[38]   周科朝编. 铝电解金属陶瓷惰性阳极材料 [M]. 长沙：中南大学出版社，2012.

[39]   刘业翔等著. 现代铝电解 [M]. 北京：冶金工业出版社，2008.

[40]   K. 格里奥特海姆等著. 邱竹贤，沈时英，郑宏译. 铝电解原理 [M]. 北京：冶金工业出版社，1982.

[41]   范植坚，李新忠，王天诚，等. 电解加工与复合电解加工. 北京：国防工业出版社，2008.

[42]   王建业，徐家文. 电解加工原理及应用. 北京：国防工业出版社，2001.

[43]   曹凤国. 电化学加工. 北京：化学工业出版社，2014.

[44]   徐家文等编著. 电化学加工技术原理·工艺及应用. 北京：国防工业出版社，2008.

[45]   朱树敏主编. 电化学加工技术. 北京：化学工业出版社，2006.

[46]　邓远富，曾振欧主编. 现代电化学. 广州：华南理工大学出版社，2014.

[47]　刘业翔等著. 现代铝电解. 北京：冶金工业出版社，2008.

[48]　尹飞鸿，杨炼，何亚峰，蒋丽伟，等. 孔的电解加工技术. 机械设计与制造工程，2018，47：1-4.

[49]　陈远龙，张正元. 电解加工技术的现状与展望. 航空制造技术，5：47-50.

[50]　Cooper P. Stabilization of the off-design behavior of centrifugal pumps and inducer. Bulletin of JSME，2017，24：10-14.

[51]　刘勇，刘康主编. 特种加工技术. 重庆：重庆大学出版社，2013.

[52]　霍洪媛，玉萍，李玉河编著. 纳米材料. 北京：中国水利水电出版社，2010.

[53]　赵文元，王亦军编著. 功能高分子材料化学. 北京：化学工业出版社，2003.

[54]　王立平，薛群基，张俊度编著. 电沉积纳米晶材料摩擦学尺寸效应研究. 润滑与密封，2006，(7)：34-36.

[55]　施周，张文辉编著. 环境纳米技术. 北京：化学工业出版社，2003.

[56]　卢柯，刘学东，胡壮麒. 纳米晶体材料的 Hall-petch 关系. 材料研究学报，1994，8 (5)：385-390.

[57]　徐剑刚，余新泉. 电沉积纳米晶镍的研究现状及展望. 材料导报，2006，20 (S1)：30-320.

[58]　屠振密，胡会利，于元春. 电沉积纳米晶材料制备方法及机理. 电镀与环保，2006，26 (4)：4-82.

[59]　Yang Y L，Wang Y D，Ren Y，et al. Single-walled carbon nanotube-reinforced copper composite coat-ings prepared by electrodeposition under ultrasonic field. J. Materials Letters，2008，62 (1) 2：47-50.

[60]　Kumar K S，Suresh S，Chisholm M F，et al. Deformation of electrodeposited nanocrystalline nickel. Acta Materia-lia，2003，51 (2)：387-405.

[61]　Wang L，Gao Y，Xu T，et al. A comparative study on the tribological behavior of nanocrystalline nickel and cobalt coatings correlated with grain size and phase structure . Materials chemistry and physics，2006，99：96-103.

[62]　刘漫红编著. 纳米材料及其制备技术. 北京：冶金工业出版社，2014.

[63]　唐元洪主编. 纳米材料导论. 长沙：湖南大学出版社，2011.

[64]　许并社等编著. 纳米材料及应用技术. 北京：化学工业出版社，2004..

[65]　刘吉平，廖莉玲编著. 无机纳米材料. 北京：科学出版社，2003.

[66]　曹茂盛等编著. 纳米材料导论. 哈尔滨：哈尔滨工业大学出版社，2001.

[67]　黄开金主编. 纳米材料的制备及应用. 北京：冶金工业出版社，2009.

[68]　冯辉等编著. 电沉积理论与工艺. 北京：化学工业出版社，2008.

[69]　Penner R M，Martin C R. Preparation and electrochemical characterization of ultramicroelectrode ensembles，Ana-lytical Chemistry，1987，59：2625-2630.

[70]　Martin C R. Membrane-Based Synthesis of Nanomaterials. Chemistry of Materials，1996，8：1739-1746.

[71]　Hulteen J C，Martin C R，A general template-based method for the preparation of nanomaterials. Journal of Materi-als Chemistry，1997，7：1075-1087.

[72]　Khan H R，Petrikowsk K，Synthesis and properties of the arrays of magnetic nanowires of Co and CoFe，Materials Science and Engineering：C，2002，19：345-348.

[73]　Nishizawa M，Menon V P，Martin C R，Science，1995，268：700.

[74]　Valizadeh S，Electrochemical synthesis of Ag/Co multilayered nanowires in porous polycarbonate membranes，Thin Solid Films，2002，402：262-271.

[75]　Klein J D，Electrochemical fabrication of cadmium chalcogenide microdiode arrays，Chemistry of Materials，1993，5：902-904.

[76]　郭鹤桐，张三元. 复合镀层 [M]. 天津：天津大学出版社，1991.

[77]　郭鹤桐，张三元. 复合电沉积技术 [M]. 北京：化学工业出版社，2007.

[78]　王秦生. 超硬材料电镀制品 [M]. 郑州：郑州大学出版社，2001.

[79]　张胜涛. 电镀工程 [M]. 北京：化学工业出版社，2002.

[80]　王兆华，张鹏，林修洲. 材料表面工程 [M]. 北京：化学工业出版社，2011.

[81]　陈范才，肖鑫，周琦. 现代电镀技术 [M]. 北京：中国纺织出版社，2009.

[82]　冯秋元，李廷举，金俊泽. 复合电沉积机理研究及最新进展 [J]. 稀有金属材料与工程，2007.

[83]　周瑞发，韩雅芳，陈祥宝. 纳米材料技术 [M]. 北京：国防工业出版社，2003.

[84]　董世运，杨华，杜令忠等. 纳米颗粒复合电刷镀技术的最新进展纳米颗粒复合电刷镀 [J]. 机械工人：热加工，2004 (9)：17.

[85] Fransaer J，Celis J P，Roos J R. J Electrochem Soc [J]，1992，139 (2)：413.

[86] Celis J P，Roos J R，Buelens C et al. Trans Inst Metal Finish [J]，1991，69 (4)：133.

[87] 胡炜，谭澄宇，崔航等. Ni-SiC 复合梯度镀层的耐腐蚀性能 [J]. 材料保护，2009，42 (6)：17-19.

[88] 安茂忠. 电镀理论与技术 [M]. 哈尔滨：哈尔滨工业大学出版社，2004.

[89] 陈天玉. 复合镀镍和特种镀镍 [M]. 北京：化学工业出版社，2008.

[90] Stojak J L，Talbot J B. J Appl Electrochem [J]，2001，31 (5)：559

[91] 黄子勋. 实用电镀技术 [M]. 北京：化学工业出版社，2002.

[92] 陶杰，赵玉涛，潘蕾等. 金属基复合材料制备新技术导论 [M]. 北京：化学工业出版社社，2007：1-7.

[93] 张雷，孙本良，王琳等. 纳米微粒复合电沉积的研究进展 [J]. 电镀与精饰，2011，33 (12)：9-14.

[94] 渡边辙，陈祝平，杨光. 纳米电镀 [M]. 北京：化学工业出版社，2007. 89-96.

[95] 韩方丁，王方刚，李家柱. 绿色电镀工艺研究与应用进展 [J]. 新技术新工艺·热加工工艺技术与材料研究，2010，10：87-89.

[96] 李颖，赵盟月，董企铭等. 纳米金刚石/镍复合电刷镀层的显微结构研究 [J]. 2010，9：1588-1591.

[97] 冯辉，张勇，张林森. 电镀理论与工艺 [M]. 北京：化学工业出版社，2007.